大坝加高
混凝土施工技术

周厚贵 编著

中国水利水电出版社
www.waterpub.com.cn

内 容 提 要

大坝加高混凝土施工具有其不同于常规水工混凝土施工的技术与管理独特性。本书在构建大坝加高混凝土施工技术体系的基础上，系统阐述了大坝加高混凝土施工所特有的关键技术及管理要点。其内容主要有：大坝加高的发展及技术研究现状、大坝加高施工技术体系、老混凝土拆除技术、新老混凝土结合技术、新浇混凝土施工技术、施工管理与决策技术，以及丹江口大坝加高工程实例等。

本书可供从事水利水电工程技术的科研工作者和工程技术人员使用和参考，也可供相关专业的高等院校师生参考。

图书在版编目（ＣＩＰ）数据

大坝加高混凝土施工技术 / 周厚贵编著. -- 北京：
中国水利水电出版社，2014.12
ISBN 978-7-5170-2763-8

Ⅰ．①大… Ⅱ．①周… Ⅲ．①大坝－加高－混凝土施
工 Ⅳ．①TV642

中国版本图书馆CIP数据核字(2014)第296543号

书　　名	大坝加高混凝土施工技术
作　　者	周厚贵　编著
出版发行	中国水利水电出版社
	（北京市海淀区玉渊潭南路 1 号 D 座　　100038）
	网址：www.waterpub.com.cn
	E-mail：sales@waterpub.com.cn
	电话：（010）68367658（发行部）
经　　售	北京科水图书销售中心（零售）
	电话：（010）88383994、63202643、68545874
	全国各地新华书店和相关出版物销售网点
排　　版	北京三原色工作室
印　　刷	三河市鑫金马印装有限公司
规　　格	170mm×240mm　16 开本　19 印张　383 千字
版　　次	2014 年 12 月第 1 版　2014 年 12 月第 1 次印刷
定　　价	**68.00 元**

序

　　水利水电工程是国民经济的重要基础设施，其大坝拦截河流形成水库，发挥了防洪、发电、航运、供水等综合效益。在水利水电工程规划设计中和建成运行后，为拓展其利用功能的需要，将有较多大坝的坝体需要进行加高工程建设。大坝加高技术和工艺涉及对已建坝体和坝体内的泄水孔及引水流道等建筑物进行续建、改建、扩建和重建，其所实施的加高、增厚和延长、加固、置换等单一性或综合性的项目建设均可纳入广义的大坝加高工程中。通过实施大坝加高工程，在确保大坝安全运行的前提下，可以扩大水库库容，增加电站发电量，加大供水引水量，提高下游防洪能力，更加充分利用现有水利枢纽控制范围内的水资源，以最大程度兴水利而除水害。如果说新建大坝创造了大坝"生命"，那么大坝加高工程则是赋予大坝"新生命"或"二次生命"，使其重新焕发活力、拓展功能，发挥更大的综合效益。

　　大坝加高既是坝体工程建设的延续，更是有别于新建大坝工程的一项专门的工程技术。大坝加高的建设环境、施工条件、技术要求等方面都与新建工程存在很大差别，其施工关键技术与管理等已经形成其独特的体系。大坝加高施工技术经历了从无到有、逐步发展、不断完善、趋于成熟的过程。从加高坝型上看，已从小型土石坝加高逐步发展到大型土石坝、浆砌石重力坝、混凝土重力坝、混凝土拱坝等，时至今日，各类坝型的大坝加高技术都已基本完善。从加高方式上看，已逐步建立了包括后帮整体式、后帮分离式、前帮整体式、前后帮综合式、预应力锚索加高式、坝顶直接加高式等在内的适应于不同坝型、不同加高高度、现有枢纽运行期不同要求的加高方式。从加高程度上看，从最初的加高几米发展到加高几十米，如日本的 Kurobe 坝在原坝高 120m 的基础上加高 68m，美国 Lake Spaulding 拱坝在最初坝高 68.6m 的基础上实施了3 次加高，依次加高 10.7m、4.6m、83.9m。从加高规模上看，加高高度、老坝体结构拆除量、新老混凝土结合面面积等量值量级不断被刷新，如中国的丹江口大坝加高工程的加高规模、施工技术难度等位于世界前列。大坝加高工程技术发展到今天，较为系统、完善的施工技术体系基本形成，可以较充分地满足工程建设领域各类型、各层次的大坝加高施工需要。因此，站在水利水电科技进步发展的视角上，大坝加高又是一门始终保持与时俱进和具有现代特色的工程技术。

此书的作者周厚贵同志及其所带领的团队在这方面做了大量的研究与创新工作，对大坝加高施工技术体系的构建与完善做出了重要的贡献。我略读书稿，深感此书的特点可以概括为三个方面：第一，"全"，书中内容涵盖了大坝加高施工的原结构体拆除、新老混凝土结合施工、加高部位新混凝土浇筑、施工管理等诸多方面的内容，形成了较为系统的大坝加高施工技术体系；第二，"新"，书中介绍的理论研究与工程实践技术反映了当前大坝加高领域的前沿科技，创新性较强，有不少成果都是首创；第三，"实"，书中介绍的施工技术、施工工艺、施工材料、施工设备等，都已经在丹江口大坝加高等工程中得到应用，成效显著，都是实用的技术，可直接在工程实践中推广应用或加以借鉴。

随着我国水利水电工程建设的不断发展，一方面，运行数十年的大坝功能将衰减和逐渐老化，需要进行大坝后续的加固改建；另一方面，可供选用的优质坝址将日益减少，为提高现有水资源的利用率，需要实施已建大坝加高扩建和重建。可以预见，在这类工程的建设过程中，此书系统总结和形成的大坝加高施工技术体系成果必将发挥积极的引导作用，以进一步促进坝工技术的发展和完善，全面推动我国水利水电事业的可持续发展。

郑守仁

2013 年 5 月于溪洛渡

前　言

　　大坝加高最早可以上溯到两千多年以前，历史悠久、源远流长。水利水电工程由于库区严重淤积、坝体材料经年老化、自然灾害影响等以及长间歇分期建设、抬高水位运行、增加新的功用、加大利用水能资源等被动或主动的需要，使得已建的很多大坝都进行了加高施工。

　　由于受到空间和时间等诸多条件的限制，大坝加高工程施工具有场地狭窄、干扰因素多、工期较长、技术难度大、工艺复杂、制约因素多等突出特点，尤其是混凝土的施工存在着新老混凝土结合、新混凝土的设计与浇筑、坝体老混凝土及其设施的拆除转移、施工管理与决策等诸多关键技术难题。随着大坝加高工程需求的增长和难度的增加，迫切需要开展全面系统的科学攻关和技术创新，并在此基础上形成一整套大坝加高混凝土施工技术体系。

　　本书正是基于这一客观要求和现实需要，依托南水北调水源工程——丹江口大坝加高等工程混凝土施工，在开展大量试验、研究、分析、总结、提升的基础上，对所取得的一系列成果及其应用实例加以编著而成。本成果从结合机理研究出发，采用自主研究的试验方法，重新揭示了新老混凝土结合的内在机理；以此为理论指导，研制新型环保界面密合剂，增进新老混凝土之间的化学结合力和范德华力；研发人工键槽成型施工"锯割静裂法"，大幅提高新老混凝土之间的机械啮合力；创新设计界面混凝土，有效传递新老混凝土之间的约束；开发混凝土通水冷却智能控制系统，有力推动新浇混凝土温控智能化；研发狭窄空间内的混凝土输送方法及设备，解决多重限制条件下的混凝土浇筑手段问题；创建基于VR的高效施工管理与决策平台，显著提升现场施工管理水平；等等。这些成果即构成了大坝加高混凝土施工技术体系的支撑架构。

　　本书涵盖了大坝加高混凝土施工中有别于常规混凝土施工的各项技术与管理，主要内容包括大坝加高的发展与技术研究现状；大坝加高施工重点与难点、加高施工技术对策；坝体老混凝土拆除技术、拆除安全防护；新老混凝土结合技术、增强结合的解决方案；坝体新浇混凝土界面设计、新浇混凝土综合温控技术；大坝加高施工现场管理技术、基于 VR 的加高施工管理与决策；丹江口大坝加高工程混凝土施工典型实例。

本书是中国葛洲坝集团公司相关科研及技术人员和参与大坝加高工程全体建设者多年工作的结晶。在本书的编著过程中，许多专家和人员都为之做了大量的工作，付出了辛勤的劳动，王章忠、谭恺炎、曹生荣、段宝德参与了相关章节的编写，王端明、赵志方、李焰、程雪军、程润喜、朱明星、马江权、熊刘斌、吴琴凤、刘剑峰、王博等提供了相关工程资料；在本书的出版过程中，张海燕、刘嫱、罗丁、张建花等给予了协同和帮助，在此一并表示衷心地感谢！

特别鸣谢中国工程院郑守仁院士在百忙之中为本书作序，并给予了我们巨大的鞭策与鼓励！

本书是基于对现阶段研究工作和技术成果的系统性总结，由于水平有限，书中不当甚至谬误之处在所难免，恳请业内专家、学者批评指正，以促进大坝加高混凝土施工技术体系更加完善，为我国的水利水电建设可持续发展做出更大贡献！

编著者

2013 年 11 月

目　　录

第1章 概　　述

1.1　大坝加高的发展

1.1.1　大坝加高的定义

大坝加高是坝工界一门古老的技艺。它是在坝工建筑物建成、投入运行的基础上，为满足某种或多种新的需求所进行的工程接续或再次建设活动。由于这项接续或再次施工建设的最重要的标志就是增加原坝工建筑物的高度，因此，坝工界约定俗成将所有相关的坝工建筑物接续或再次施工的项目和内容统称为"大坝加高"。

显而易见，大坝加高的范围涵盖了针对已建成投入运行的坝工建筑物进行续建、增建、改建、扩建、复建、重建等所实施的一切加高、培厚、加长、加固、置换等单一或综合项目建设。更进一步地，由于人们对大坝的功能需求是在不断地增加的，故而，在同一座大坝上两次或多次加高的情形也涵盖其中。大坝加高的主要项目部分或全部包括大坝基础加强处理、拆旧及转移、新老结合面处理、新坝体施工、设施拆除与安装、与已建大坝的生态融合建筑等。其范围非常广泛、内容极其丰富、特征异常明显、技术十分复杂。

1.1.2　大坝加高的缘由

通常情况下，大坝多是一次性施工建成、投入运行并发挥其效益，如防洪、发电、灌溉、引水、航运、挡渣等。但有些大坝在运行一段时间后，由于某种或多个方面的需要，还要在建成的大坝建筑物上接续或再次兴建，进而导致了大坝加高。

大坝加高的缘由是多种多样的，但归纳起来主要为以下几种，且每一种缘由都将相应形成一种大坝加高模式。

1. 续建（增建）模式

这种模式是在大坝建设最初的规划方案中，就已确定将工程分期或分阶段实施，当分期或分阶段时间间隔超出一定界限时，后期或后阶段的建设就构成了续建（增建）。

通常情况下，在规划中采取大坝续建（增建）方案，主要有以下几个方面考虑：①一次建成的条件尚不具备，如投资未能落实、移民尚未解决、技术难度过高、生态条件所限等；②功能的发挥在近期和远期上采取逐步改善方式，如后期提供水源、后期满足航运需求等；③性能指标的实现在近期、远期上有较大差异，如发电输出的需求量变化、提供供水的需求量变化等。

与大坝一次建成方式相比，续建（增建）模式能够较好地考虑近期与远期的关系，更为有效地利用科学技术发展的最新成果，满足近期与远期的经济社会发展需求，充分挖掘并发挥近期与远期的功能，最大限度地发挥近期和远期的工程效益。因此，这种模式能在投资相对较少的条件下，分阶段长效地发挥大坝的各项效益，使建设施工可持续、功能发挥可持续、效益增长可持续，具有预先规划性、科学实用性和开发利用可持续性。

2. 改建（扩建）模式

这种模式是在大坝建成后，在正常运行过程中，随着经济社会的快速发展，对大坝的功能提出增大规模、容量甚至某种或多种新的需求，在这种情况下所进行的大坝建设即形成改建（扩建）。

通常情况下，这些需求的提出主要是由于：①已建成大坝的功能不全，需要扩充，如新增航运功能、调水功能等；②已建成大坝现有的功能不够、容量不足，需要增加，如扩大装机容量、防洪库容等；③已建成大坝现有功能未全面发挥或未达到额定指标，如发电量、供水量等。

改建（扩建）模式可以充分结合大坝运行后现实发展的客观实际需要，对已建成大坝再次规划和建设，以充分挖掘和利用已建成大坝的潜在功能，进而实现兴利除害、充分开发利用水资源的目的。因此，改建（扩建）模式具有技术、经济和环保等方面的显著优势。

3. 复建（重建）模式

这种模式是在大坝建设中或建成后的运行过程中，由于种种不利的因素如设计、施工重大事故、超标准洪水、大型泥石流、强烈地震、战争动乱破坏等，导致大坝严重损害，使其无法正常运行，甚至遭到彻底损毁而进行的大坝拆除后重建，或者在损毁后的大坝原址上复建等，即所谓复建（重建）。

构成上述大坝严重损害或损毁的成因，主要有以下几个方面：①由于大坝规划建设过程中的设计或施工等出现重大事故，造成工程无法正常安全运行；②由于大坝运行过程中受到自然不可抗力或人为破坏等复杂不利因素的影响，导致大坝建筑物失事；③由于大坝建设和运行过程中的各种原因引起大坝坝体损伤、破坏，使其不能正常发挥功能。

复建（重建）模式主要适用于大坝的恢复性建设，可实现按照大坝原设计将已损毁部分清除后的加高建设。与大坝的新建方式相比，复建（重建）模式可省去大坝坝体进入全面施工之前的立项、勘察、论证、审批、设计等各项工作，直接进入主体施工。

1.1.3 大坝加高的起源与发展

大坝加高有着十分悠久的历史，其最早的雏形可以追溯到两千多年以前。但加高工程有文字记录的可以追溯到几百年前，世界上的第一个大坝加高工程大约可以认定为 17 世纪初的波斯帝国（今伊朗）的克巴尔拱坝（Kebar）。随后的数百年间，诸多的大坝进行了坝体加高、水库增容、工程扩建等施工建设，如西班牙的阿尔曼萨坝（Almansa）、意大利的邦达尔多坝（Pontalto）、澳大利亚的帕拉马塔坝（Parramata）、瑞士的大狄克逊坝（Grand Dixence）、委内瑞拉的古里坝（Guri）、苏丹的罗塞雷斯坝（Roseires）、美国的罗斯福坝（Roosevelt）、圣地亚哥坝（Olivenhain）以及在建的圣文森特大坝（San Vicente）等。从建坝材料的角度看，最早实施大坝加高的是土石坝，而混凝土及混凝土坝的加高则是随着水泥诞生后不久才开始的。

我国也有不少各类大坝加高工程实例，此前完工的英那河水库大坝加高和宝泉抽水蓄能电站下水库大坝加高均为浆砌石重力坝。已完工的南水北调中线丹江口大坝加高工程开创了国内混凝土坝加高工程建设规模、技术难度、施工复杂程度等的新纪录。红水河龙滩大坝的续建加高工程正在规划设计中。

随着我国经济发展的突飞猛进、科学技术的飞速提高，大坝加高的坝型、加高的工程规模尤其是加高高度、加高方式、加高技术水平都已取得了长足的发展。由于大坝加高工程的施工条件与技术要求等与新建工程差别显著，逐步形成了有别于新建大坝工程的大坝加高技术体系，成为坝工建设的一个重要分支和组成部分，得到了坝工界的广泛关注和高度重视。

针对大坝加高这一新的课题，如何运用现代筑坝理念和手段，建立和完善系统的大坝加高工程技术体系，以适应现代坝工续建、增建、改建、扩建、复建、重建等大坝加高建设的需要，是大坝加高向前推进发展的新的趋势。

所以说，大坝加高既是一项古老的技艺，同时也是坝工界面临的一个全新技术领域。

1.1.4 大坝加高的意义和作用

大坝是国民经济发展、工农业生产和人民生活的重要基础设施，关系到人民的生命财产安全。所谓大坝，即是专门用于防蓄和抵御的阻挡建筑物，如水坝、灰坝、尾矿坝及渣坝等。由于其防蓄和抵御的对象具有巨大的体积或质量，所以一旦发生失事，必然造成重大灾害甚至是毁灭性灾害，给大坝下游及其两岸带来不可挽回的损失。因此，建好大坝、保障运行安全是大坝建筑物的生命线。推而论之，在已建大坝上所进行的大坝加高建设，其安全性要求至少应等同或高于已建大坝，由此可见，大坝加高的安全重要性不言而喻。

以水利水电工程大坝加高建设为例，进一步分析大坝加高的意义和作用。随着水利水电事业的飞速发展，坝址资源被快速地占用，最终导致可选用的坝址将越来越少，坝址质量也将越来越差。为了解决在不久将来的坝址资源短缺乃至枯竭问题，一方面需要进一步寻找新坝址利用的可能，展开大量的勘探、研究和论证工作；另一方面需要重新论证已选坝址的效能，实施对已选坝址的深化论证，以期最大限度发挥现有坝址的效能；第三方面是挖掘和扩大已建坝址的潜能，在已建大坝的基础上实施大坝加高建设，使已建大坝发挥出更大的综合效益。因此，大坝加高的重大意义和作用在于：

（1）更好地满足国民经济和社会发展的需要，如大坝加高工程建成后，库容和发电出力将大幅增加，可有效缓解日趋紧张的供水和供电压力，提供更多的水源和电力供应。

（2）最大限度地利用已建坝址潜在的效用，大大减少新建大坝重新选址、重新勘探、重新论证的工作量，同时规避新坝选址的风险。

（3）通过已建大坝效用的提高，可实现建坝数量一定程度的降低，减少因重建新坝需要重新征地、移民等所带来的生态环境影响，对生态环境的保护起到促进作用。

（4）大坝加高建设的不断实施和周期性推进，将有力地促进坝工建设的可持续发展和坝工技术的不断创新，从而更进一步地推动水资源的充分利用，实现坝工建设的绿色低碳循环发展。

1.2　大坝加高的类型

1.2.1　大坝加高的分类

由于大坝加高是在已建坝的基础上进行的，因此必然与已建坝存在一定程度的依存关系。我们将已建坝加高的各项参数值（包括尺寸、体积、性能参数等）与已建坝相应参数值之比的百分数称之为"加高程度"。显然，加高程度最大的应属重建或复建，它基本上是在已建坝的坝基或具有较小高度的基座上进行的大幅度加高；加高程度最小的要属加固或加深，它是在已建坝的坝体内或坝基中进行的加强或扩展；介于这二者之间的则是一般意义上的加高，包括续建、增建、改建、扩建等。

大坝加高按照不同的方面可以划分不同的类型，以下是大坝加高按照结构型式、筑坝材料、功能要求以及加高次数等方面进行的类型划分情况。

1.2.1.1　按照加高的结构型式划分

从大坝加高的结构型式上看，大坝加高的类型可以分为后帮整体式、后帮分离式、前帮整体式、前后帮综合式、预应力锚索加高式、坝顶直接加高式等。

1.　后帮整体式

在所有的加高方式中，最具有典型代表性和较为常用的方式是后帮整体式，（俗称"穿衣戴帽"）。后帮整体式的加高方式示意如图 1.1 所示。

由于后帮整体式加高的施工技术成熟、施工进度相对可控、对现行工程运行的干扰较少而成为混凝土坝普遍采用的加高方式。通过该方式加高后的坝体，新混凝土与老混凝土联合受力，作为一个整体共同承担各种荷载。所以在通过

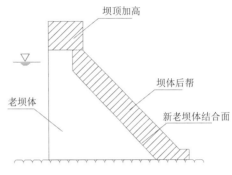

图 1.1　后帮整体式大坝加高示意图

这一方式加高坝体的施工中，新老混凝土结合是其中的关键问题和重要技术难点，需要确保新老混凝土的良好结合，以实现整体受力、共同受力的效果。

2.　后帮分离式

与后帮整体式相比较而言，后帮分离式的差别在于：加高后坝体后帮的新浇混凝土与原有坝体是分离的，在后帮分离式加高中后帮部分压在老坝下游面上，起支撑作用，在新老坝体的结合面上用其他材料如金属板等隔开。

在这种方式中，熟铁板、合金板等的存在能使外帮部分在各向自由移动，不会产生破坏性的内应力，后帮部分降温收缩时可以减小对老坝的不利弯矩，或减少坝踵拉应力。这种加高方式需要大量的混凝土才能达到与后帮整体式相同的稳定效果，故采用得不多。

3.　前帮整体式

与后帮整体式相对应，大坝加高的前帮整体式是指坝体的上游面及坝顶加高，如在混凝土坝的上游面和坝顶浇筑混凝土以加高坝体。其加高方式示意如图1.2所示。

从图 1.2 可见，在前帮整体式大坝加高工程中，需要在坝前浇筑混凝土，涉及施工期水库水位控制或者水下施工问题，相对于大坝加高后帮式，其施工过程相对复杂，对现有大坝运行的干扰比较大，所以在工程实际中应用不是很普遍。

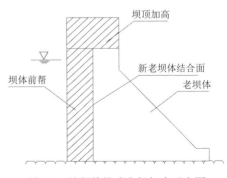

图 1.2　前帮整体式大坝加高示意图

4. 前后帮综合式

前后帮综合式大坝加高是指在原有坝体的上、下游面及坝顶均进行混凝土培厚加高，以达到加固坝体、加高坝顶的目的。其加高方式示意如图 1.3 所示。这一大坝加高方式的施工过程较为复杂，对水库上下游水位的控制、对原有坝基的处理、加高施工期间对枢纽运行的影响等都有更高要求，控制也更为严格。此外，由于在坝体的上、下游面均进行混凝土培厚，可以大规模加固坝体，因此可以实现在原有坝高的基础上最大程度地加高坝体。

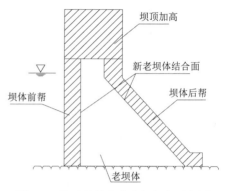

图 1.3 前后帮综合式大坝加高示意图

5. 预应力锚索式

大坝加高的预应力锚索方式如图 1.4 所示，这一加高方式对坝体的上、下游面均不作处理，而是通过直穿坝体的预应力锚索将坝顶加高部分直接与坝基相连，以实现坝顶加高部分、已建坝体与坝基联合的整体效应。由于不需要在坝体的上、下游面和新老混凝土结合面作处理，这一加高方式相对于后帮整体式、后帮分离式、前帮整体式、前后帮综合式等而言在混凝土浇筑环节上较为简单。其重点在于贯穿坝体的预应力锚索的施工，需要考虑坝体内部的廊道、竖井、孔洞及各种观测设备等对锚索的影响以及空间位置的限制。

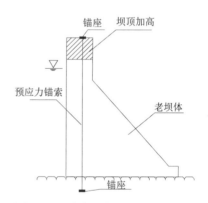

图 1.4 预应力锚索式大坝加高示意图

预应力锚索加高的施工方法是在老坝顶部直接浇筑加高混凝土，混凝土中预埋套管，凝固后即从新坝顶部架设钻机，通过套管往下钻孔，钻穿老坝并钻入基岩一定深度后，形成钢索导管。然后，将预拉力锚索两端锚固在坝顶和坝基岩体内，再进行预应力张拉，锚索的预应力传递到新老混凝土坝体中，使之处于受压状态，通过这种结合方式，用以承担或抵御大坝建筑物的各类荷载和外力，发挥加高坝体的整体作用。

该加高方式的优点是造价较低廉，施工速度快，在一般情况下，工程施工毋需降低水库水位。其缺点是对于大坝这样的永久建筑物来说，需要大量、大吨位的预应力锚索准确施工到位，工艺较为复杂；此外，由于锚索在长期运行中可能腐蚀，将存在丧失预应力的风险，故在选择使用该方法时应加以论证。

6. 坝顶直接加高式

坝顶直接加高方式的示意如图 1.5 所示。这种加高方式是将老坝坝顶拆除一部分，然后直接在老坝上浇筑新混凝土，直至将坝顶升高至加高高程。它是一种主要利用或占用大坝设计施工安全裕度的方式，一般应用于老坝的高度和加高部分的高度都不大的情况。采用这种加高方式的优点是施工简便，且所需混凝土方量远少于其他加高方式。施工时大坝及水库照常运行，受影响较少。但由于未对坝体进行上下游面的培厚以及相应的坝基处理，加高的高度很有限，仅适用于较小规模的大坝加高。

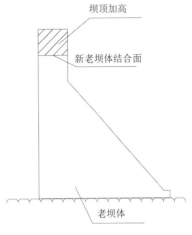

图 1.5　大坝坝顶直接加高方式示意图

1.2.1.2 按照加高的筑坝材料划分

按照加高大坝所采用的建筑材料的不同，可以划分为土石坝加高、混凝土坝加高、其他材料大坝加高等类型。

1. 土石坝

土石坝加高在工程实践中比较常见，是指对土石材料做成的大坝（围堰、堤防）等工程设施进行的加高、培厚、加固等施工建设，加高所用材料亦为土石料。

土石坝的加高施工相对易于实施，即在原有大坝的上、下游或迎、背水面以及坝顶增加土石料填筑，以达到增加坝体强度和高度，实现拦蓄或抵御更大洪水的目的。

在土石坝的加高施工中，坝料开采与制备、坝料运输、坝体填筑碾压等施工工艺和技术要求与新建工程类似。其关键之处在于新老坝体结合面的处理，即削坡（面）施工环节。在削坡（面）过程中，需要控制好削坡（面）的深度、方向、先后次序、碾压方式等。

2. 混凝土坝

混凝土坝的加高是指在原有坝体的基础上以混凝土为建筑材料进行的加高施工，其加高对象通常为混凝土坝、浆砌石重力坝、浆砌石拱坝以及土石坝或其他闸坝中的混凝土结构等。

由于混凝土材料的特殊性，混凝土坝的加高施工相比于土石坝而言，其施工技术要求和复杂度增高，施工组织管理的难度增大，需要处理好新老混凝土结合等施工技术难题，以此确保新老混凝土作为一个整体协同工作。为此，需要在老混凝土的处理、界面处理、新混凝土性能控制等方面做好工作。

3．其他材料坝

除了土石坝和混凝土坝加高之外，在水电工程的改扩建等施工中还存在对金属材料、复合化工材料等建筑物的加高施工。但在通常情况下，其加高工程量不大，技术实现相对容易，在此不做重点阐述。

1.2.1.3　按照加高的功能需求划分

按照大坝加高所满足的不同功能需求，可以将其划分为增加水库防洪标准的大坝加高、增加水电站发电能力的大坝加高、增加水库供水能力的大坝加高以及出于其他目的的大坝加高。在通常情况下，以上几项功能要求通过坝体的加高均可在一定程度上得到提升，反映了大坝加高工程的综合效益。

1．防洪

防洪功能的大坝加高是为增加水库防洪标准和能力而进行的大坝加高，是指在现有的水库防洪标准下，下游的干旱和洪涝灾害依然比较严重，从而通过坝体加高增加水库库容进而增加滞蓄和调控洪水的能力，以提高下游的防洪标准。

2．发电

发电功能的大坝加高是指通过大坝加高提高水库蓄水位，增加水库内的水量、水位或水头差，以提高发电出力的大坝加高工程建设。在这一过程中，水库的防洪能力亦有提升，也可提高水库的供水能力。

3．供水

供水功能的大坝加高是为提高水库供水能力而进行的加高，具有多个方面情形：一方面纯粹是为增加现有供水系统的供水量；另一方面是通过抬高水库水位，向地理位置更高处的供水点供水；等等。

4．其他

除上述之外，为进一步开发水利枢纽的航运、养殖、旅游、生态等其他功能需求，也可进行大坝的加高，如可以通过大坝加高抬高水库上游河道水位，以实现延长航道、改善航运条件；也可通过大坝加高增加水库库容即水体体积，以增加渔业养殖规模等。

1.2.1.4　按照加高的实施次数划分

在通常情况下，大坝工程多是一次性建成，在其使用寿命内只需进行必要的维护和保养。但如前所述，在某些需求的驱使下，需要进行大坝的加高、加固或者与加高相似的作业。不仅如此，大坝加高还存在多次实施的情况。

1．一次加高

根据某种需要进行一次性加高在大坝加高工程中占绝大多数，如我国的南水北调中线丹江口大坝加高工程、委内瑞拉的古里大坝、美国的罗斯福大坝和圣文森特大坝等工程均进行了一次加高。对于工程建设在规划时就考虑分两期建设，即需要进行一次加高的情况，设计过程中需要充分考虑为后续加高施工创造良好的条件，包括坝基基础强度、施工作业面、加高施工与枢纽运行关系等方面的条件。相对于多次加高而言，一次加高的工程施工难度相对较小。

2．多次加高

多次加高是指坝体在初始高度的基础上进行两次及两次以上的加高施工。大坝的多次加高原因可能是由于对枢纽发电、防洪等功能需求的不断增加，同时又具备水资源可开发量、库区淹没等相关条件下的主动加高，也可能是由于枢纽供水、通航等原因导致的被动加高。意大利的高桥坝曾先后加高过 7 次，其加高次数之多在大坝的加高历史上是创纪录的。我国的甘肃鸳鸯池大坝也曾先后加高过 3 次，是国内加高次数最多的大坝加高工程。

由于大坝加高随着次数的增加，条件更加苛刻，要求更加严格，对现有枢纽的防洪和发电等效益的发挥均有一定影响，所以通常情况下大坝不宜进行多次加高施工，而应该在工程建设初期进行系统规划，最好一次性建成。

1.2.2　各类型的比较与选择

当现有的大坝规模和功能无法满足防洪、发电、供水等现实需求的时候，大坝加高成为解决这两者矛盾的有效途径。在选择大坝加高方式的时候，需要综合考虑枢纽运行要求、坝基性状、加高高度、原有坝体材料类型、现有枢纽的结构型式、工程量等多方面因素，充分比较每一种加高方式的优缺点，科学地选择最合适的方式。

大坝加高方式选择的基本原则如下：

（1）加高施工期间的大坝运行要求。通常，在大坝加高施工期间对枢纽运行的要求较高，如保证防洪标准不降低、发电量需要保证在一定的水平，宜选择对上、下游水位要求不高的加高方式，如后帮整体式、后帮分离式、预应力锚索式、坝顶直接加高式等类型。如果选择前帮整体式、前后帮整合式，则需要在施工进度计划编制、上游水位控制、水下混凝土施工等环节上制定切实可行的技术方案和相应的配套措施。

（2）现有坝基的承载力情况。部分大坝加高续建项目在前期已将基础处理完毕，满足加高后坝体运行的需要。这种情况下的大坝加高方式选择相对宽泛，各种加高方式均可灵活应用。但如果在加高施工中需要同步加固坝基或拓宽坝基处理范围，则需要考虑各种加高方式下的地基处理方案的可行性、施工成本以及对枢纽运行的影响，可能存在水下施工作业如水下开挖、水下切割焊接、水下爆破、水下切割拆除、水下修补加固等。

（3）加高高度。大坝加高高度的不同，对加高方式的选择影响很大。如果大坝加高高度较大，则需要对坝体进行大规模的加高培厚。从这一角度来看，前后帮综合式、后帮整体式、后帮分离式、前帮整体式相对易于满足加高坝高的需要。

而预应力锚索加高式、坝顶直接加高式则对加高高度的限制比较大，通常情况下加高高度有限。在具体加高工程的规划设计过程中，某一加高方式能否满足加高高度的需要可以通过坝体结构计算确定。

（4）现有坝体材料类型。对于土石坝、堆石坝、浆砌石坝等土石类坝体的加高方式选择，后帮整体式、后帮分离式、前帮整体式、前后帮综合式均可适用，但预应力锚索加高式、坝顶直接加高式一般不宜使用。而对于混凝土坝，根据其他方面的综合情况，以上各种方式均可适用，但需要处理好新老混凝土结合等关键技术难题。

（5）现有枢纽的结构型式。现有枢纽的空间布置、各类建筑物的分布等结构形式对大坝加高方式的选择有重要的影响。如布置有坝后式厂房且加高施工期间有发电任务的大坝的加高，很难实现坝体下游干地施工，坝基的加固处理受到一定的限制；再如，在施工期间有通航要求的大坝加高施工，坝体上游的水位及其上游面的各项施工作业均受到一定的影响。在工程实践中，需要综合考虑其他方面的情况，根据枢纽的结构型式，选择适宜的加高方式。

（6）加高施工工程量。在满足加高后大坝运行功能需求的前提下，根据既定的各项施工限制条件，通常选择加高施工工程量相对较小的加高方式，一方面可节约工程成本，另一方面也可降低难度，缩短加高施工工期。

总之，各种大坝加高的施工方式均有各自的特点、适用条件、优势与不足，针对大坝加高工程的实际情况，通过综合比选之后确定理想的加高方式。

1.2.3　各类型典型工程实例

在防洪、发电、航运、供水等功能需求的推动下，国内外的诸多大坝进行了各种形式的加高施工，不断刷新了大坝加高施工的各项纪录，为建立和完善大坝加高施工的理论和积累工程实践经验提供了载体和平台。

从大坝加高的结构型式角度，国内外大坝加高工程的各类型典型实例如下。

1.2.3.1　后帮整体式加高实例

后帮整体式加高在施工成本、便捷性等方面具有明显优势，所以成为应用最为广泛的加高方式，在国内外的大坝加高工程中得到普遍应用。

1. 古里大坝（委内瑞拉）

古里大坝位于卡罗尼河（Caroni）上，在卡罗尼河与委内瑞拉东部玻利维亚州境内的奥里诺科河交汇处上游约 90km 处，距首都加拉加斯东南约 500km。坝址处年径流量 1537 亿 m^3，多年平均流量 4870m^3/s，水库调节水量 98%，调节性能很好。坝址控制流域面积 8.5 万 km^2，可能最大洪水 48100m^3/s。坝址地质为坚硬的花岗片麻岩，可建高坝大库。库区人口稀少，淹没损失小，河道也不通航，这些都有利于工程分期建设。

古里水电站工程主要建筑物包括河床混凝土重力坝，河床溢洪坝，左、右岸均质心墙土石坝，一期、二期发电厂房及开关站。坝后从左到右布置第 1、第 2 号发电厂房。在坝下游左岸设有 1 座 800kV 和 2 座 400kV 开关站。

古里水电站工程原计划分 3 个阶段建设该工程，以满足委内瑞拉电力需求。但现实的发展远快于预期的经济发展速度，该工程实际分 2 个阶段建成。一期工程于 1963 年开工，1968 年开始发电，1977 年完成。二期扩建工程于 1976 年开工，1984 年开始发电，1986 年完成。

一期工程正常蓄水位 215m，相应库容 170 亿 m³，调节库容 111 亿 m³，相当于坝址平均年径流量 1537 亿 m³ 的 7.2%，调节性能较差。二期扩建工程将正常蓄水位提高至 270m，库容增至 1350 亿 m³，调节库容 854 亿 m³，相当于年径流量的 56%，具有多年调节的能力，并使其下游 3 座梯级电站增加发电效益。

一期主坝坝顶高程 220m，最大坝高 110m，坝顶长 846m。其中溢流坝段长 184m，设 9 个溢流孔，每孔宽 15.24m、高 20.76m，孔口设弧形闸门控制，泄洪流量 30000m³/s，分 3 道泄槽，用混凝土墙隔开。右岸土石坝最大坝高 90m，坝顶长 220m。一期兴建 1 号厂房长 245m，安装 10 台机组，单机容量 180～370MW，总装机容量 2660MW。一期施工混凝土工程量 174 万 m³，坝体混凝土工程量 105 万 m³。

二期主坝坝顶加高 52m 至高程 272m，最大坝高 162m，坝顶加长至 1426m。右岸连接的土石坝加高至最大坝高 102m，加长至 4000m；左岸增建土石坝，最大坝高 97m，坝顶长 2000m。在库边垭口增建多座副坝，总长 32km，最大坝高 45m。溢流坝段将堰顶抬高 55m，分期加高 3 条泄槽。为保证施工期安全泄洪，3 条泄槽逐条分期错开施工，以便在加高其中 1 条泄槽时，其他两条仍可泄洪。二期增建的 2 号厂房长 392m，安装 10 台机组，单机额定水头 130m 时出力 610MW，水头 146m 时最大出力 730MW，总装机容量 7300MW。由于大坝加高，1 号厂房的装机容量由原来的 2660MW 增加出力至 3000MW，1 号、2 号厂房总计装机容量 10300MW，年发电量达 510 亿 kW·h。二期扩建工程混凝土浇筑工程量 671 万 m³，坝体混凝土工程量 260 万 m³。

如图 1.6 所示，加高工程包括下

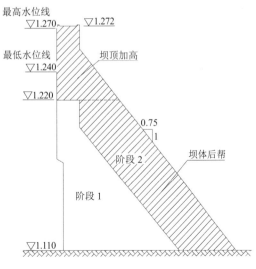

图 1.6 古里大坝加高前后典型剖面图（单位：m）

游贴坡混凝土和坝顶加高混凝土，混凝土均采用常态混凝土，坝体下游面坡比为0.75。图1.6给出了古里大坝最大断面处加高前后的典型剖面。

2. 罗斯福大坝（美国）

罗斯福大坝位于索尔特河（Salt River）上，距离亚利桑那州东北部凤凰城约120km。大坝始建于1903年，1911年完工。该工程是美国垦务局修建的第一座多功能大坝。初期工程为厚拱型块石砌体坝，坝高85.3m，坝顶高程652.55m，坝顶长220m，坝顶宽约5m。

为满足大坝安全、调节库容和防洪要求，1991年2月对大坝进行加高改建，将原坝加高23.5m，坝高增加到108.8m，高程676.05m，坝顶长368.8m，坝顶宽度6.6m，新增库容20%。

扩建部分大坝为单曲、均一厚度拱坝，坝顶厚度为5.5m。在老坝体上的加高部分坝体为常规混凝土，上游面垂直，下游面坡度为0.45。加高工程采用后帮整体式，加高部分的坝体混凝土工程量为27万 m³，采用起重机入仓，坝体设置施工横缝，分为多个坝段，并对施工横缝进行接缝灌浆处理。图1.7为最大断面处的新老坝体结构图。

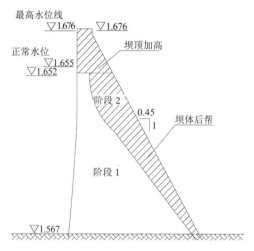

图1.7　罗斯福大坝加高剖面图（单位：m）

3. 圣文森特大坝（美国）

圣文森特大坝建于1943年，至今已有70年历史，坝高67m，为混凝土重力坝。大坝坝址位于圣文森特河道一峡谷处。该大坝的外形轮廓包括倾斜上游面，坡比为0.1:1；高程200m处的宽阔坝顶；上部高程200～196m范围内的垂直下游面；中间高程196～187m范围内为渐变坡面的下游面；下部高程187m以下直到下游坝趾范围内的倾斜下游面，坡比为0.76:1。

加高圣文森特大坝是为了美国圣迭戈城（简称圣城）扩增应急供水的储备能力。该应急供水系统的关键项目之一是把圣文森特坝加高16.5m。根据长期水资源总体规划，圣城决定进一步加高该坝19.5m，总加高为36m。两个加高部分将合二为一进行设计和施工。加高后的坝高增至103m，库容增至3亿 m³。

　　已建的大坝结构为混凝土重力坝，坝高 67m，坝顶长 294m，坝顶宽 4m。溢流坝位于河道中央，宽 84m，Ogee 型剖面。最大可能泄洪流量为 4000m³/s。坝体施工采用典型的混凝土柱状浇筑方法，浇筑块宽 15m（至上、下游边缘），厚 1.5m，坝体内不设冷却系统。混凝土配合比采用波特兰水泥，4 型水泥用于坝底 1/3 的部分，2 型水泥用于所有其他部分。骨料为直径小于 152mm 的鹅卵石，从附近的河床中筛选而出。设计强度为 90d 龄期 17.2MPa。

　　为评价圣文森特大坝加高工程设计方案的优劣，对比了以往碾压混凝土坝及常规混凝土坝加高和修复工程的经验，推荐的圣文森特大坝加高方案如图 1.8 所示。

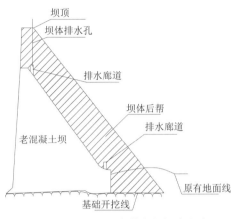

图 1.8　推荐的圣文森特大坝加高方案

　　4. 丹江口大坝加高工程（中国）

　　中国南水北调中线丹江口工程采用了后帮贴坡整体重力式进行大坝加高。丹江口大坝始建于 1958 年，1973 年竣工，工程主要挡水建筑物由河床及岸边的混凝土重力坝和两岸土石坝组成，坝高 162m，坝总长 3442m，库容 174.5 亿 m³。自右至左依次为：右岸土石坝段、联结坝段、泄洪深孔坝段、溢流表孔坝段、厂房坝段和左岸联结坝段及土石坝段。电站厂房位于 25～32 号坝段下游，为坝后式厂房。装 6 台水轮发电机组，单机容量 150MW，总容量 900MW。通航建筑物布置在 3 坝段。

　　大坝加高工程于 2005 年 9 月 26 日开工，坝体高度从 162.0m 加高到 176.6m，加高高度为 14.6m，总库容增大至 339.1 亿 m³，同时对坝身培厚；新建右岸土石坝；改建升船机，其规模由 150 t 级提高到 300t 级；改造厂房发电机组。至 2010 年 3 月，混凝土坝段已全部加高至设计高程，整个加高工程包括闸门金属结构的更新改造等项目于 2013 年完成。加高工程中的混凝土工程主要为溢流坝段的溢流面和闸墩加固加高、其他混凝土坝段在原混凝土坝的基础上进行下游贴坡培厚和坝顶加高。

　　丹江口大坝右联坝段（非溢流坝段）加高工程典型剖面如图 1.9 所示。8～13 号深孔坝段加高典型剖面如图 1.10 所示。

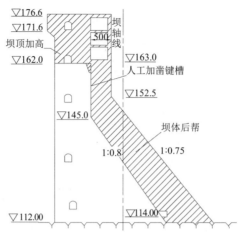

图 1.9 丹江口大坝右联坝段（非溢流坝段）加高典型剖面（单位：m）

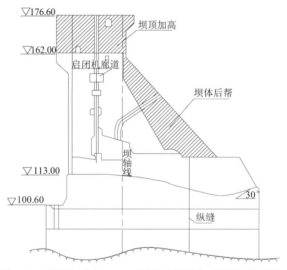

图 1.10 丹江口大坝 8～13 号深孔坝段加高典型剖面图

1.2.3.2 后帮分离式加高实例

后帮分离式具有新老坝体独立稳定并一起承受外力作用的特点，虽然加高工程量相比于后帮整体式会有所增加，但对设计和施工都带来了方便。因此这一方式也会被采用。

埃及阿斯旺（Aswan）旧坝就是后帮分离式加高的一个典型实例。阿斯旺旧坝是尼罗河上建造的第一座大坝，先后进行了两次加高。在第二次加高时就采取后帮分离式加高坝体的，后帮部分与前期坝体之间通过一层 7mm 厚的钢板相互隔离。

阿斯旺旧坝位于上埃及南部的尼罗河上，在开罗以南约 800km 处，工程始建于 1898 年，1902 年完工，工程由英国人设计，由埃及军队和希腊、意大利工人建成。坝型为闸式圬工重力坝，坝高21.5m，初期库水位为106m，蓄水水位高20m，库容9.8亿m³。

坝址河谷宽约2000m。大坝主要位于花岗岩上，上部覆盖一层风积砂和努比亚砂岩沉积层。大坝分为两段：一段为泄水坝段，长1400m，设有180个泄水闸孔，另一段为挡水坝，长550m。为了提高对尼罗河径流的调节能力，满足不断增长的需水要求，阿斯旺旧坝经过2次加高增容：第1次加高在1908—1912年，库水位提高到113m，水位提高7m，大坝加高5m，总库容增加至25亿m³，在埃及下游新增灌溉面积1680km²；第2次加高是1929—1933年，水位提高8m，大坝加高9m，最终坝顶高程123.0m，最大坝高35.5m；库水位达到121m；坝顶长2142m；总库容增至50亿m³；可耕地增加数十平方公里；回水长度390km；新增灌溉面积840km²，还使另外840km²土地的灌溉得到改善，转为全年可灌溉。

但在1946年时，大坝遭遇巨大洪水几乎漫坝，使得人们不得不决定在旧坝上游6.4km处建造阿斯旺新坝，而非再次加高旧坝。

阿斯旺旧坝加高典型断面如图1.11所示。

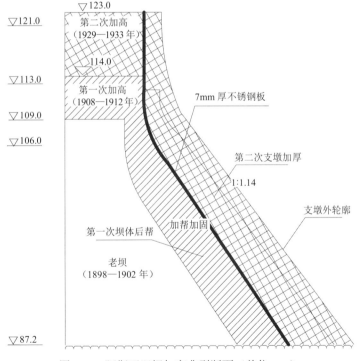

图1.11　阿斯旺旧坝加高典型断面（单位：m）

1.2.3.3　预应力锚索式加高实例

预应力锚索式加高可直接通过锚索结构件将新老坝体甚至是基岩缝合在一

起，通过锚固力使坝体与基岩形成整体，因此常被工程所采用，如南非的斯汀布拉斯下坝（Steenbras Lower Dam）等就是例子。

斯汀布拉斯下坝位于南非的斯汀布拉斯河上，距开普敦约 50km，濒临戈登湾（Gordon's Bay）。斯汀布拉斯下坝是一座分期施工混凝土重力坝，始建于 1921 年，坝高 12.5m。1928 年第 1 次加高采用预应力锚索方法将坝抬升了 12.9m；1954 年又第 2 次加高 2m，2 次加高后，坝的最终高度为 27.4m，坝顶长度 389m，库容 0.362 亿 m³。

斯汀布拉斯下坝 2 次加高的坝体断面如图 1.12 所示。

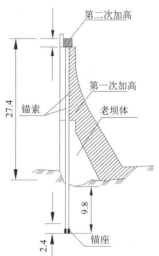

图 1.12　斯汀布拉斯下坝加高典型断面图（单位：m）

1.2.3.4　坝顶直接加高实例

坝顶直接加高是加高设计和施工都相对简便的一种方式，只要原坝设计事先预留或者具有较充裕的安全系数，就能在设计复核后实施加高，因此在工程中被较多的采用，例如瑞士的莫瓦桑（Mauvoisin）坝、西班牙的蓬特斯维耶哈斯（Puentes Viejas）大坝等。

1.　莫瓦桑坝（瑞士）

莫瓦桑坝位于瑞士瓦莱州、罗讷河支流德朗斯（Drance）河上，距离最近的城市为菲奥奈（Fionnay）市。坝址控制流域面积 114km²，其中 77km² 为冰川所覆盖。坝址处于阿尔卑斯山区，基岩为石灰质变质片岩，坚固均匀，但节理发育。基岩弹性模量约 10～150000MPa。河床有约 40m 厚冰碛岩覆盖层。岩基渗透性相当高，尤其是冲积层底部。地震烈度为Ⅷ度。工程主要建筑物包括大坝、泄水表孔、泄水中孔、泄水底孔、发电引水系统和厂房等。

大坝采用混凝土双曲拱坝。初期坝高 237m，坝顶高程为 1976m，坝顶长 520m，坝顶厚 12m，坝底厚 53.5m，坝顶拱圈半径 273m，相应中心角 110°。河谷宽高比为 2.076。坝体设计时的应力控制标准为：库满拱冠应力为 7MPa，自重作用下，下游坝趾压应力为 5.2MPa，温度压应力为 1.0MPa，坝基因变形产生的应力为 1.0MPa，地震应力为 2.0MPa。在正常情况时荷载组合坝体最大压应力为 8.5MPa，考虑地震后为 10.5MPa，最大拉应力不超过 1.5MPa。

该工程共有 3 座电站，即尚里翁（Chanrion）电站，装机容量 30MW；费奥奈（Fionnay）电站，装机容量 129MW；里德（Riddes）电站，装机容量 225MW。3 座电站总装机容量 384MW。初期工程于 1951 年开工，1958 年建成。

为了增加冬季发电量，1989—1991 年将该坝加高了 13.5m，加高后的最大坝高达到 250.5m，有效库容 2.05 亿 m³。加高坝部分的混凝土方量为 8 万 m³，约为老坝混凝土量的 4%，可增加库容 0.27 亿 m³。

莫瓦桑坝横剖面和加高部分如图 1.13 所示。

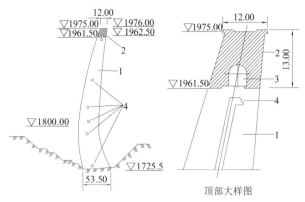

1—老坝；2—加高坝部分；3—交通洞；4—检查廊

图 1.13　莫瓦桑坝横剖面和加高坝部分（单位：m）

2. 蓬特斯维耶哈斯大坝（西班牙）

蓬特斯维耶哈斯大坝位于西班牙洛索亚（Lozoya）河上，大坝坝型为重力坝，大坝于 1935 年进行加高，原坝坝高 28m，加高后坝高 64m。

加高采用在上游面直接加高的方式，即在前期工程施工时，同时将后期加高工程的基础浇筑好，后期工程便可从水库运行的最低水位开始加高。其加高的具体方式是将老坝坝顶先拆除一部分，然后直接在老坝上浇筑加高的新混凝土，直至将坝顶升高至预定高程。由此可见，这种加高可使各阶段的工程施工做到有控制地进行，且加高所需混凝土方量远少于其他加高方式，施工时大坝及水库照常运行，基本不受加高影响。

蓬特斯维耶哈斯大坝通过直接在坝顶加高的方式加高坝体，其典型断面如图 1.14 所示。

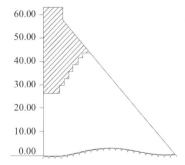

图 1.14　蓬特斯维耶哈斯大坝加高典型断面（单位：m）

1.3　大坝加高及混凝土施工研究现状

随着水利水电建设的快速发展，优秀坝址将越来越少，为提高现有水利枢纽水资源的利用率，进一步发挥已建大坝的各类功能，世界范围内的许多大坝都进行过加高施工。另外，由于库区淤积、大坝老化、结构故障、自然灾害等原因，也使得为数众多的大坝进行过加高、加固、大规模维修等与大坝加高类似的施工作业。

相应地，针对大坝加高施工中出现的各类工程技术问题，诸多学者和工程技术人员也进行了大量的科学研究和工程实践，为建立完善的大坝加高施工技术体系打下了坚实的基础。

1.3.1　国外研究现状

1.3.1.1　国外大坝加高工程情况

国外的大坝加高有着悠久的历史。早在 1900 年以前，国外就对一些大坝进行了加高，如西班牙的阿尔曼萨坝、意大利的邦达尔多坝、澳大利亚的帕拉马塔坝、瑞士的大狄克逊坝、美国的罗斯坝（Ross）等。20 世纪初期，随着筑坝技术的发展，埃及的阿斯旺坝、美国的斯伯丁水坝（Lake Spaulding）等都实施了大坝加高。1920—1930 年期间，随着大坝加高技术日趋完善，西班牙又对阿里盖斯坝（Ariguis）、西恩弗斯坝（Cienfuens）进行了加高，美国也对俄克拉荷马坝（Oklahoma）进行了加高，同时埃及对阿斯旺大坝又进行了一次加高。到 1930 年后，大坝加高的优越性进一步显现出来，世界上许多国家已开始将大坝加高作为一种经济实用的筑坝方式。

迄今为止，世界上已有上百座大坝进行了加高，被加高大坝的类型也变得多种多样，其中主要包括：土石坝、面板堆石坝、混凝土拱坝以及重力坝等，加高高度从几米到几十米不等。国外已经加高或正在加高的大坝基本情况见表 1.1。

表 1.1　国外大坝加高工程情况一览

坝名	所在国家	坝型	原坝坝高/m	加高高度/m
黑部水坝	日本	拱坝-重力坝	120	68
弗莱拉	意大利	拱坝-重力坝	73	65
突肋斯	瑞士	拱坝	26	59
古里	委内瑞拉	重力坝	110	52
思迪科鲁夫	南非	重力坝	30	45
新中野	日本	重力坝	53.5	41.4
威达哈	约旦	面板堆石坝	100	40

续表

坝名	所在国家	坝型	原坝坝高/m	加高高度/m
福图纳	巴拿马	堆石坝	60	40
肯喀努	意大利	拱坝	137	36
普恩特斯别哈斯	西班牙	重力坝	28	36
拉各斯	巴西	重力坝	32	28
宫濑	日本	重力坝	98	25
瓦麻沟	意大利	土坝	40	25
奥肖内西	美国	拱坝-重力坝	105	24
罗斯福	美国	重力坝	85.3	23.5
马歇尔福特	美国	重力坝	60	23
希坎巴	葡萄牙	拱坝	55	20
库尔纳	印度	重力坝	81	19
巴哈嘎	印度	重力坝	27	18
博伊德角落	美国	重力坝	18	18
威灵顿	澳大利亚	重力拱坝	18	17
川上	日本	重力坝	46.5	16.5
斯瓦姆内	德国	土坝	54	16
塔拉勒国王	约旦	土坝	100	15
卡迪拉	阿根廷	支墩坝	60	15
萨毕奈	意大利	支墩坝	60	15
柯苏波	阿尔及利亚	连拱坝	32	15
樱山	日本	重力坝	25	15
卡亚塞	日本	重力坝	51	14.5
福特一级	西班牙	重力坝	53	14
蒙哥马利	美国	堆石坝	34	14
莫瓦桑	瑞士	拱坝	237	13.5
欧乐	法国	重力坝	38	13
鲍尔奇	美国	拱坝	29	13
博拉昆	西班牙	重力坝	23	13
黎斯弗拉姆	英国	土石坝	32.5	12.5
姆拉鲁	法国	拱坝	20	12
吉鲁特	法国	连拱坝	48	11

坝名	所在国家	坝型	原坝坝高/m	加高高度/m
马拉法	美国	支墩坝	21	11
神奈川	日本	重力坝	41	10.5
黑田	日本	重力坝	35	10.2
蒙德林	澳大利亚	重力坝	60	10
大泊	日本	重力坝	60	10
埃内佩河	德国	重力坝	44	10
罗赛雷斯	苏丹	支墩坝	42	10
穆赫兰	美国	重力坝-土坝	63	9
洛斯科普	南非	重力坝	42	9
布勾米卢都	西班牙	支墩坝	26	9
派恩维尤	美国	土石坝	19	9
布里斯托尔	美国	支墩坝	17	9
埃尔斯岛	美国	支墩坝	15	9
瑞戴肯雅斯	西班牙	曲重力坝	41.5	8.5
罗德里格斯	墨西哥	支墩坝	73	8
古达麦拉图	西班牙	重力坝	56	8
维斯阿尔	西班牙	拱坝	25	8
拜尼巴哈戴尔	阿尔及利亚	连拱坝	57	7
哈维	澳大利亚	重力坝	15	7
阿尔曼萨	西班牙	重力坝	14	7
穆拉杜奇	英国	重力坝	35.7	6.1
哈布拉	阿尔及利亚	重力坝	35	6
肯普弗利	西班牙	重力坝	26	6
佩斯卡拉	阿根廷	支墩坝	71	5
普斯姆	美国	支墩坝	58	5
三河	日本	重力坝	48	5
阿拉莫戈多	美国	土坝-堆石坝	43	5
瓜亚瓦尔	波多黎各	支墩坝	37	5
博伊森	美国	支墩坝	12	5
阿尔吉斯	西班牙	重力坝	22.45	4.85
俄克拉荷马	美国	支墩坝	16	4.6

坝名	所在国家	坝型	原坝坝高/m	加高高度/m
白川	日本	土石坝	25.5	4.5
杜伊拉斯	西班牙	重力坝	94	4
敏格特查乌喀	阿塞拜疆	土坝	76	4
碧湖	英国	重力坝	29	4
鹰塔	西班牙	土坝	25	4
姆斯瓦	挪威	重力坝	16	4
芒特尤宁	美国	支墩坝	15	4
巴拉玛达	澳大利亚	拱坝-重力坝	12.5	3.3
申拉乌塔	印度	重力坝	39	3
肯普利达湖	葡萄牙	重力坝	25	3
阿德莫尔	美国	支墩坝	14	3
伦内普	德国	支墩坝	11	3
卫斯理-希尔	美国	支墩坝-土坝	11	3
尤蒂卡	美国	支墩坝	9	3
本博	美国	支墩坝	7	3
乔罗	西班牙	重力坝	80	2
乔丹	加拿大	支墩坝	38	2
斯廷布拉	南非	重力坝	30	2
马西斯	美国	支墩坝	27	2
斯巴达堡	美国	支墩坝	15	2
门罗	美国	支墩坝	8	2
伊丽莎白	美国	支墩坝	4	2
科阿莫	波多黎各	支墩坝	17	1
丹维尔	美国	重力坝	5	1

此外，国外的一些大坝还进行了多次加高。进行过多次加高的大坝工程基本情况见表1.2。

表 1.2　国外大坝多次加高工程情况

坝名	所在国家	坝型	原高度+加高高度/m
塞弗拉	西班牙	重力坝	11+10+10
伊拉比	西班牙	重力坝	15+12+7+6+9
加拉普	印度	重力坝	52+3+15

坝名	所在国家	坝型	原高度+加高高度/m
森纳尔	苏丹	重力坝-土坝	6.0+0.3+0.5
坦萨	印度	重力坝-堆石坝	36+3+2
特旺特佩克	墨西哥	支墩坝	30+9+21
邦达尔多	意大利	拱坝	5+13+7+9+4
阿斯旺	埃及	重力坝	30+5+15+5
斯波尔丁湖	美国	拱坝	68.6+10.7+4.6+83.9
大迪克桑斯坝	瑞士	重力坝	182+42+30+30
罗斯	美国	拱坝	93+56.5+35.1+40.4
林达尔	挪威	重力坝	11+4+19

国外的加高工程中，较为典型的项目主要有古里大坝、罗斯福大坝、圣地亚哥碾压混凝土坝、圣文森特大坝等。通过这些工程的建设以及经验教训的不断总结，找出了大坝加高施工尚待解决的一系列关键技术难题，为建立大坝加高施工技术体系提出了客观需求。

1.3.1.2　国外典型工程的研究情况

国外的大坝加高工程建设起步较早，加高坝型较为广泛、加高形式多样、加高的高度较大，针对加高工程建设的技术研究也较为系统和全面。在国外针对大坝加高工程技术的研究工作中，主要集中于新老混凝土材料的适应性、老混凝土结构的处理、结合面处理、坝基处理、混凝土温控、枢纽运行期施工方案等方面。

国外典型加高工程中的相关研究情况如下。

1. 古里大坝（委内瑞拉）

在古里大坝的加高工程设计中，对于在老坝体上浇筑新混凝土的相关专题进行了重点研究。其中的 2 个重点问题分别为新老混凝土弹性性质的差别以及新老混凝土结构内不同温度对坝体结构的影响。

（1）对二期工程的坝体应力分布以及大坝加高对一期工程混凝土坝体应力的影响和变化，包括新老混凝土结合面的应力分布等做了专题研究。对新老混凝土结合面的应力做了计算。

（2）由于混凝土的弹性模量和徐变系数均为一个随着作用于混凝土荷载的持续时间而改变的函数，对一期和二期混凝土的弹性模量和徐变系数进行了实验测定。测试表明，随着作用于混凝土荷载时间的延长，弹性模量增加，而徐变系数降低。

（3）由于未灌浆的垂直横缝将坝体分为相互独立的坝段，因此应用传统的坝体稳定分析方法做了坝体稳定性分析。对于混凝土材料性质的变化以及由此产生的对坝体应力的影响等问题，则需要更为精确的分析方法。二维有限元法被用于分析分阶段施工以及混凝土材料属性变化对大坝的影响。

（4）混凝土温控研究对于制定浇筑层厚、浇筑块尺寸、浇筑温度、冷却技术等都至关重要。由此，采用有限元法对大坝施工期可能产生的温度升高情况进行了预测。

（5）针对新老混凝土弹性材料性质的变化对坝基支撑压力的影响问题以及潜在的坝基结合面差异应力集中问题做了分析。

从古里大坝加高工程的诸多重点、难点问题研究中得到的结论主要有以下几个方面：

（1）通过有限元法计算表明，新老混凝土之间施工缝的主应力方向与施工缝方向几乎平行，新老混凝土接合面剪应力值很小。作用于施工缝的应力也较小。

（2）一期工程混凝土的弹性模量已经稳定，是二期工程混凝土约 15 年以后弹性模量的 1.2 倍。可以不用考虑随时间变化的一期工程混凝土与二期工程混凝土弹性性质的差别引起的基础约束应力。

（3）由于温度引起的裂缝可以通过严格控制混凝土允许最高温度来实现。通过混凝土搅拌前骨料预冷和混凝土浇筑后降温措施，可以将混凝土的温度控制在许可的范围内。

2. 罗斯福大坝（美国）

在罗斯福大坝的加高过程中，针对新老混凝土结合等问题，开展了相应研究工作，主要包括以下几个方面：

（1）针对老坝体应力分布及加高部分对老坝体的影响，对新老坝体作为一个整体的应力分布，特别是新老混凝土结合面的应力分布等都做了专题研究。对坝体应力情况做了精确计算与分析，特别是新老混凝土结合面的应力分布。

（2）针对在老坝体下游面的石灰岩基岩上浇筑新混凝土的问题，开展了现场与室内的模拟实验。实验结果认为，石灰岩基岩表面的修整与处理是决定老坝体下游面与新浇混凝土之间充分结合的关键因素。

（3）建立了三维数值模型用于分析坝体应力。该模型从初期工程开始，并考虑分阶段施工对大坝的影响。

（4）建立了提高老坝体应力条件的下游面修整标准，实践表明该标准能满足实际要求。

（5）因为老坝体对排水有严格的要求，控制加高坝体与老坝体之间以及加高坝体与坝基之间的坝体扬压力是设计工作需要重点考虑的因素之一。

（6）通过以下措施实现坝体排水：在初期工程的砌石体中修筑廊道，从老坝体坝顶钻孔一直到排水廊道，在新混凝土坝体中安装预制排水管，从廊道处坝基打排水孔并形成排水帷幕。

（7）温度控制研究对于浇筑层厚、浇筑块大小、施工缝位置、入仓温度、坝体冷却技术、灌浆温度等的设计至关重要。通过有限元法对大坝施工期可能的温升进行了预测。有限元分析中所采用的混凝土参数及水化热参数由混凝土配合比设计实验提供。

（8）为实现高效、经济的混凝土浇筑施工以及为满足设计要求与浇筑施工安全条件下的混凝土拌和和入仓强度，需要设计较优的混凝土配合比以及合适的浇筑方案。

（9）为最大程度减少爆破损伤，形成良好的坝基和边坡，需要对紧邻老坝体下游面坝趾处的大规模基础开挖工作进行详细的设计。同时，为减少爆破震动对附近建筑物的影响，需要采用控制爆破技术。

（10）坝基的整体变形与局部变形分析以及不稳定岩石楔体的稳定性分析，是坝基设计中的关键性工作。需要确保加高后大坝的坝基与大坝作为一个整体共同发挥作用，不会产生任何危害性的应力集中，这对大坝的整体性能与稳定性有重要影响。

（11）如何合理制定原有结构拆除的施工顺序，以实现新坝体混凝土的有序、高效浇筑以及附属设施的改建是施工合同与规范的重要组成部分。考虑如何避免工程建设各方、分包商与业主之间潜在的矛盾与冲突是工程整体设计工作中的重要内容。

（12）为避免由于误解或沟通不畅引起的工程成本增加或工期延误情况的发生，工程施工合同文件和施工规范中需要制定严格的环境保护和施工操作规程、规范。

从罗斯福大坝加高工程的诸多重点问题的研究中得到的结论主要有以下几方面：

（1）在没有采取其他额外措施对新老坝体结合面进行整形与加固的条件下，加高坝体混凝土与老坝体下游面的台阶状石灰石块之间可以达到足够的黏结强度。通过高压水（气）喷射方式冲洗老坝体下游面可以达到足够的黏结强度。采取的一整套措施有效减轻了结合面可能产生的扬压力。

（2）通过合理的坝段划分与浇筑施工，达到了加高后坝体应力分布与老坝体一样的水平，甚至比老坝体应力条件更好的效果。

（3）基于现代混凝土配合比设计概念，通过增加火山灰硅酸盐水泥的含量、与砂浆、水泥并用，实现了混凝土的高黏结力和良好的工作性能，最终实现了混凝土需要的黏结强度，满足了混凝土最终的强度要求和防裂性能。

（4）经验、资历丰富的大坝设计工程师与独立的国际公认的咨询机构的合作，是大型复杂大坝加高工程顺利实施的重要因素。

3. 圣文森特大坝（美国）

圣文森特大坝加高主要面临以下 3 个技术问题：第一是碾压混凝土原材料及配合比试验，不但要求新的碾压混凝土与原坝混凝土材料性能相匹配，而且还要求碾压混凝土料能被快速拌和、运输和碾压；第二是寻找新旧混凝土之间的有效黏结方法；第三是如何在大坝正常运行、库区水位较高的情况下，完成加高坝体和其他设施的施工任务。

（1）碾压混凝土原材料和配合比。在圣文森特大坝坝址附近，存在着两种完全不同的骨料原材料。一种是坚硬的花岗岩，它与欧里文海坝体的骨料类似；另一种则是砾岩，即卵石与砂土的混合物。原圣文森特坝施工，采用其中的天然卵石作为骨料，最大骨料粒经为 152mm。考虑到材料性能匹配要求，加高坝所用的碾压混凝土推荐选用碾碎后的卵石作为骨料。初步施工可行性评估结果也认定，使用砾岩中的卵石比花岗岩更为经济。

设计单位完成了对砾岩的初步试验，确定了可以用砾岩来配制满足工程要求的碾压混凝土。在加高坝的初始实验中，采用了碾碎的砾岩卵石作为骨料。加高坝的初试采用了较大的选料范围，其水泥、灰粉和水量分别为 53~83kg/m³、113~142kg/m³ 和 110~142kg/m³，其稠度为 6~30s。根据加速固化和 180d 的强度试验结果，预测平均强度在一年后将达到 20~24MPa。

从总体上来说，以破碎砾岩卵石为骨料的碾压混凝土强度稍低于以花岗岩为骨料的碾压混凝土强度。根据初试结果，破碎的砾岩卵石可用于配制加高坝的碾压混凝土，但需要做进一步试验。随着下一步碾压混凝土试验和设计的完成，以及结构应力、动力分析的进行，加高坝的碾压混凝土目标强度和配方配料将最终确定。

（2）结合面的处理与黏结。根据以往的许多工程经验，设计单位提出采用高压水枪冲洗圣文森特坝体下游表面。钻孔取样结果表明，原坝表层混凝土呈微风化状，所以用高压水枪冲洗收到了较为理想的效果。在交接面上将不采用任何钢筋锚固。设计人员认为新老混凝土黏结强度，可以通过注入水泥浆的碾压混凝土，简称"注浆碾压混凝土"的施工方法来获得。注浆碾压混凝土首次在欧里文海坝施工中被成功运用，钻孔取样试验结果表明，其黏结强度远超预期效果。除在交接面使用注浆碾压混凝土外，设计人员还建议在坝基和坝肩上也采用注浆碾压混凝土方法，替代浇筑传统混凝土之后再铺筑碾压混凝土的方法。在新老混凝土结合面上，将增设渗流导管以降低新坝内的扬压力。

（3）大坝加高施工时的水库运行。近几年来，美国西部地区多旱少雨，尤其是南加州缺水与日俱增。干旱的来临给加高坝工程设计提出了新的挑战。圣文森特水库是圣城供水系统中关键库区之一，它的容量、位置和高程决定了它的重要性。在干旱来临之前，圣城水务局希望将水库储满，并继续保持高水位，直到无水可引为止，而这一运行要求与原施工规划相悖。原计划是在加高坝施工前，将库区水位降低 20m 左右，在施工时保持在该低水位。因此需要研究在库区高水位情况下，如何处理原坝体安全、大坝加高和取水塔的施工方法等相关问题。

4. 莫瓦桑坝（瑞士）

莫瓦桑坝在实施加高前以及加高施工期间，针对加高工程实际，开展了较细致的技术研究和应对措施的制定，提出了如下技术要点：

（1）结合面处理：

1）凿除老坝坝顶混凝土和一定深度的坝体混凝土。

2）用高压水冲洗结合面并保持湿润的混凝土表面。

3）在浇筑混凝土之前，铺 5cm 厚一层砂浆。在现场做不同配合比的砂浆试验，得出最合理的砂浆比，每立方米砂浆用 600kg 普通硅酸盐水泥。在铺完砂浆层后应在 1h 内浇筑上部混凝土。

（2）混凝土浇筑：

1）混凝土浇筑分块宽 18m，水泥用量 250kg/m^3，不进行预冷处理。

2）混凝土浇筑层高 2.7m，分 5 个坯层浇筑，每个坯层厚度为 50～60cm。

3）对混凝土浇筑层表面要凿毛、清洗和洒水。

4）在浇筑下一层混凝土之前铺设 3cm 厚的砂浆，水泥用量 600kg/m^3。

（3）垂直接缝：

1）靠近上下游面设置止水带，并与老坝垂直止水相连接。

2）在交通洞周围设止水带。

3）设置灌浆系统。

4）在坝块接缝处设置球形抗剪键。

5）垂直接缝灌浆时机选在 1991 年 5 月底至 7 月初。

（4）施工质量控制：

施工时凿除老坝坝顶混凝土很困难，最后只得采用重型开挖设备，这样可能会影响到结合面下部的混凝土。因此要严格控制结合面和精心用高压水冲洗。上下游坝面结合面宜采用锯齿状开挖，使混凝土不剥落，形成可靠的结合面。

1.3.2 国内研究现状

1.3.2.1 国内大坝加高工程情况

在 20 世纪 80 年代以前，由于技术落后、经验不足和经济实力上的局限性，国内的坝工建设大多采用当地材料，故以土石坝居多，混凝土坝较少。其中有近三分之一的土石坝，只保持着较低的设计洪水位，不满足更新了的防洪标准。之后考虑到坝体失事会给国家和人民带来巨大的危害，这才相继采取措施，对部分土石坝进行了加高加固处理。80 年代以后，随着国家对水电能源及水资源的巨大需求以及科学技术的进步，混凝土坝已十分普遍。而且在着手建筑一批新的高坝的同时，又对一批重力坝进行了加高，其中如大连市郊的英那河大坝、湖北丹江口大坝等。

表1.3给出了国内混凝土坝和砌石坝有关大坝加高工程的基本情况。

表1.3　国内混凝土坝和砌石坝部分大坝加高情况

序号	坝名	所在地	坝型	原坝高度/m	加高高度/m
1	丹江口水库大坝	湖北	混凝土重力坝	97.0	14.6
2	英那河水库大坝	辽宁	浆砌石重力坝	28.0	15.1
3	宝泉水库大坝	河南	浆砌石重力坝	91.1	16.4
4	中里坪水库大坝	河南	浆砌石重力拱坝	55.3	4.0
5	附廓水库大坝	贵州	砌石重力坝	27.7	7.2
6	里畈水库大坝	浙江	混凝土砌石重力坝	50.0	22.0
7	清凉山水库大坝	广东	混凝土砌石重力坝	58.9	7.2
8	木浪河水库大坝	贵州	混凝土砌石重力拱坝	69.4	17.7
9	松月水库大坝	吉林	碾压混凝土重力坝	31.1	12.6
10	桐仙溪水库大坝	贵州	浆砌石拱坝	33.5	28.2
11	丰满大坝	吉林	混凝土重力坝	91.0	1.2
12	洞阳水库大坝	湖南	钢筋混凝土支墩面板坝	41.6	4.2
13	多拉特水库大坝	新疆	浆砌石面板堆石坝	18	16.5
14	花溪水库大坝	贵州	混凝土双支墩大头坝	49	2.6
15	白垢水电站大坝	广东	混凝土外壳重力坝	9	1
16	三峡三期围堰	湖北	碾压混凝土重力坝	25	90

国内的混凝土坝加高工程主要有海兰河松月水库大坝、花溪河花溪水库大坝、南水北调中线丹江口大坝等，这些加高工程的建设为我国大坝加高工程技术体系的建立和完善发挥了重要作用。

1.3.2.2　国内典型工程的研究情况

由于国内此前的大坝加高工程在加高规模和加高施工复杂程度方面均处于较低的水平，因此系统研究大坝加高施工技术体系的工作尚未有效开展。自从南水北调中线丹江口大坝加高工程立项并逐步实施以后，针对大坝加高施工的研究不断得到推进和深化，大坝加高施工技术体系不断得以建立和完善。

除南水北调中线丹江口大坝加高工程外，国内针对加高施工开展研究的典型的大坝加高、改建或扩建工程主要有英那河水库大坝加高工程、木浪河水库大坝加高工程、长江三峡三期碾压混凝土围堰升高工程等。

1. 南水北调中线丹江口大坝加高工程

南水北调中线水源工程初期工程于 1973 年建成，加高工程将在原坝体的基础上培厚和加高，坝顶加高 14.6m。由于在坝体加高施工期间枢纽正常运行，施工作业、枢纽的运行、防洪度汛之间相互影响和制约，施工场地较为狭小、限制条件多而复杂，导致加高工程在施工工艺、施工流程、施工组织与管理等方面有很多与新建工程不同的限制与要求。此外，虽然我国有大坝加高工程先例，但如此规模和复杂度的大坝加高工程还是首次实施，没有可资借鉴和成熟的经验，施工中的很多问题需要在实践中研究、探讨。其新老混凝土结合部位包括贴坡培厚的倾斜面、垂直面和坝顶加高的水平面，新老混凝土结合问题就是该工程建设的关键技术问题之一。

为此，在全面收集国际、国内相关混凝土大坝加高的研究论文、信息报道以及工程实例，包括葛洲坝集团此前所承担施工的各项混凝土大坝加高、改建、扩建的施工项目实例等资料的基础上，进行整理、分析，归纳出混凝土大坝加高施工的关键技术难题；针对各项关键技术难题，系统的开展成因和机理分析，建立相关数学模型和优化模型，深入研究相关技术措施和工程措施，发明破解难题的方法、工艺、材料和设备，研发基于虚拟现实（VR）的高效施工管理与决策系统，依托典型工程实施现场试验，成功后开展推广应用，进一步总结实践经验，最终形成一整套混凝土大坝加高施工的技术体系。

（1）研究阶段及过程。

1）机理研究阶段（1998—2003 年）。

研究内容：新老混凝土结合机理研究，重点分析了影响新老混凝土结合的因素、探讨了老混凝土结合面处理方法、提出了利于新老混凝土结合的技术措施。

研究成果：建立了较为完善的新老混凝土结合机理研究理论体系。提出了提高新老混凝土结合效果的技术措施，即老混凝土体外型与受力条件的改善、新浇混凝土原材料与配合比优化、新老混凝土结合面密合剂、新浇混凝土综合温控防裂技术。

2）实践探索阶段（2000—2004 年）。

研究内容：对新老混凝土结合施工技术的初步研究和应用。

研究成果：以英那河水库大坝加高工程和长江三峡三期碾压混凝土围堰工程为背景，研究新老混凝土结合施工技术，初步建立了新老混凝土结合施工技术体系，即通过优选原材料、优化配合比、增加界面黏结、加强混凝土温控等措施促进新老混凝土结合。

3）成熟完善阶段（2004—2010 年）。

研究内容：系统、完善的混凝土坝加高施工技术。

研究成果：以丹江口大坝加高工程施工为依托，针对混凝土坝加高施工的需要，通过对新老混凝土结合黏结施工技术、新浇混凝土性能与老混凝土耦合、老坝体混凝土无损伤高精度控制拆除施工技术、基于 VR 的混凝土坝加高施工管理与决策系统的研发，建立了系统、完善的混凝土坝加高施工技术体系。

（2）主要研究内容。

混凝土坝加高施工关键技术的研究的主要内容包括：

1）研究无损伤高精度混凝土控制拆除施工技术，以便通过混凝土坝加高施工中的拆除作业建立一套保留体完好、外型符合要求、快速、经济、环保的施工技术体系。

2）通过在新老混凝土结合面新增人工键槽、界面密合剂的研究，以及对新浇混凝土性能的增强和综合温控技术的应用，以期实现新老混凝土之间紧密的结合，从而有效保证坝体结构整体功能的良好发挥与稳定运行。

3）开展人工键槽施工技术研究，以取得增设键槽的施工时间的大幅度减少，施工进度显著加快，施工成本明显降低，且安全可控、键槽成型精确，不存在爆炸、冲击、飞石等危险源。

4）通过研发高效密合剂以利有效提高新老混凝土结合效果，其黏结强度比国外同类材料显著提高；单位成本比同类无机材料显著降低，对作业人员和环境无污染，无安全隐患。

5）实施新浇混凝土原材料和配合比的优化研究，以提高其极限拉伸值、耐久性、抗渗性和抗裂能力，大大减少混凝土水化热温升、延缓水化热发散速率，有效防止混凝土裂缝的产生。

6）集成并采用综合温控技术，将新浇混凝土温度控制在较优状态，防止产生裂缝，保障新老混凝土的有效结合。

7）研究并开发基于 VR 的混凝土坝加高施工管理与决策系统，并通过在大坝加高工程的施工模拟、施工优化、施工管理中应用，以大幅度提高现场管理效率与科学决策水平。

2. 英那河水库大坝加高工程

英那河水库位于辽宁省大连市境内的英那河中游，是一座中型水库，工程始建于 1972 年，坝型为浆砌石重力坝，最大坝高 28m，坝长 276m。为了满足大连城市供水的需要，大坝于 2001 年 5 月进行扩建。扩建工程是在原有大坝上加高培厚，扩建后坝长 346.6m。其中左挡水坝段长 123.33m，右挡水坝段长 108.27m，溢流坝长 115m；挡水坝坝顶高程为 83.1m，比原坝增高 15.1m，溢流堰顶高程 72.60m，比原坝增高 13.60m，坝底扩宽 11.12m，即由原坝 25.54m 扩至 36.66m。

英那河水库大坝加高工程施工，将在 30 多年的老混凝土上浇筑新混凝土，新老混凝土结合是该工程施工的重要难题。在工程施工前以及施工过程中，结合加高施工的进展，针对原坝体浆砌石拆除、大坝微膨胀混凝土、老坝体缝面及裂缝处理、新老坝体间止排水系统施工以及新老坝面连接技术等重点课题开展了广泛深入的研究。具体研究内容如下：

（1）原坝体浆砌石拆除研究。通过对钢钎、电镐、切割、爆破等多种拆除方法的研究和试验，得到各部位拆除的最佳方法（包括方法组合）、应用时机及相关应用条件，以便在保证大坝防渗心墙等邻近建筑物的安全的前提下，加快完成工程量大、难度高的浆砌石坝体拆除施工。

（2）大坝微膨胀混凝土研究。根据大坝稳定仿真演算结果，在溢流坝段扩建坝体与老坝体间需设置 2m 宽槽后浇块。对此开展混凝土配合比优化研究，包括在混凝土中掺用高效引气减水剂等外加剂和氧化镁膨胀剂等掺和料；同时开展微膨胀混凝土的浇筑工艺的配套研究并形成施工工法。以保证新浇混凝土性能和质量满足大坝加高对混凝土的各项要求。

（3）老坝体缝面及裂缝处理研究。针对既有老坝体，研究老坝面横缝和老坝面裂缝处理方法，以便全面修复加高施工部位的老坝体结构缝面及缺陷，为大坝加高施工提供完整、良好的基础部位条件。

（4）新老坝体间止、排水系统施工研究。新老坝体间止水分水平止水和垂直止水，均布设于原坝面混凝土心墙处。通过开展水平止水重新埋设安装、垂直止水的异种材料接续工艺、排水系统新型盲沟铺设工艺的试验与研究，以得出高效、便捷的施工方法和流程，保证新老坝体止、排水体系的正常运行。

（5）新老坝面连接技术研究。针对新老混凝土结合的重点难题，系统开展新老坝接触面老坝体表面翻新、界面加筋锚固、新老混凝土结合面胶合材料、新浇混凝土原材料及配合比优选等专题研究，以便选定并采取综合工程措施使大坝加高时新老混凝土结合达到最好效果。

3. 木浪河水库大坝扩建加高工程

木浪河水库工程坝址位于贵州省黔西南州兴义市清水河境内的木浪河上，大坝距兴义市约 38km。工程始建于 1992 年，1999 年 5 月建成，是一座以灌溉、供水为主，兼有发电等综合功能的中型水库，由大坝、坝后电站、灌区、城镇供水等 4 部分组成。大坝设计为细石混凝土砌块石双曲拱坝，坝高 69.4 m，坝顶弧长 124.5 m，顶厚 3 m，底厚 7.8 m，厚高比 0.11，属于薄拱坝。坝体材料采用设计标号 $R_{28}150$ 的细石混凝土砌块石，上、下游坝壳采用设计标号 $R_{28}150$ 的细石混凝土砌混凝土预制块，坝身内设计标号 $R_{28}200$ 的混凝土防渗心墙。

由于供水需求的增加，需要对木浪河水库大坝扩建加高。加高后的主要任务为灌溉、向兴义市城区生活供水以及火电厂供水，兼有改善河道水环境以及发电功能。主要建设内容包括：在原坝体基础上进行加高加厚成重力坝，溢洪道加高改造、左岸取水口改造、右岸冲沙底孔改造、帷幕灌浆以及相关设备改造，并新增部分灌溉管道及泵站等。加高后的最大坝高为 87.1m。2010 年 12 月，加高工程开始施工。

大坝加高施工要求在不能放空水库以及在不影响库内火车站及铁路等建筑物安全的前提条件下进行。因此，针对工程建设中的一些重大技术问题开展了如下研究：

（1）大坝加高的坝型研究。针对原拱坝按拱坝加高加厚的方案，结合工程的地质地形条件，选取原设计拱坝、改造成重力坝等多个方案进行论证研究，通过对原坝基础等各项分析，对加高坝平面布置、体型设计、运行条件、施工条件的优化研究，以确定大坝加高的最优坝型。

（2）建基面与坝肩开挖研究。工程扩建施工中，为了不影响老坝体和周边建筑物，通过研究控制爆破技术、基础固结技术、抗滑锚固技术等，为加高大坝施工提供一套安全、环保的技术方案。

（3）新老混凝土结合研究。通过老混凝土表面处理、坝体原材料优选、坝体砌石混凝土的优化设计、结合面锚固、坝体接缝灌浆处理等研究与创新，使新老混凝土结合紧密、外观协调，以利共同发挥作用。

4. 长江三峡三期碾压混凝土围堰工程

三期碾压混凝土围堰是三峡工程重要的临时挡水建筑物，平行于三峡大坝布置。该围堰分两阶段实施：第一阶段于1997年3月底完成，工程包括右岸一期纵向围堰堰内段（已浇至高程140m）、三期碾压混凝土围堰河床高程50m以下段、三期碾压混凝土围堰岸坡2～5号坝段（已浇至高程140m），三期围堰于2002年12月开始浇筑。第二阶段施工内容为河床段高程50m到堰顶140m段，总长380m，工程量110万m^3，上升总高度为90m。在高程50m河床段是两阶段施工的分界面，即新老混凝土的结合面，面积约6万m^2。

在三峡三期碾压混凝土围堰工程施工中，为保证新老混凝土的良好结合，相应开展了以下几项技术研究：

（1）通过研究和试验论证，采用老混凝土面深度加糙、涂刷新型界面密合剂等工程措施，以提高层间结合性能，增强抗渗、抗剪等能力，保证新老混凝土结合效果。

（2）通过对新浇碾压混凝土进行原材料优选、配合比设计优化、综合温控防裂措施研究等，以提高碾压混凝土可碾性和新老混凝土结合面压实质量。

（3）开展基于VR的施工管理与决策平台等技术的应用研究，通过先进的现场施工调度和施工管理技术提升，以满足加高工程施工全面有序推进，进而有利于保证大坝加高施工质量。

1.3.3　研究现状的综合归纳

如前所述，在大坝加高工程建设的研究与实践中，许多相关学者、工程设计人员和工程技术人员针对大坝加高工程施工中的各项技术问题，从理论角度和工程实践角度开展了大量的研究。研究工作主要从大坝基础分析、老混凝土体的拆除、老混凝土面处理、新老混凝土结合、新混凝土质量与性能控制、加高施工与枢纽运行的相互协调、工程造价、生态与环境保护等方面出发，取得了较为丰富的研究成果，为进一步建立大坝加高工程施工的理论体系和施工技术系统奠定了基础。现将上述研究现状综合归纳为以下几个重要专题。

1. 大坝基础分析与处理

大坝加高是在原有坝体的基础上展开的工程建设活动，因此，大坝的基础分析与处理就成为大坝加高设计和施工的前提条件，是首当其冲需要解决的重要技术问题之一。

如果原有大坝在设计中已经考虑到了后续加高，则需要在当前新的条件和加高需求的基础上，重新分析、复核大坝现有基础条件是否能够满足。当分析、复核结果不能满足时，需做加固处理或在加高施工中将加高与加固一并处理。如果原有大坝在设计中未曾考虑后续加高，则需要重新进行勘探、试验、计算、设计等一系列工作，而在进行这一系列的工作中，非常有必要开展勘探技术、试验设施、计算程序、设计方法等改进和创新，开展基础加固与处理的新方法、新工艺和新设备等研制和发明，为大坝加高建设提供有力的支撑。

2. 老混凝土体拆除

在大坝加高工程施工中，由于老坝体混凝土的老化或者坝体结构改进的需要，需要拆除现有坝体上的混凝土，即老混凝土体的拆除。该拆除作业在施工安全、保留体混凝土轮廓控制、拆除体转移控制等方面比常规的混凝土拆除施工要严格很多，是大坝加高工程施工中的重难点技术问题之一。

随着相邻学科与领域等相关方法和技术的发展，并经过国内外多个工程实践的逐步积累，已逐步建立了老混凝土体拆除施工技术体系构架。该体系主要包括控制爆破拆除方法、人工拆除方法、机械拆除方法、静裂拆除方法以及这几种拆除方法的组合拆除方法。

这些拆除方法各有其优缺点和相应的适用条件，有些方法已经不能解决大坝加高工程施工中各种老混凝土体的拆除问题。因此，在大坝加高工程施工中，迫切需要创造新的更为有效的技术和方法。

3. 老混凝土面处理

老混凝土面是大坝加高施工中新浇混凝土的基础，在新浇混凝土之前需要对老混凝土面做相应处理，主要为打毛作业，其处理质量是影响新老混凝土结合的关键因素之一。

老混凝土面的处理目的在于增加其表面的粗糙度，增强与新混凝土之间的结合。通常，老混凝土面的打毛方法分为物理方法和化学方法两大类。物理方法又分为喷射处理和凿削处理两种方法。喷射处理方法包括高压水射法、喷砂（丸）法、喷蒸汽法、真空喷砂法、喷烧法等几种。凿削处理方法包括：钢刷划毛法、人工凿毛法、气锤凿毛法、机械切削法。化学方法主要为酸浸蚀法。

喷丸（砂）法、高压水射法处理黏结面具有效率高，不损伤周围老混凝土的特性，可获得较高的黏结强度。人工打毛法、钢刷刷毛法具有施工简便、成本低廉的特点，但是易损伤周围的老混凝土，处理效果不及上述方法。另外，喷蒸汽法、真空喷砂法、喷烧法、气锤凿毛法、机械切削法及酸浸蚀法也用来处理黏结面。黏结面粗糙度越大，新老混凝土黏结强度越高。但是也有试验表明，过大的粗糙度并不能获得较高的黏结剪切强度。因此，在工程实践中，需要根据实际情况并通过系统试验研究选择一种高效、低成本且利于新老混凝土结合的老混凝土面处理方法，甚至是包括改变表面外形在内的重大变革性处理方法。

4. 新老混凝土结合

新老混凝土结合是大坝加高混凝土工程施工的核心环节，是决定加高后大坝性能优劣的关键因素，也是大坝加高施工的重点与难点，国内外针对新老混凝土结合开展的研究最为广泛、最为众多。相关的研究工作主要从老混凝土面处理、新老混凝土结合面黏结以及新浇混凝土的性能控制等方面进行。

在老混凝土面的处理方面，采取对老混凝土面加糙处理等措施，可以相应改善混凝土结合面之间的受力状态，促进新老混凝土之间的联合受力，以利新老坝体的协调运行。在新老混凝土结合面黏结方面，通过锚筋（锚杆）以及采用新老混凝土结合界面剂等方式，能够促进新老混凝土加强结合。在新浇混凝土的性能控制方面，通过优化新浇混凝土的配合比参数，有利实现从老混凝土到新混凝土的平顺衔接。然而在这三个方面，还需要从根本上加以创新，以适应重大加高工程项目建设的要求。

5. 新混凝土浇筑

与新建大坝不同，在大坝加高工程中，老混凝土已经达到一定龄期，其弹性模量等物理力学参数与新浇混凝土之间存在很大差别，为保证新老混凝土之间的有效结合，需要调整新浇混凝土的性能。

相关研究工作主要从配合比参数优化、温控与防裂、施工时段选择等方面展开。通过优化新浇混凝土配合比，提出并研制过渡区混凝土，实现从老混凝土到新混凝土的性能过渡。新老混凝土结合受老混凝土约束较大，新浇混凝土产生的温度应力易在结合区产生突变和集中，所以新老混凝土结合施工对新浇混凝土采取增强温控措施显得尤为重要。相关研究提出了采取综合性的新浇混凝土温控技术，可实现新浇混凝土温度应力的有效控制。在新浇混凝土的施工时段选择方面，一方面需要考虑坝前水位对下游面新浇混凝土的影响，另一方面还要考虑外界气温对新浇混凝土的影响，综合这两个方面的因素后，再优化选择新浇混凝土的浇筑施工时段。

6. 加高施工与枢纽运行关系的处理

通常情况下，大坝加高施工期间，现有水电枢纽及其相关设施仍在运行，继续发挥其全部功能或主要功能，大坝加高施工与现有枢纽运行之间在空间、时间、资源等方面存在一定的冲突和矛盾，两者之间需要进行协调，既保证枢纽的正常运行及其各项功能的发挥，又确保加高施工的工程质量和工程进度等目标的实现。

这一问题的研究主要从三个方面进行：第一方面，为确保新浇混凝土的质量以及与老坝体混凝土的良好结合，从坝体应力分析出发，协调好水库上游水位与坝体下游面混凝土浇筑的关系，使得下游面混凝土在浇筑完成后的一段时间内处于良好的受力状态。第二方面，主要是施工布置与枢纽防洪、发电等的协调，包括坝顶泄洪用门机与混凝土浇筑运输设备在时间与空间上的协调。这一问题主要通过分期施工的方式实现，即非汛期的坝顶等空间位置主要为加高施工服务，汛期则把关系到防洪安全等的空间让步于枢纽运行。第三方面，针对土石坝及土石方工程施工的需要，从厂区交通、防汛道路运行等方面的需要出发，对土石方工程的进度、土石坝填筑的高程控制进行了系统的研究和严格的控制，实现土石坝浇筑施工不影响防汛的理想效果。

经过国内外许多混凝土坝加高施工的大量实践，已逐步积累了坝体加高施工与枢纽运行等关系处理得较为成熟的经验和做法。

1.4　研　究　技　术　内　容

在众多的大坝加高建设中，尤以水利水电大坝的加高最为广泛、最具技术难度和代表性。而在水利水电大坝的加高建设中，又以混凝土坝最具技术难度和代表性。更进一步地，在大坝加高建设中，最具复杂性、技术难度和代表性的又属混凝土施工，各种类型的大坝中均或多或少地包含有混凝土材料和结构，需要攻克和解决的问题很多且突出。因此，本书的内容均围绕大坝加高混凝土施工技术而展开叙述。

大坝加高混凝土施工的工序过程，主要包括大坝基础加固处理、老混凝土拆除、新老混凝土结合处理、新浇混凝土施工、施工管理与决策等分项项目，本书将针对该工序过程中的后四个重点分项技术加以叙述。

1.4.1　老混凝土拆除技术

大坝加高的混凝土施工部位准备，必须具备两个基本前提：一是根据加高设计的要求，对大坝基础进行相应的增强处理，以满足加高后新坝体安全运行的要求；二是按照结构设计的要求，实施老混凝土拆除，为新浇混凝土提供浇筑部位。

大坝加高施工中的老混凝土拆除，具有量大、面广、精度要求高、损伤保护和安全防护严格等特点。因此，其施工条件和技术要求与通常情况下的混凝土拆除施工有着较大的区别，可以认为大坝加高的老混凝土拆除是完全意义上的控制拆除。

基于上述特点的另一个难点是，为了保证拆除质量和安全，需要占据较长的延续时间。因此，如何在保证拆除精度、安全的前提下，提高拆除效率，加快拆除进度，这就要从施工技术的角度来加以解决。

开展研究的主要技术路线为：信息与资料收集→分析提炼→难题筛选→对策设计→样品研制→现场试验→成果提交→改进优化→投入运用。

1. 对现有拆除方法进行系统归类

混凝土的拆除方法多达数十种，其中控制拆除方法也超过 20 种，但最为基本的方法主要有 4 类，即人工拆除、机械拆除、静裂拆除和爆破拆除，也可将 4 类方法中的几种加以组合应用。

混凝土是典型的非均质材料，在众多的拆除方法中，需根据方法所针对材料的适应性进行筛选和排序，以便在施工方案的制定中，能尽快地接近最有效、最便捷、最廉价的方法。

2. 针对技术难题研究相应拆除方法

在大坝加高的混凝土控制拆除实施中，边界条件千差万别，施工环境各不相同，有的甚至苛刻到几乎无法实施拆除作业。为此，需要研究更加有效的对策和方法。

（1）对现有拆除技术熟练掌握，并针对所拆除对象的实际情况，灵活集成运用，以满足施工各项技术要求。

（2）在现有拆除技术的基础上，一方面动态组合各种方法，并通过现场试验选出优化方案；另一方面实施改进，加以创新，形成更优的拆除方法，以满足拆除施工的更高要求。

（3）根据混凝土拆除的专项要求，在所有拆除方法均不能满足的情况下，自主研发全新的拆除施工方法或施工设备，以满足混凝土拆除的个性化需求。

3. 集中在重点难点上实施创新

重点在机械拆除方法的拆除质量控制、混凝土保留体的高精度外轮廓保证等，以及爆破拆除和静裂拆除的实施参数优化、现场安全防护控制等方面开展研究，进行试验和发明。

1.4.2　新老混凝土结合技术

新老混凝土结合是大坝加高工程施工中的关键问题和核心技术环节，新老混凝土结合的效果对于大坝加高后坝体的稳定性和预期功能的发挥起着决定性作用。新老混凝土结合效果达到理想的水平时，加高的坝体将与老坝成为一个整体共同抵抗各种荷载，保证坝体安全；反之，新老混凝土结合面部分或全部开裂，则将严重影响加高后坝体功能的正常发挥，甚至导致毁灭性的灾难，如坝体通过结合面严重渗水，水库蓄水位达不到预期高度等。

为此，需要建立系统、全面的新老混凝土结合施工技术。新老混凝土结合施工技术的实现主要从 3 个方面着手。

1. 改变结合面老混凝土的外形结构

这是从新老混凝土结合面结构上所采取的重要措施，传统的混凝土结合面采用凿毛加糙的措施已难以满足大坝加高工程的要求，有必要研究采取变革性措施，如增设人工键槽并研发新增人工键槽的成型方法和工艺，以新的结构外形大幅度增加结合面的机械啮合力。

2. 增加结合面之间的综合锚固体系

采用复合锚固技术以及植筋等结构性措施，对新老混凝土起到直接缝合作用，以增强结合面的层面锚固力，抵抗结合层面的拉应力和剪切应力作用，进而发挥加高后坝体新老混凝土的整体效能。

3. 提高结合面之间的黏结能力

试验和研发黏结新老混凝土的高性能材料——新型界面剂，在结合界面发挥双向渗透、高效黏结的作用，以提高新老混凝土结合层面的黏结力和范德华力，保障结合面的深度填充和充分密合性。

在这 3 个方面的新老混凝土结合施工技术中，需要借鉴已有的工程技术研究成果，并针对大坝加高工程的实际情况进行改进和创新。通过相关的理论研究、科学试验和工程实践，建立新增人工键槽施工技术、综合锚固体系施工技术、新型界面剂研制及其施工技术等。具体的实现方法和技术细节将在本书的后续章节中依次叙述。

1.4.3　新浇混凝土施工技术

新浇混凝土施工技术是新老混凝土结合效果的重要保证之一。由于老混凝土的物理力学性质已趋稳定，为保证结合效果，只能从新浇混凝土性能特征的设计入手来加以调整和创新，以实现良好的匹配。

新浇混凝土施工技术主要从以下几个方面的技术环节着手。

1. 设置过渡层混凝土

建立从老混凝土到新浇混凝土的平顺过渡和衔接，研究在新老混凝土之间增设过渡层混凝土。运用大坝加高混凝土与老坝体混凝土适配原理，将关注重点进一步缩小到过渡区混凝土的范围，把该范围的新混凝土设计成超缓凝、后期强度增长迅速的过渡层混凝土，利用过渡层混凝土宽域的协调性能和适应性能，使其在两种性能差异较大的混凝土之间起到平顺过渡、融为一体的作用，以保障新老混凝土联合受力状态下良好的应力状态，解决由于新老混凝土性能差异导致变形不协调而开裂的问题。

2. 新浇混凝土配合比优化

从设计标准、水泥类型与性能参数、外加剂、掺和料类型、配合比参数几方面着手进行科学优化，以混凝土性能相适配为原则设计，通过系统的设计和试验，优化提出有利于与老混凝土结合的新浇混凝土原材料和配合比参数，该参数下的新浇混凝土能够较大程度减少混凝土水化热温升、延缓水化热发散速率，有效保障新浇混凝土的性能和质量。

3. 新浇混凝土综合温控防裂

建立并采用智能化综合温控技术将新浇混凝土温度控制在最优状态。在原材料温控技术、运输过程温控技术、仓面温控技术以及最优浇筑时段的选择等温控技术基础上，遵循混凝土散热和通水冷却过程规律，按照不同部位的不同温度，动态调整冷却水的水温、流量、流速，将混凝土浇筑后温度加以有效控制，创新研究混凝土个性化通水冷却技术、冷却通水智能控制技术，即在水管和混凝土中安装温度、流量传感器和流量控制电动阀，通过现场局域网或公用 GPRS 网以及自动测控系统，根据不同部位混凝土温度的实测值进行整体温度场分析和预测，然后按照分析预测结果进行通水，水温和流量实时调节，以保证整个坝体混凝土温度均匀下降，减小温度梯度和温度应力。这些技术能有效减少或防止新浇混凝土裂缝的产生。

1.4.4 施工管理与决策技术

混凝土大坝加高施工牵涉到进度控制、材料调配、人员安排、机械调度、质量管理、安全管理、成本控制等诸多方面，包括混凝土原材料的制备、混凝土生产、混凝土水平运输、混凝土垂直运输、混凝土仓面作业、混凝土养护等环节。与新建工程相比，混凝土坝加高工程施工由于受水电站运行、水库防洪与度汛等的影响与限制，施工场地布置、施工设备选择、施工方案制定的条件更为苛刻，施工进度控制、施工质量管理、施工安全措施等技术要求也更为严格，使施工组织与管理成为一项更为庞大、更为复杂的系统工程。在这样的工程背景条件下，如何提高混凝土坝加高工程的现场施工组织与管理水平，确保工程的顺利实施，成为工程施工中的重点与难点问题。

（1）根据加高施工的要求，对各项条件及工程目标进行系统分析，建立混凝土坝加高工程施工的模拟模型。与一般新建混凝土坝的模拟模型相比，考虑因素将更加详细，约束限制条件更多，更加符合现场实际。包括：选仓模型、连续型布料机浇筑模拟模型、门塔机单机浇筑模拟模型、供料线浇筑模拟模型、混凝土施工综合模拟模型以及门塔机联合浇筑模拟与优化模型。

（2）根据加高工程施工管理与决策可视化、虚拟化平台建设的需要，对虚拟现实技术在施工管理与决策中的应用进行系统研究，建立施工管理与决策的虚拟现实平台实现技术。该系统将为混凝土坝的施工管理与决策提供一个全新的平台，系统将坝体在不同时刻、不同的施工方案或施工布置情况下的施工场景、施工过程以近乎真实的方式展现给用户。系统具有逼真性、沉浸性、交互性，可提高决策效率和决策科学化水平。

（3）通过建立施工管理平台，实现对施工全过程的有效管理，实时控制施工进度、优化配置施工资源。将混凝土坝施工的多项工作都纳入施工管理与决策平台中，借助于多种工具和软件，开发并形成一套相对完整的基于 VR 的混凝土大坝加高施工管理与决策系统，涵盖混凝土施工进度的安排、原材料使用计划与进料计划的制定、施工机械的管理等方面，同时通过虚拟现实形象展示混凝土坝施工场景与过程。在该系统内可实现混凝土坝施工全过程、全方位的综合管理和控制。

第2章 大坝加高施工技术体系

2.1 大坝加高施工特点及要求

2.1.1 与新建大坝的区别

与新建一座大坝相比，大坝加高施工有着明显的特点和显著的区别，这些区别主要表现如下。

1. 外围环境的变化

虽然加高施工是在已建坝或一定厚度坝基的基础上实施的，一方面可以减省一定数量的项目论证、勘察设计、征地移民等外围工作，但另一方面从其他角度却又增添了更为复杂的周边环境和外围要求，如保障已建成大坝的正常运行和效益的正常发挥，保障周边建筑物的安全，不干扰附近居民的正常生活，控制施工噪声、粉尘等环境指标等。

2. 内部环境的改变

大坝加高施工作业的内在环境也要远比新建大坝施工苛刻。如：施工场地严格受限，不能够放开手脚布置和大干；施工手段需量身定制，无法进行标准化或常规性的配置；施工质量要求高，必须精细作业；施工时段只能利用水电站运行的枯水期进行，有的改建扩建工程甚至只能伴随工程运行而进行，工期受到严重制约；施工作业面大多在坝上，必须保障高空作业安全等。

3. 综合难度的加大

从总体上看，加高施工的综合难度要比新建一座大坝大得多。如在老坝体基础的增强处理、新老坝体混凝土结合面增强处理、新坝体的施工方案、设备的个性化配备、施工现场布置、施工组织与综合管理、高空作业的安全防护等方面都增添了新的难度。

2.1.2 加高施工特点

大坝加高施工有着诸多的前提条件，受实施环境和项目管理等特点限制和影响，主要特点如下。

1. 施工环境及技术特点

（1）施工空间受限。由于大坝加高施工是在原有工程的基础上进行的，已经存在各类建筑物和各类其他设施，如高压线塔、厂房、闸门启闭设备、坝顶操作室等，施工作业受到这些因素的影响和制约。例如，在进行老混凝土拆除时，通常附近已有各类建筑物和各种装备，甚至是对震动、粉尘等有严格要求的泵机、变压器等机电设施，这些要求都将给施工带来作业空间和作业方式的限制。又如在布置各类施工设备时，不能影响和干扰现有设施的运行，如坝顶门机布置时不能影响闸门启闭设备的运行等。

（2）施工时间受限。由于大坝加高时，原有枢纽处于正常运行状态，因此，在施工时间和进度控制上，应以保障工程运行为前提，以毫不间断地发挥工程的作用和效益。如大坝加高工程的贴坡混凝土浇筑，需要安排在非汛期施工，这样一来，加高施工工期往往比同等的新建大坝的施工工期还要长，以致工程进度非常紧张。

（3）施工资源受限。在施工方法的选择和施工资源的投入上，由于受到场地条件和施工时段的限制，给施工资源配置带来更多的约束，包括设备型号选择、数量配备、进退场时间的协调、物资材料的配备、人力资源的安排等。如在狭窄场地实施加高作业，就应选择移动式或伸臂较短的一类施工设备，甚至是"量身订制"的非标准设备。

（4）老坝体老化的影响。大坝加高工程中，老坝体大多已建成并运行多年甚至更长，混凝土的热力学性能、弹性性能等各项物理力学性能已趋稳定，但在大气天候、水库水质、运行负荷等经年持久的作用下，一些部位存在混凝土表面碳化、裂缝、渗漏、腐蚀等问题，给加高施工的新老结合面造成影响，制约或限制了常规施工方法的采用，加大了施工难度。

（5）施工程序增多且复杂。加高施工与新建大坝相比，将增加原有坝基础增强处理、老混凝土拆除、新老结合面增强处理等多项重大施工程序以及一系列施工工序，给施工增添了复杂度。又由于加高施工的作业面分布广，必须形成按部位实施的流水作业方式，使施工的复杂程度更加加剧。

（6）施工方案选择难度大。在上述环境特点下的加高施工，其方案的选择及工艺配套将受到严格的限制，使得许多大坝混凝土施工中常用的方案和工艺不能直接使用甚至不能使用，需要按照现场实际的要求进行方案优化和工艺改进，甚至需要另行采取全新的方案和工艺，以保证施工质量、进度、安全等诸目标的全面实现，这显然加大了施工方案选择的难度。

（7）施工技术重点、难点多。大坝加高施工的每一个重大步骤几乎都存在技术重点和难点，如原坝体基础增强加固技术、老混凝土拆除技术、新老混凝土结合施工技术、新浇混凝土施工技术、加高施工管理与决策技术等。而这些技术重点、难点都是新建大坝施工中所不曾遇到的，而且，有许多技术重点、难点问题需要在施工中攻克和解决。

（8）大坝加高施工尚无相关标准。由于大坝加高施工国内外均无相关标准可遵照执行，只能借鉴新建大坝施工的相关标准，施工中常常出现技术要求的空缺或者与客观实际不符的现象，在这种情况下，需要采取试验、计算、仿真等方法论证，提出新的指标后再进行现场施工，这无疑给加高施工增加了很多的额外工作量。

综上所述，大坝加高施工可以说是一道"有严格限制条件的命题创作"，其施工要比新建一座大坝的综合难度大得多，准确掌握上述各项施工特点，对于更好地实施大坝加高工程建设具有十分重要的意义。

2. 施工组织与管理特点

大坝加高混凝土工程的施工组织与管理所涉及内容主要包括施工进度管理、施工质量管理、施工安全管理、施工文明与环境管理、施工资源管理以及施工成本管理等诸多方面。与新建大坝的施工管理相比，加高施工的组织与管理的难度和要求都有较大的提高。

（1）施工进度管理。在进行大坝加高的施工进度规划时，需要考虑更多的外部和内部复杂因素和限制条件，而且这些因素和条件有时候会互为前提和结果，使得有效的施工时段非常珍贵。一方面，加高工程的效益目标希望能够尽快完成工程建设，早日发挥其新规划的作用；另一方面，各种施工约束条件又严重地制约着工程进度的每一个项目和环节。如何解决这一对矛盾，做好进度计划的统筹管理，这就需要运用系统工程的原理和方法进行全面的规划，实施持续的进度优化和改进，建立加高施工系统分析与模拟模型，研发基于 VR 技术的大坝施工管理与决策系统，为现场施工实时地开展进度管理与控制提供功高效运行平台。

（2）施工质量管理。如前已述，大坝加高施工一方面由于新老混凝土结合的需要，给混凝土浇筑综合质量提出了更为苛刻的要求，另一方面由于是在受限的时间内和受限的场地内进行的，给施工质量的保证带来严重不利，因此，对于施工质量管理的难度大大增加。需要从质量管理的计划入手，超前攻克关键技术难题，创新和优化施工技术方案，加强施工过程监督与检测，建立一套基于"预防为主"理念的新的质量管理制度，着力实施全面质量管理，以确保施工质量满足要求。

（3）施工安全管理。在大坝加高建设的特定的施工环境下，安全问题及其管理显得非常突出，如高空作业、物体打击、爆破飞石、水下浇筑等在许多施工时段和施工部位均涉及。施工中安全管理的多重性、复杂性也十分普遍，如老坝体混凝土拆除，既有拆除设备及作业人员的安全防护管理，也有拆除体的安全防护管理，还有周边设施和构筑物的安全防护管理等。因此，必须加大施工安全管理力度，制定先进、可靠的安全防护技术方案，建立刚性的安全规章制度，加强现场安全的规划与部署，保障防护设施全面到位，做好安全应急预案，为加高工程安全、有序进展保驾护航。

（4）施工环保管理。通常情况下，在大坝加高施工的同时，水电站继续运行、水库还需同时承担防洪度汛等任务，这使得加高施工的环保管理除了新建大坝施工所要求的之外，还要开展防止加高施工对电站、水库等带来的建筑垃圾、排放物、粉尘等污染的管理。因此，需要在环保管理上，彻底改变过去施工现场就地排放、乱弃乱扔、工完不清场等不良习惯，精细规划，全面实施，施工中做到及时清理运出，杜绝排放、吸尘降尘，将一切可能对环境造成影响的生成物、有害物和废弃物全部在施工现场内处理并运出，大幅度提高施工环保管理水平。

（5）施工资源管理。大坝加高施工资源管理具有许多新的特点：一是资源配置难度大，由于受场地、时间限制，易于形成现场资源冗余或不足，造成浪费或缺乏；二是设备物资配置会因满足工程需要不得不大量的非标准化，造成不统一；三是由于在不同时段项目施工的不均衡性，导致所需资源的不均衡性，造成资源强度很高；等等。这些特点给施工资源管理带来了新的挑战。在大坝加高施工的资源管理上，需要实施更加超前、精细的管理，周密地制定施工资源规划，运用高效的资源管理方法，做好应对资源过剩或短缺的应急预案，加快施工现场资源的动态进出和流转，开发多功能和替代性资源，使施工资源最大限度地发挥效能，进而保证工程各项施工顺利推进。

（6）施工成本管理。施工成本控制是大坝加高施工的重要目标之一。由于大坝加高的施工条件和环境的原因，加高过程中，易于产生资源投入过剩、大代小、闲置、窝工、返工、浪费、损耗等成本流失情况，施工成本的管理与控制难以到位并发挥效果。鉴于此，需要剖析整个工程的施工流程，找出施工成本控制点，并围绕各个成本控制点个性化地制定出相应的管控措施，将各项措施严格地落实到相应的施工环节中，实现施工成本事前、事中和事后的有效控制，以获得大坝加高工程施工最大的经济效益。

2.1.3　加高施工要求

与新建大坝工程施工相同，对加高大坝的施工要求也包括工程进度、质量、安全环保和成本等几个主要方面。但是，这些要求的具体内容却有不同程度的差别，有的如施工进度等的要求甚至大相径庭。因此，对大坝加高施工的要求应当仔细辨析，认真处之。

1. 施工进度的协同

大坝加高的各项施工进度，其关键之处除了对进度本身的掌控和优化之外，更重要的是与相关各方面的高度协同性。与之协同的各个方面和要求主要包括：

（1）与总体进度目标相协同。大坝加高施工的总体进度目标是工程建设的初始前提，也是衡量一个工程成败的标准之一。由于加高工程的施工难度和所需要的工期并不亚于新建大坝，所以在进行加高施工总体进度目标规划时，就要慎重考虑各方面的条件和要求，经过分析和论证，制定出科学的总进度目标，以为工程确立一个进度标杆，便于其他要求与之协同。加高施工进度与总进度目标相协同就是要紧密围绕总进度目标，在关键线路和关键工序上，采取得力措施，加快进度，确保总进度目标的实现。

（2）与场地条件相协同。加高施工的"命题创作"特征，有很大一方面就是针对施工场地而言的，这是加高施工的特性所决定的。施工中的场地受限，必然会给作业进度带来比较大的影响，甚至会造成停工等待，由此可见，场地是非常稀缺的。因此，在安排进度与场地相协同时，就要求做到超前考虑、超前安排，以进度的提前对接来带动场地的对接，使场地始终被最大限度地利用。

（3）与资源配置相协同。在加高施工的资源配置中，常常会出现较多地采用"非标"资源，如配备混凝土浇筑手段时，许多通用设备难以被采用，这样就容易造成作业线上的各手段之间的不匹配，给生产效率带来影响，进而影响作业的进度。故此，在进行施工进度与资源配置协同时，需要进行多种组合配置的比较，经过论证最后选出协同性最好的资源配置组合。

（4）与工程正常运行相协同。为保证原有工程正常运行和发挥效益，大坝加高施工通常避开与工程运行的干扰，在保障工程运行的前提下开展施工，有时甚至会因为工程的运行而停工。因此，做好进度与运行的协同，需要事先掌握运行的长、中、短期安排，提高施工的突击能力，以保障工程运行和施工进度两不误。

2. 施工质量的要求

不同于新建大坝施工的大尺寸、大体积，可大举施展，大坝加高施工是小规模、狭窄部位，须慢工出细活，其质量控制与管理也相应较难。在大坝加高施工中，一旦出现质量问题，不仅会影响局部，还会给整个加高施工带来连锁的质量隐患。正因如此，对施工质量的要求相应高于新建大坝。

具体地，一是要周密规划，针对每一个单项、每一个专题制定出切实可行的质量计划；二是保证既定施工方案的有效实施，使各项施工工艺的措施全面落实到位；三是要求监督检查跟进开展，做到在施工过程中尽早发现问题，尽快关闭问题。

3. 施工安全环保的要求

大坝加高施工由于是在已建坝上进行作业，空中操作是十分常见的，这必将导致施工安全问题异常突出，而且环境保护问题也极为尖锐。

在施工安全方面，要求：一是从施工部位、周边设施到全体施工人员，广泛做好防护，防患于未然；二是制定和实施各项有效的安全措施，各项办法和规定落实到现场的每一个角落，确保"安全零事故"目标实现；三是经常性地开展安全检查，找出隐患，及时关闭，保障施工顺利推进。

在施工环境保护方面，要求：一是各项施工技术方案中必须具有环境保护的章节内容，做到在施工前就谋划好环境保护的工作；二是强化施工中环境保护的各项措施，并做到在施工前将各项措施落实到现场施工部位；三是加强监测，一旦发现测值超标，及时加以整改或停工整顿。

4. 施工成本的要求

加高施工的诸多特点，导致了施工成本易于失控。如场地狭窄造成设备闲置、人员窝工，设备不配套造成部分构件和容量剩余浪费，作业效率不高造成隐性成本加大等。为此要求：一是科学规划、合理预算，经过论证恰当地确定成本目标；二是层层分解、层层控制，制定操作性强的成本控制措施，通过施工现场的精打细算来控制和降低成本；三是以优化的施工方案和标准化、精细化的施工程序等各个方面来保障施工成本受控，全面杜绝成本的失控点。

2.2　大坝加高施工技术重点与难点

在大坝加高施工的技术体系开始总结并建立之前，国内外均实施了许多加高工程项目，并获得了一些成功经验。然而，随着现代坝工建设的飞速发展，加高规模越来越大、技术要求越来越高，在施工的各个方面与传统的加高已不可同日而语，以美国圣文森特、中国丹江口和龙滩等工程的大坝加高为典型代表，其施工的重点与难点已呈现出巨大的挑战性。

美国学者曾结合圣文森特大坝加高发表文章，提出了大坝加高施工的三个重点和难点问题：一是新浇混凝土的材料性能如何做到与老混凝土相匹配；二是新老混凝土界面如何实现紧密结合；三是施工现场管理与决策如何保证施工在满足各项外围条件下顺利推进。中国学者在此基础上进一步结合丹江口大坝加高工程的实际研究提出：除了前述三个重点和难点之外，为加高施工进行基础准备的老混凝土拆除也是另一项重点和难点。由此，大坝加高混凝土施工主要存在着上述公认的四大技术重点与难点。

2.2.1　老混凝土拆除

进行老混凝土的控制拆除是混凝土坝加高施工中普遍存在的一道技术难题，对于工程质量和进度的保证具有重要影响。老混凝土拆除是指加高工程混凝土施工过程中对原有结构体的拆除以及结构体拆除后的对外转运，其主要技术特点、难点与技术要求如下。

1. 技术特点与难点

加高施工中的混凝土拆除具有点多、面广、总量大的特点。需要拆除的老混凝土结构体既有少量拆除，又有薄层拆除，还有大面积拆除。拆除的结构体通常位于枢纽运行区，对震动、飞石、粉尘等有较严格的限制，拆除施工不能破坏保留结构体的物理力学性质。拆除施工作业部位直接位于坝上，高空作业不能出现任何安全事故。因此，在加高施工中对老混凝土的拆除，必须采取严格的控制拆除施工方法。此外，拆除体的外运受空间和调运设备布置的限制，比通常情况下困难。

2. 主要技术要求

加高施工中老混凝土拆除的技术要求主要包括以下几个方面：

（1）对混凝土保留体的外形轮廓的精确控制：包括保留混凝土的外形轮廓及尺寸、表面平整度等指标要求。

（2）对混凝土保留体严格控制，且无损伤：包括对保留体裂纹及表面损伤的严格控制，对拆除体内保留钢筋的操作限制，对保留体的震动限制等。

（3）对周围建筑物和设施的保护：包括对控制爆破拆除点周边一定范围的原有混凝土结构、新浇混凝土、灌浆区、闸墩、厂房、中控室、发电机组及其他建筑物和设施的振动强度限制，以及对一定范围内建筑物和设施的防止飞石等保护和爆破粉尘控制。

（4）对施工设备运行的严格要求：拆除体外运所使用的吊装设备不得与各类空中线缆、各类建筑物和设备发生碰撞。

（5）对高空作业安全的严格防护：包括拆除作业中对人员、设备的控制与管护，施工过程中防坠落、防掉物、防物体打击等。

2.2.2　新老混凝土结合

新老混凝土结合是大坝加高施工中的核心技术难题之一，新老混凝土之间的良好结合对于确保大坝的整体性和安全性具有直接影响，可以说，新老混凝土结合将关系大坝加高建设项目实施的成败。

1. 技术特点与难点

新老混凝土结合施工技术特点与难点的归结点在于新老混凝土的物理力学性质差异而引起的一系列问题。主要反映在以下几个方面：

（1）新老混凝土性能差异。通常情况下，老坝体混凝土龄期已经很长，弹性模量较高且已达到稳定状态，甚至表面存在不同程度的碳化和风化层，而新浇混凝土的强度、弹性模量等尚处于变化中，收缩变形较大，当在老混凝土上完成新浇混凝土后，将造成性能有一定差异的两个材料产生"硬碰硬"结合，易在新老混凝土结合面产生应力。

（2）温度场差异。老坝体混凝土的温度已趋稳定，且新浇混凝土施工后将其与外界隔离，而新浇混凝土体因本身水化热和外界条件引起的温度变化相对较大，必然在新老混凝土的结合面产生温度应力。

（3）多面同步约束。处于结合面各种方位的老混凝土，都将形成对新浇混凝土的同步约束。例如，下游坝面培厚加高新浇混凝土除受侧面老混凝土的约束外，还受底部混凝土或基岩的约束，使得新老混凝土结合面的应力状态更为复杂。

（4）结合面的形态。新老混凝土结合面的形态直接影响到其应力分布形式、新老坝体之间的传力方式和传力特性，是调整新老混凝土坝体联合作用状态的重要手段。

2. 主要技术要求

新老混凝土结合施工技术要求的根本目标，在于实现加高后由老混凝土和新混凝土共同构成的坝体联合工作，使加高后坝体的稳定安全系数、坝基应力、坝体应力满足设计要求。主要技术要求在以下几个方面：

（1）新老坝体之间的结合程度要求。新老混凝土之间应实现良好结合，最大限度地减少或避免坝体结合面在联合受力运行过程中出现开裂。

（2）新老混凝土结合面的应力状态控制。结合面的应力状态应控制在混凝土黏结强度的范围内，包括温差应力也应控制在许可的范围内，避免应力集中等不良状态的出现。

（3）新老混凝土结构联合受力状态控制。新老混凝土结构应满足设计要求的联合受力功能，在工程运行的过程中，结合良好，不出现不均匀变形、错位、裂缝等。

2.2.3 新浇混凝土施工技术

新浇混凝土的设计与性能优化是大坝加高混凝土施工成功的重要前提。由于新浇混凝土是在老混凝土上实施浇筑的，而老混凝土已经过长期硬化和运行，所形成的材料性能已不可改变，因此，要保证新老混凝土各项性能良好匹配，最重要的途径是调配新浇混凝土性能使之与老混凝土相适配。换言之，加高工程中新浇混凝土的抗裂强度、温度应力、徐变特性等各方面性能应尽量满足与老混凝土相匹配的要求。为此，需要对混凝土的原材料和配合比进行专门研究和设计。

1. 技术特点与难点

新浇混凝土的原材料和配合比的技术特点与难点如下：

（1）过渡层的设计。鉴于新老混凝土的性能存在明显的差异，为了减缓两者直接结合所带来的差异梯度，故在新浇混凝土紧邻老混凝土的第一层设计采用具有过渡特性的混凝土，要求该层混凝土各项性能介于新老混凝土的各项性能之间，具有有效的缓冲和应力吸附作用。

（2）原材料的选择。要求所使用的骨料坚固、自生体积变形小、无碱活性；要求外加剂为混凝土施工提供良好的和易性、促进胶凝材料最大限度释放凝固力量地反应；同时要求胶凝材料性能稳定、均一。

（3）新材料的应用。包括微膨胀胶凝材料、金属或非金属矿渣掺和料以及第三代聚羧酸类新型外加剂的使用。

（4）配合比优化。需要提高混凝土各类原材料的兼容性、适配性、材料特性的互补与互增性，并确定最优配合比用于现场施工。

2. 主要技术要求

加高施工中新浇混凝土施工技术要求主要如下：

（1）过渡层混凝土的性能控制。包括与老混凝土的黏结性、融合性，与新混凝土的兼容性、协调性，最终实现新老混凝土之间的良好结合。

（2）新浇混凝土的性能控制。通过优选混凝土的原材料、使用新材料、掺加外加剂、优化配合比等手段尽可能地提高新浇混凝土的抗裂强度、减少混凝土水化热温升和延缓水化热发散速率、提高混凝土初期硬化时的徐变能力，减少或防止新浇混凝土产生应力裂纹。

2.2.4　施工管理与决策

由于在混凝土坝加高施工期间枢纽仍然正常运行，需要承担防洪、安全度汛、发电等任务，各项施工作业与枢纽运行存在一定的冲突，导致施工工作面狭窄、受制约因素较多、矛盾突出、关系复杂。在这种情况下，必须强化施工现场管理与决策，做到两不误、两兼顾。

1. 管理特点与难点

加高施工期间施工管理与决策的特点与难点如下：

（1）加高工程与工程运行之间存在一定冲突，需要做好协调。施工中需要考虑的冲突有：

1）时间冲突，如大坝安全检测及日常维护与加高施工的时间冲突，溢流面泄洪与加高施工的时间冲突等。

2）场地冲突，如进场公路的使用、坝顶部位的占用等。

3）资源突出，如坝顶门机与坝顶闸门启闭设备轨道的使用等。

（2）大坝加高各项施工布置与管理的难度显著加大，应当精心策划。包括对施工场地布置、施工机械配置与调度、施工现场交通、施工进度控制与管理等都提出了更高难度的要求。

（3）大坝加高施工综合管理与决策十分重要，必须运筹帷幄。加高施工的牵涉面广、专业多、时间长，资源配置个性化要求高。因此，需要建立加高施工专用管理与决策系统，实现信息化管理、智能化控制、科学化决策。

2. 主要管理要求

加高施工期间各项管理与决策的要求主要有以下几个方面：

（1）施工布置的基本要求。加高施工的交通道路布置不能影响防洪物资、坝体维修材料与设备的运输，需要确保防洪、发电、坝体维修等充足的道路运输能力；加高施工的场地布置不能影响度汛与汛期行洪、不能影响发电；加高施工的机械布置不能影响发电与防洪，如布置于坝顶的混凝土入仓机械不能影响坝顶门机的正常使用等。

（2）施工进度计划要求。加高施工进度安排应满足枢纽运行、泄洪等要求。比如，为确保坝体应力满足施工技术要求，当蓄水位超过一定高程时，不能进行贴坡培厚混凝土浇筑；为使汛期闸门及泄流堰体和深孔满足度汛要求，在汛期到来之前混凝土需要浇筑到一定高程。

（3）施工现场综合管理的要求。应用现代化、信息化、数字化技术建立现场施工管理平台，开发专项管理软件实施综合管理，将现场的各项管理纳入平台，实现高效、准确、可控、有序、安全。

2.3　大坝加高施工技术对策

针对上述加高工程施工的重点与难点问题及其主要技术要求，结合国内外大坝加高混凝土施工的实践，提出如下解决的思路与技术对策。

2.3.1　老混凝土拆除

1. 技术原理与思路

在全面弄清被拆除体环境和条件的基础上，选择多种主要拆除方法与辅助拆除方法的组合进行试验，通过试验比选得出工效高、成本低、安全可靠的方法组合。当所有的方法组合均不能满足要求时，则对现有方法实施优化改进或研发新的方法，再经过试验论证，直至满足后，投入大规模拆除施工。

2. 技术对策

现有的各种拆除技术的单一或者组合方法几乎都能够用于大坝加高老混凝土拆除施工，当这些单一或者组合方法不能满足拆除施工要求时，还可根据拆除的个性化专项需求研发新的拆除方法。在工程实际中，需要根据具体情况选用相应的拆除技术。

（1）人工拆除。主要用于少量的、辅助的拆除作业或者其他方法难以实施的情况，通过人工操纵手持式机具拆除混凝土。该方法机动灵活，工艺简单，对混凝土保留部分几乎不造成损伤，成型质量好，适用于各种复杂的施工环境。但该方法作业工效较低，不适合加高施工的大量拆除。

（2）机械拆除。适用于拆除量较大，拆除要求高，拆除体周边施工环境较差，紧邻发电厂、开关站等重要保护建筑物，现场不宜实施控制爆破，对拆除产生的危害控制要求严格的部位，主要包括手风钻、风镐凿除，振动锤破除，以及液压盘锯、金刚石链锯割除等。该方法易形成机械化流水作业，拆除效率较人工拆除高，对混凝土结构保留部分和周围保护对象影响较小。

（3）静裂拆除。适用于不允许有震动、噪音，有毒有害气体、飞石、静电或电磁波辐射的部位以及对混凝土结构保留部分不允许有任何损坏的部位。该方法通常作为机械等其他拆除方法的一种辅助手段，通过静裂先在拆除体与保留体间形成间隙后，再使用机械拆卸。该方法拆除过程无震动、无飞石、无噪声，效率高、对保留部分不造成任何损害，而且施工简便、安全。在实施中需要通过计算和现场试验确定无声破碎剂的药量。

（4）控制爆破拆除。如果可将爆破产生的振动、飞石、粉尘等控制在规定的范围内，该方法是大规模混凝土控制拆除的首选方法。该方法理论上较成熟、施工经验丰富；效率高，利于缩短工期；通常情况下施工费用较低。实施的关键在于将振动、飞石、粉尘控制在许可的范围内。

（5）组合拆除。将上述 4 种类型中的两个或多个方法加以组合，即可形成优势互补的新的组合拆除技术。

2.3.2　新老混凝土结合

1．技术原理与思路

新老混凝土结合的关键在于结合面的处理与增强。在结合面老混凝土进行凿毛（冲毛）处理的基础上，重点在结合面布设增强结合的工程措施。这些措施主要从结构措施和材料措施等方面入手进行布设：结构措施主要采取增设人工键槽以增加结合界面的啮合作用；材料措施主要采取高效界面剂，以增强结合界面的黏合作用。增强措施完成后，即进行新浇混凝土施工。

2．技术对策

在结合面采取增强结合的工程措施主要有：

（1）在老坝体结合面增设人工键槽。凿除老坝体表面的碳化层，并通过静态预裂和机械切割成型人工键槽，以增加新老混凝土结合面之间的啮合力。

（2）在新老混凝土结合面设置锚桩和植筋。通过钻孔布桩和植筋等复合锚固措施，以增加新老混凝土结合面之间的锚固力。

（3）在新老混凝土的结合部位涂刷高效界面剂。如在加高大坝顶面、溢流坝段闸墩顶面、溢流堰结合面等部位，涂刷高效界面剂，以增加新老混凝土结合面之间的黏结力。

2.3.3　新浇混凝土施工

1．技术原理与思路

按照新老混凝土结合区域"双界面—多层区"结合模型，设计超缓凝混凝土，作为过渡面混凝土，称之为"界面混凝土"，用于有效吸收新浇混凝土性能变化所产生的与老混凝土性能不同步的部分，减缓性能变化的梯度，最终使界面结合方式从"硬碰硬"变成"软着陆"。界面混凝土的性能介于新老混凝土之间，可发挥平缓过渡作用。随后在界面混凝土层上浇筑新混凝土时，通过添加改性材料，提高其徐变度，通过实施综合温控措施，使新浇混凝土性能与老混凝土相匹配。

2. 技术对策

在加高施工技术中新浇混凝土施工技术对策主要有：

（1）在新老混凝土之间设置界面混凝土。在混凝土中添加促进二次水化的材料成分，通过试验配制出缓凝时间可调的界面混凝土，从根本上解决新老混凝土性能不匹配造成的界面结合问题。

（2）优化新浇混凝土原材料及配合比：

1）通过减少水泥用量以及使用具有减水、缓凝及引气效果的复合型高效外加剂，改善混凝土和易性，提高混凝土耐久性、抗渗性和抗裂能力，延缓水化热发散速率。

2）选择发热量较低的中热或低热水泥、较优级配骨料和Ⅰ级粉煤灰，优选复合外加剂（减水剂和引气剂），降低混凝土的单位水泥用量，以减少混凝土水化热温升，提高混凝土抗裂能力。

3）通过多种条件下的比对试验寻求最优的混凝土配合比，保证混凝土抗拉强度、自生体积变形、施工匀质性及强度保证率等各项性能及质量优良，显著提高混凝土抗裂性能。

4）在满足设计要求的各项技术参数的条件下，掺用粉煤灰，降低水泥用量，提高混凝土初期硬化时的徐变能力，并选用较低的水灰比，以提高混凝土的极限拉伸值。

5）综合选择与合理使用各类新材料，包括新型外加剂、新型掺和料等，改善或提高混凝土各项性能，满足设计和施工要求。

（3）新浇混凝土温控综合技术：

1）在新浇混凝土的原材料生产、混凝土拌和、运输、仓面浇筑、养护等各道环节的各个部位，均相应采取温控措施，并通过混凝土施工现场调度，选择最优浇筑时段、保障混凝土连续快速入仓浇筑等管理措施，最大限度地减小新浇混凝土温度应力，提高抗裂能力。

2）研究实施混凝土个性化通水冷却和通水冷却智能控制技术，在坝体混凝土和冷却水管中安装温度、流量传感器和流量控制电动阀，组成坝体通水冷却的智能控制系统。通过对坝体温度实测结果分析得出的温度场分布，计算出不同部位所需配置的通水水温和流量，然后由智能控制系统按照需求自动进行通水配置并通水，以减少温度梯度和温度应力。

2.3.4　施工管理与决策

1. 技术原理与思路

根据加高工程施工的特点，对工程各项目标及相关条件进行系统分析，建立加高工程混凝土施工的单项和综合模拟模型。根据加高工程施工管理与决策可视化、虚拟化平台建设的需要，研究实施基于虚拟现实技术的施工管理与决策系统。通过建立混凝土坝加高施工模拟与优化系统和虚拟现实环境下的施工管理平台，实现对施工全过程的全面有效管理，实时控制施工进度，优化配置施工资源，保障施工有序推进。

2. 技术对策

在加高施工技术中施工管理与决策的技术对策如下：

（1）大坝加高混凝土施工模拟与优化系统研发。系统的主要功能包括系统管理、施工数据管理、施工过程模拟与优化、施工现场管理、施工参数统计与分析、混凝土浇筑管理与决策等。通过优化调配与模拟技术，实现对施工机械的调度、施工进度的制订、混凝土浇筑仓位的编排等管理功能，同时通过虚拟现实形象展示加高施工场景与过程，以提高调配的效率和优化水平。

（2）建立基于 VR 的混凝土坝加高施工管理与决策系统。系统将加高施工坝体在不同时刻、不同的施工方案或施工布置情况下的施工场景、施工过程以近乎真实的方式展现给用户，系统以逼真性、沉浸性、交互性特点，实现施工决策因素的全面集成。

2.4　大坝加高施工技术体系的建立

通过总结国内外大坝加高混凝土施工的已有经验，结合现代坝工建设加高施工的新要求，研究分析加高施工的环境条件和特点，对加高施工的各项重点与难点开展系统研究，并在研究中加以升华和创新，取得系统性成果，再将成果全面用于丹江口大坝加高等工程实践中，在此基础上，形成了一整套大坝加高混凝土施工技术体系。

2.4.1　理论模型的创建

本技术体系结合施工技术重点和难点，针对新老混凝土结合和浇筑施工模拟与优化两个方面建立了相应的理论模型。

1. 新老混凝土"双界面—多层区"结合模型

本模型提出：新老混凝土的结合是由老混凝土区 Z1、新混凝土区 Z3 和新老混凝土结合过渡（黏结）区 Z2 所组成，是一种多层区结构体。其中结合过渡区

Z2 是新老混凝土结合成功的关键。这种独特的界面过渡区结构，使结合界面的力学性能不同于整体混凝土的力学性能。有效控制、密合和消除新老混凝土界面之间的缝隙，使上下两个结合面重合，结合过渡区结构密实，就可以达到改善新老混凝土结合性能的目的。

2. 浇筑施工模拟与优化模型

本模型根据大坝加高混凝土施工的具体条件，建立了多项优化模型如浇筑选仓模型、供料线浇筑模拟模型、混凝土施工综合模拟模型、门塔机单机浇筑模拟模型、连续型布料机浇筑模拟模型、门塔机联合浇筑模拟与优化模型等。与通常的混凝土浇筑模拟模型相比，考虑的因素更加详尽、约束限制条件更加周全、过程的演绎也更加符合现场实际。

2.4.2 关键技术及创新点

从上述加高施工技术重点与难点以及加高施工技术对策的叙述可知，本技术体系的关键技术主要包括老混凝土控制拆除、新老混凝土结合、新浇混凝土施工和施工管理与决策等 4 大方面。根据研究取得的创新性成果，并经过提炼和归纳，得出了如下各项关键技术的创新点。

1. 老混凝土控制拆除

通过对混凝土控制拆除施工技术的分析，总结每一类施工技术的优缺点、适用条件，创立功能完善的坝体老混凝土无损伤、高精度控制拆除技术。研究钻孔导向器、钢制锚杆外对中支架、混凝土坝内排水管成孔器等保障高精度的施工机具，为控制拆除提供必要条件。改进和优化盘锯、链锯、线锯等切割技术、无声爆破技术等，实现对母体混凝土的零损伤拆除，具有工效高、成本低、成型质量好等优点。

本项技术的创新点主要有：

（1）以老混凝土坝体结构和外形轮廓为基础，研究实施高效率、高精度控制爆破拆除技术。

（2）对需要拆除的结构部位以及表面碳化或存在缺陷部位进行无损伤切割拆除和清理。

（3）对所有拆除部位的被拆除体、保留体以及周边各项建筑物和设施实施有效、无盲区的安全防护。

2. 新老混凝土结合

采用理论建模、分析和科学试验等方法系统研究新老混凝土结合机理，为攻克界面结合难题寻求高效的技术措施、高性能材料和高效率施工方法提供理论依据。研发新增人工键槽的"锯割静裂法"施工技术，提升新老混凝土界面啮合力，实现新老混凝土的联合受力。自主研制新型环保界面密合剂，有效解决新老混凝土界面结合难题，保障新老混凝土的结合牢固。

本项技术的创新点主要有：

（1）在系统研究新老混凝土界面结合机理的基础上，研发新增人工键槽高效成型"锯割静裂法"施工方法。

（2）研究并建立结合面复合锚固技术体系，以单根锚固的长度维、结合面群锚布局的平面维以及锚固与其他措施联合等多维复合共同提高结合界面的锚固性能。

（3）研制并应用环保型界面密合剂，大幅度增强新老混凝土结合的界面啮合力和黏结力。

3. 新浇混凝土施工

将新浇混凝土的结合面区域的混凝土设计成超缓凝、后期强度增长迅速的界面混凝土。采用界面混凝土保持界面范围新混凝土缓凝，在新混凝土性能急剧变化的初期，使界面混凝土自由变化而不受老混凝土的约束，进而解决新混凝土由于性能差异导致变形不协调而影响结合效果的问题。

通过系统的设计和试验，优化提出与老混凝土性能匹配的新浇混凝土原材料和配合比参数使混凝土的各项性能均达到理想状态。研究混凝土施工"一条龙"综合温控技术和坝体个性化通水冷却智能控制技术，减少混凝土水化热温升、延缓水化热发散速率，减小混凝土温度梯度，提高混凝土抗裂能力。

本项技术的创新点主要有：

（1）基于新老混凝土"双界面—多层区"结合模型，设计超缓凝且后期强度增长迅速的界面混凝土，以平衡或消纳新老混凝土性能差异导致变形不协调的问题。

（2）以调整新浇混凝土有关性能特征适应老混凝土既有性能特征的理念，开展全面试验，设计并优选出有利于新老混凝土结合的新浇混凝土配合比。

（3）研究实施坝体混凝土个性化通水冷却智能化控制技术，最大限度地减少温度应力，保证新浇混凝土质量优良。

4. 施工管理与决策

在建立混凝土坝加高工程施工的理论模拟模型，实现逼真地描述和模拟施工场景和施工过程的基础上，对虚拟现实技术在施工管理与决策进行系统研究，建立施工管理与决策的虚拟现实平台的实现技术，开发研制一套完整的混凝土坝施工管理与决策系统，为混凝土坝的施工管理与决策提供一个全新的综合载体。通过建立的施工管理平台，实现对施工全过程的有效管理，显著提高混凝土坝加高施工管理效率与决策科学水平。

本项技术的创新点主要有：

（1）根据大坝加高混凝土施工的实际需要，研制开发混凝土浇筑模拟与优化信息平台，为施工管理与决策提供基础。

（2）研发基于 VR 的施工管理与决策系统，实现复杂条件下大坝加高施工的现场施工管理与决策的信息化、可视化和实时动态化。

2.4.3 技术体系的创建及优势

1. 技术体系的创建

综合上述，根据大坝加高施工的显著特点并针对加高施工技术重点与难点，通过大坝加高施工新老混凝土结合模型、加高施工模拟模型等理论模型的建立和求解，提出了解决施工重点技术的对策和措施，与此同时针对施工中需要解决的各项关键技术加以攻克突破，取得了一系列创新成果，形成了一套完善的大坝加高混凝土施工技术体系，如图 2.1 所示。

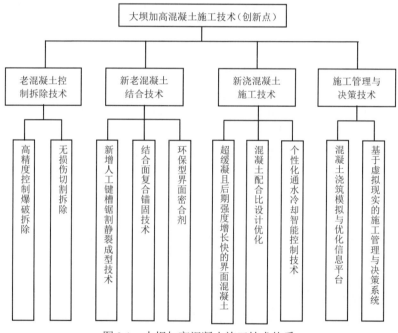

图 2.1 大坝加高混凝土施工技术体系

2. 与国内外同类技术比较

大坝加高混凝土施工技术体系与国内外同类技术相比，在老混凝土控制拆除、结合机理研究、老混凝土面处理、结合面界面增强措施、界面混凝土和新浇混凝土设计与施工、联合作用工况及设计、施工管理与决策等方面都有较大创新和明显进步，分项比较见表 2.1。

表 2.1　与国内外同类技术比较表

序号	比较项目	国内外同类技术	本技术体系
1	老混凝土拆除	人工凿除、风镐、爆破拆除	静裂、盘锯与链锯切割等无损伤高精度控制拆除
2	结合机理研究	鲜见研究报道	系统性试验研究
3	老混凝土面处理	冲（凿）毛、插筋	外型改换（人工键槽）、复合锚固、植筋
4	结合面处理	铺砂浆、水泥浆或其他界面胶（剂）	界面密合剂
5	界面混凝土	无此设计	新设超缓凝且后期强度增长迅速的界面混凝土
6	新浇混凝土	配合比选定、常规温控措施	原材料和配合比优化、综合温控措施、个性化通水冷却智能化控制
7	联合作用设计工况	大多采用开裂工况进行设计	采用结合面联合受力工况进行设计或校核
8	施工管理与决策系统	无	已建立基于虚拟现实的施工管理与决策系统
9	一整套施工技术体系	无	已建立
10	建设成本与效率	成本高、进度较慢、有机界面胶有毒害	成本低、进度快、环保无毒害

具体的技术比较及优势分析如下：

（1）老混凝土控制拆除技术。无损伤、高精度混凝土控制拆除施工技术，可广泛应用于大坝加高工程中的各类复杂的拆除作业。通过对混凝土控制拆除施工技术的特点分析，总结每一类施工技术的优缺点、适用条件，并针对加高施工拆除的具体要求加以改进，全面开展创新研究，形成无损伤、高精度老混凝土控制拆除技术，为加高施工中的拆除作业提供一个保留体完好、外型符合要求、快速、经济、环保的施工方法。这些在国内外鲜有类似技术的报道。

（2）新老混凝土结合技术。新老混凝土的结合是大坝加高及其他类似坝工结构工程建设中最为关键的技术难题，国内外在处理大坝新老混凝土结合问题时通常采用的技术措施有：对结合面进行凿毛处理以增强结合面咬合力；改善新混凝土配合比以使得新老混凝土的性能尽可能接近等。但限于对新老混凝土结合面的结合机理研究不够深入，直接导致在对老混凝土的处理、新老混凝土结合材料的研究应用效果一般，结合亦不是十分理想。大量的调查结果显示：在国内外新老混凝土工程结合施工中，结合面破坏的情况十分普遍，通常会出现 30%～35% 的开裂现象，有的工程甚至在施工后不到一年时间就大部分裂开。

本技术体系从微观的结合力形成机理到宏观的结合面抗拉、抗剪、联合受力、断裂、收缩乃至长期物理力学性能，均进行系统试验和研究，其研究范围和深度在国内外亦较为鲜见。与已有技术相比，本体系对新老混凝土结合机理的研究更加全面、深入，更加准确地反映大坝加高工程的实际。

在老混凝土面处理方面，研究提出静态破碎和液压盘锯相结合的"锯割静裂法"，高效地生成各种尺寸的人工键槽，以结构性的措施颠覆了常规的设计思路，与普通的表面凿毛、插筋处理措施相比，这种大型键槽将大幅度提高结合面咬合力和抗剪强度，对改善大坝坝体应力传递起到很好的作用。新增大型人工键槽施工方法，与常规切割、静裂、风镐凿除等方法相比，工效高、成本低、成型质量好。与全机械切割方法相比，效率提高约 50%，且可以节省约一半的材料设备消耗。

对于结合面处理，以全新概念的界面密合剂，代替已有技术中所采用的普通砂浆、水泥净浆和普通界面胶或界面剂。界面密合剂采用无机材料配方，较目前国内外广泛应用的有机界面胶，具有可操作时间长，早期断点结合强度高，后期结合强度稳定发展，结石体的弹性模量和线膨胀系数与混凝土接近，抗侵蚀性强、耐久性高，对人和环境无毒害，施工方便，成本低廉等优点，尤其适合大坝加高混凝土等特定施工环境的应用。其结合强度比国外同类材料提高约 50%，较水泥净浆等一类常规界面剂提高约 128%，其成本是有机界面剂的 10%～30%。

此前，由于新老混凝土结合问题的突出存在，为安全起见，大多数加高工程采用开裂工况进行设计，本技术体系的"锯割静裂法"施工人工键槽、界面密合剂等技术很好地解决了新老混凝土结合问题，实现了新老混凝土结合紧密牢固，为按结合面共同受力工况进行设计提供了保证，在保障工程的安全系数的前提下，对优化结构设计、节省工程成本起到重要作用。

通过系统的方法对新老混凝土结合施工技术进行研究，从结合机理研究出发，综合研究老混凝土处理、结合面结构和材料增强措施、联合作用设计方法等，通过多项工程施工实践和应用，使新老混凝土结合施工技术日渐成熟。

（3）新浇混凝土施工技术。在新浇混凝土方面，现有技术在配合比设计时过分关注硬化混凝土的力学变形性能指标，其结果是虽然新老混凝土性能指标已相对比较接近，但随着新老混凝土性能随龄期的增长速度不同，使得新老混凝土性能差异始终无法消除。

本技术体系基于新老混凝土结合"双界面—多层区"结合模型，将界面范围新混凝土设计成超缓凝、后期强度增长迅速的过渡区混凝土，即"界面混凝土"，通过系统的设计和试验，选出利于与老混凝土结合的新浇混凝土原材料组分和配合比参数，并对混凝土原材料和配合比进行设计优化，保持界面范围新混凝土缓凝，这样在新混凝土性能急剧变化的初期能自由变化而不受老混凝土的约束，有效解决新老混凝土由于性能差异导致变形不协调而开裂的问题。

同时，在混凝土综合温控措施的基础上，研发坝体混凝土个性化冷却通水智能控制系统，对新浇混凝土进行全过程温度控制，与常规技术相比更加系统和精细，尤其是个性化冷却通水措施对平衡大坝整体温差和减小温度变化速率起到良好控制作用，保证了新老混凝土结合紧密。

（4）施工管理与决策技术。本技术系统基于离散系统模拟理论与方法、系统优化方法、VR 技术、可视化仿真技术、管理信息系统理论与方法等基础理论、方法与技术，研制大坝加高施工管理与决策系统，涵盖了混凝土施工进度的安排、原材料使用计划与进料计划的制定、施工机械的管理等方面，同时通过虚拟现实形象展示混凝土坝施工场景与过程。

第3章 老混凝土拆除技术

3.1 概　　述

大坝加高老混凝土拆除是为了给加高施工提供良好的建基面部位，根据设计的各项要求，针对老坝体所进行的部分或全部的混凝土拆除施工。因此，老混凝土拆除是大坝加高施工的第一道，也是最基础的一道重要施工程序。

老混凝土拆除技术不仅包含对拆除体的拆除技术，还包括对拆除作业、保留体、周边设施的安全防护技术。其中拆除体是指拟拆除的混凝土部位；保留体是指拆除前与拆除体为一个整体，拆除后保留的继续发挥功能的部位；周边设施包括紧邻拆除体周边的建筑物及机械电气等各类设施或系统。

由于老混凝土拆除的作业条件受限，拆除精度要求高，施工技术和工艺复杂，安全文明保障难度大，因此，老混凝土拆除将直接关系到加高施工的进度、质量、成本和安全文明等目标。

3.1.1 总体思路及目标

与常规的混凝土拆除施工显著不同，大坝加高混凝土拆除属于完全的控制拆除技术范畴。大坝加高施工中的老混凝土拆除具有施工作业面多、部位广、工程量大且分布零碎、表面轮廓及尺寸精度要求高等方面的鲜明特征。因此，进行加高施工的混凝土控制拆除，需要在保证质量、安全的前提下，以先进的技术、优化的程序和精湛的工艺来提高施工工效，加快施工进度。

进行混凝土拆除施工，首先是要深入分析拆除施工的各项条件，全面掌握这些条件中的有利因素和不利因素，并将这些因素加以分类和排序，列出重点和次重点。在分析条件的基础上，根据工程现场的具体条件，综合考虑拆除施工的各项技术要求，提出拆除施工的技术难点和重点。随后开展重点分析，找出需要进一步研究的重大技术课题，实施专项攻关和创新。

老混凝土拆除经过长年不断的改进与变革，已经形成了一门传统的施工技术。但是大坝加高的客观需求和科学技术的不断进步，给这门传统技术提出了新的更高要求，也增大了拆除技术创新的空间。正因如此，在拆除技术的创新思路上，需要坚持以传统经典的拆除技术为基础，针对施工中的新的需求和新的技术难题，创造发明新的技术、方法、工艺和设备，取得技术新突破。就老混凝土拆除施工而言，通常新技术与传统技术都是相互补充、同步并用的，而很少有相互替代的情况，这是由于老混凝土拆除的突出特征所决定的。只有将各项技术系统化地用好，才能保障拆除施工既快又好，既节省又安全。

因此，对老混凝土拆除技术的研究，就是通过系统分析大坝加高混凝土施工中混凝土控制拆除的条件和技术要求，总结各类拆除技术的优缺点、适用条件以及控制拆除中的主要防护措施，针对各项技术难点进行攻关，并取得突破后形成技术创新点，从而，形成大坝加高施工中的混凝土无损伤、高精度控制拆除技术体系。

3.1.2 研究内容

老混凝土拆除技术的主要内容包括：拆除条件与要求；拆除方法如人工拆除、机械拆除、静裂拆除、控制爆破拆除等；拆除质量控制与环境保护以及对拆除作业、保留体、周边设施的安全防护技术等。

拆除条件与要求主要是根据大坝加高混凝土拆除的实际施工条件，深入分析其特征，得出拆除施工的重点、难点和突破点，同时充分领会和掌握混凝土拆除的各项设计技术要求，为选择和创新拆除施工方法提供依据。

拆除方法与创新主要是充分展现已有施工方法的特点和功用，并通过对这些方法的分析，找出存在的各种问题，提出需要改进和创新的方向和相应目标，然后通过试验研究或结合工程项目的实施开展技术创新，取得创新成果。其中机械拆除主要阐述线锯切割拆除、分裂机分裂拆除及机械吊拆技术；控制爆破着重阐述预裂爆破、梯段爆破、光面爆破拆除技术。

拆除质量控制与环境保护主要是针对拆除施工中的质量和环境控制要求和具体目标，全面地制定或提出所有部位、所有工序过程的质量控制措施及环境保护措施，以作为在拆除施工的同时需要采取的重要方案。

拆除安全防护是混凝土拆除施工中最为关键的环节，它贯穿于拆除施工的全部过程，涉及施工场区的方方面面，防护的对象包含了被拆除体、保留体和周边各项设施。因此，需要研究和创新一整套行之有效的防护措施，确保拆除施工安全无事故。

上述研究内容将在后面各节中分别加以叙述。

3.2 拆除条件与要求

3.2.1 拆除条件分析

如前已述，大坝加高施工是一道严格的"命题创作"，老混凝土拆除则显得更加突出，它体现在该项施工将面临许多先决条件，这些条件将涉及施工的各个方面和全过程。综合分析这些条件可知，大坝加高混凝土控制拆除主要受拆除环境和拆除要求的限制，给施工增加了复杂度和新的难度。

大坝加高混凝土控制拆除的施工条件，具有以下几个方面的特征：

（1）拆除部分的形体复杂。在大坝加高工程中，为实现特定的结构需要而进行混凝土体的拆除，拆除体的形体可能是薄层混凝土、三角体混凝土、大体积混凝土、不规则形态混凝土、复杂的细部结构混凝土等，这些都使得拆除体的形体十分复杂，进而造成每一项目或每一个部位的拆除都是个性化拆除。

（2）拆除作业的空间狭窄。大坝加高混凝土拆除作业面周边，已经建有各类建筑物，包括老混凝土坝体、中央或专业控制楼、微波与通信电缆、电站厂房及机组以及各类机电设备等，这些都造成了拆除的作业空间十分狭窄。因此，若采用常规的施工方法和施工设备将无法施展。

（3）拆除处于高空作业。大坝加高混凝土拆除作业大多位于坝顶或坝体侧边，空间高差大，安全防护的要求高，这些都对施工安全保护措施、作业人员、施工设备和相关设施设备的安全防护等提出了很高的要求。

（4）拆除影响的控制严格。在混凝土拆除施工部位，附近已有各类建筑物，有的还有对震动、粉尘等非常敏感的机械电气设施等，其拆除施工要求远高于常规的技术标准。拆除施工不仅要保证拆除轮廓尺寸符合设计要求，而且要保证保留体的完整性和结构外形，使其不能受到允许范围之外的振动和损伤。

（5）施工组织的难度很大。由于大坝加高混凝土拆除施工空间布局分布很广，且较零散，不成规模，既有局部大体积混凝土体拆除，又有细部混凝土结构体的拆除，还有表面薄层结构的拆除，不同的拆除体需要采取不同的拆除方式，对工程施工进度、质量、成本、安全都有显著的影响，施工组织与管理难度加大。

3.2.2 拆除技术要求

1. 主要技术要求

根据以上混凝土控制拆除的各项条件以及加高施工混凝土拆除的具体情况，大坝加高施工混凝土控制拆除的技术要求可以概括为以下几个方面：

（1）保留体无损伤控制拆除。拆除施工对混凝土保留体的损伤有严格要求，包括对保留体裂纹的严格控制、对保留体的振动限制以及对拆除体内保留钢筋的操作限制等。拆除施工需要严格保护保留体，实现无损伤拆除。

（2）保留体高精度外型轮廓控制。拆除施工对混凝土保留体的外形轮廓有严格要求，需要严格控制混凝土保留体的完整性、外形轮廓尺寸及平整度。

（3）施工安全、环保的严格要求。为防止拆除作业对周边已有各类建筑物和机电设施的不良影响，对拆除作业中产生的振动、飞石、粉尘、噪音等有更加严格的控制要求。

（4）进度与成本控制。拆除进度要求在确保大坝挡水建筑物稳定、整个工程正常运行及周边建筑物安全的前提下，在规定的时间内完成大坝加高工程的老混凝土拆除任务，为后期混凝土施工创造有利条件，确保大坝加高施工进度。拆除成本控制要求方案上科学合理，资源配置上合理高效，以相对较低的消耗实现工程建设目标。

综上所述，大坝加高混凝土控制拆除技术要求可以概括为"无损伤、高精度、零事故、高效率、低成本"。

2. 主要技术指标

混凝土控制拆除根据部位的不同，所提技术指标也不一样。这里列出丹江口大坝加高工程溢流坝段和左联坝段拆除的技术指标。

（1）溢流坝段拆除技术指标。

1）拆除的轮廓不允许欠挖，平整度不超过 100mm。

2）要求保留的受力钢筋应保持原有线形、钢筋及混凝土保护层无损伤，钢筋剥离后外露长度满足设计要求。

3）拆除面无裂缝、无破碎及松动骨料。

4）钻孔孔径不超过 45mm，孔斜不超过 1°，开孔误差不超过 50mm。

（2）左联坝段拆除技术指标。溢流坝段混凝土采用控制爆破进行拆除。采用小排距、大间距孔间微差爆破网络分段起爆，拆除体与保留体之间轮廓面采用预裂爆破。现场控制爆破按以下指标控制：

1）钢筋混凝土框架结构基础部位的安全质点振动速度不超过 5cm/s。

2）机电设备基础部位的安全质点振动速度不超过 0.9cm/s。

3）水电站中央控制室的安全质点振动速度不超过 0.5cm/s。

4）已灌浆部位的安全质点振动速度不超过 1.2~1.5cm/s。

5）大体积老混凝土保留体的安全质点振动速度不超过 10cm/s。

3.3　拆除方法与创新

混凝土的拆除方法多达数十种，但热熔切割法、二氧化碳气法、卡道克斯法、冰胀法、钢筋通电加热法、电介质损耗法、强磁性体诱导加热法、电化学法、电磁波照射法、激光照射法、射水切割（水刀）法、水压爆破法等一些方法因需要专门设施、操作要求高、成本昂贵或技术尚未成熟等原因，目前在水电工程中还没有广泛应用。

常用的混凝土控制拆除的方法基本有 4 类，即人工拆除、机械拆除、静裂拆除、控制爆破拆除。每一种拆除方法都有独特的优缺点及其适用条件，在拆除实施中需要根据工程实际情况选择相应的拆除方法，或综合应用多种方法，形成优势互补的新的组合拆除技术。拆除方法分类如图 3.1 所示。

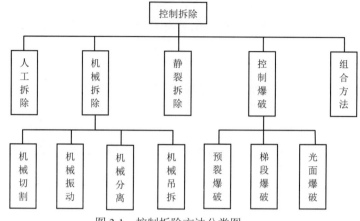

图 3.1　控制拆除方法分类图

3.3.1　人工拆除法

人工拆除法是混凝土拆除施工中所采用的最基本、最简捷的方法，也是一种不受各种复杂条件限制最灵活、最适用的方法。事实上，在人工拆除法中，也有必要辅以各种工具、器械，甚至是依赖人工操控的简易机械设备。

1. 方法的主要特点

该方法机动灵活，工艺简单，成型质量可控，适用于各种复杂的拆除作业环境，对混凝土保留部分几乎没有损坏。但是人工拆除效率较低、劳动强度大、工期较长，施工人员安全隐患较多，人工费用较高，不适合大规模拆除。

2. 适用条件

人工拆除方法主要应用于少量的、辅助的拆除作业，或者其他方法难以实施的拆除部位。

3. 实施要点

人工拆除混凝土时，最为重要的是以作业人员的安全防护为前提，在此前提下，努力提高质量，加快进度，降低成本。具体实施要点如下：

（1）根据工程施工的总体要求和加高施工的实际情况，合理安排拆除体施工的进展顺序，加高施工先浇筑的部位先拆除。

（2）拆除施工前，认真熟悉图纸和相关文件，并由施工技术人员向实际操作人员交底，明确各部位的拆除具体要求。

（3）在拆除部位搭设牢固的施工操作平台，并在操作平台周边布设安全防护设施如栏杆、防护网等。

（4）在拆除施工部位进行现场测量，准确画出需要拆除部分的边线。

（5）在拆除部位混凝土厚度较薄或拆除条件比较差的情况下，采用手工钢钎、钢凿等简易工具凿除，若一次不能凿除到位，可采取分层剥离方法。

（6）在拆除部位混凝土厚度较大时，先采用手风钻、风镐、水钻、电镐等手持式工具逐层凿除，最后保留一层采用手工钢钎、钢凿等简易工具凿除。

（7）人工拆除后的石渣及时清除，以免占压拆除工作面。

4．人工拆除法创新

人工拆除法是典型的传统方法，其创新主要着重于手持式辅助工具及拆除工艺，因此可以从以下几个方面着手：

（1）开发研制新的以人力为主的手持式简易拆除工具，如手工钢钎、钢凿、大锤等。因为此类简易工具自身没有动力，拆除破坏力主要动力来源于作业者本身，所以其研制应该侧重在省力借力上，如竹片手柄大锤等。

（2）开发研制新的自身带有动力的辅助性拆除工具，如手风钻、风镐、手持电锯等。由于此类辅助性工具自身带有动力，所以其研制应侧重在提高工效、环保、安全等方面，如研制现代气腿式凿岩机等，以期达到效率高、噪声小、重量轻、进尺速度快、经济效益好等效果。

（3）对人工拆除传统工艺提炼优化，按照拆除体不同的构造形体、结构部位、施工条件、环保要求等具体情况，采用相匹配的拆除方法，并通过实践检验，形成工法或标准。对拆除量较大的情况，尽可能先采用机械拆除或其他方法，最后一道工序采用人工法，以提高效率，节省劳动量。

3.3.2　机械拆除法

机械拆除法是利用通用或专用的机械设备经更换工作装置直接将建筑物解体或破碎，是一种先进的低公害拆除方法。从历史发展来看，机械拆除法是应用最早的方法，也是现行最广泛、应用最多的拆除方法。机械拆除法可单独作为一种方法，也可作为其他拆除方法的辅助方法。

机械拆除中最为主要的方法有：①钻孔拆除，如设置邮票孔拆除等；②振动拆除，如机械振动锤、气压振动锤、液压振动锤凿除等；③机械切割，如金刚石链锯、金刚石线锯切割拆除等；④机械分离，如分裂机分裂拆除等；⑤机械吊拆，如直接用起重机起吊拆除等。

1．主要特点

机械拆除法易形成机械化流水作业，拆除效率较人工拆除明显提高，对混凝土结构保留部分和周围保护对象影响较小。但常常易受拆除体结构体型、位置、周边地形等条件限制，使拆除设备、器械难以施展，且机械设备使用费用较高。

2. 适用条件

机械拆除适用于拆除量较大，拆除施工环境较差，对拆除体紧邻发电厂、开关站等建筑物需要保护的要求高，现场不宜实施控制爆破，对拆除产生的影响需严格控制的部位。

3. 技术要点

采用机械拆除时，应根据拆除体结构体型、位置、周边地形特点，结合现场安全要求，合理选用拆除方案和相应机械设备，同时，采取与之配套的安全防护手段或措施。下面叙述几种专用的机械拆除法技术要点：

（1）线锯切割法。拆除施工前，先对拆除体按照起吊设备和运输车的能力进行分块，布置临时防护支撑，防止高处拆除部分切割中自行坠落。然后，在拆除体上根据分块布置穿绳孔及吊装孔，钻孔形成后即具备了线锯切割施工条件。采用金刚石线锯进行分块切割，分离后用起吊设备吊运装车运至渣场。

（2）分裂机拆除法。针对体积较大的拆除体，难以实施一次性拆除，可根据施工现场的实际情况，分层分块进行拆除，以减小拆除的混凝土块体积，降低拆除体滚落对下部结构的损害和威胁。分裂机拆除时，先在拟拆除体上钻孔或采用静态爆破等其他方法形成缝隙，然后在形成的孔或缝隙内分组装入楔块，用分裂机按顺序逐孔分裂，形成块体后拆移、吊除。

（3）起重机直接吊运法。起重机直接吊运法主要用于坝顶各种结构件如门槽盖板、公路梁、门机梁、启闭机梁、防护盖板、人行道板等的拆除。对于上述体积较小的结构构件如坝顶门槽盖板、人行道板等，可采用置于坝顶的各类起重设备直接吊移装车，运至指定地点；而较大的构件如公路梁、门机梁等，需先用风镐凿除表面铺装层，再用大型起重机将梁体吊起后上车运走。

4. 机械拆除法创新

机械拆除法的核心技术是拆除所采用的机械设备，拆除机械是否先进、实用、高效，决定了拆除施工的质量和进度。此外，拆除体的动态操控和拆除施工工序的优化对拆除施工的工效也有很大影响。因此，机械拆除法的创新可从拆除机械设备自身的创新、拆除设备与拆除工序之间的系统衔接以及研发拆除机械高精度监控设备等几个方面着手。

（1）以机械拆除工序集成为基础，研究发明放样、拆除、起吊、装运一体化的连续作业机械，以此强化机械拆除的工序衔接，提高拆除效率。研制这种多功能一体化拆除专用机械，至少应具有以下主要装置：多个机械臂及集料装置、分解或破碎装置、程序控制装置等，具备拆除、装运功能，可同时完成混凝土的解体或破碎、起吊或装载及运输弃渣，按优化的施工工序流水作业。

（2）针对拆除作业，实现机械装备的程序化控制，进而使拆除全过程自动化。即加强拆除机械自身的创新，减少人为因素影响，研制全自动智能化拆除机械，如智能拆除机器人。图 3.2 为智能拆除机器人实物图。

图 3.2　智能拆除机器人

智能拆除机器人是工业机器人的一种，它包含了机械设计与制造、电子电工技术、计算机技术、网络程序设计、传感器、自动控制、数字信号处理、优化设计、人工智能、机器人学等多种技术。智能拆除机器人可适用于建筑拆除、抢险救援、水利、冶金、核能等行业，具有无线或有线遥控操作、安全可靠、噪音小、振动低、粉尘少、无废气、工作效率高、经济实用、使用灵活等特点。

智能拆除机器人主要由机架、履带行走机构、回转机构、工作机构、液压支腿、拆除工具及动力系统、液压系统、电气控制系统、无线或有线遥控系统等组成。

由于混凝土拆除施工作业中，每个具体操作的内容和要求都存在着差异和动态化因素，这就要求机器人具有人的感知和判断能力，适应作业对象和环境变化的能力。因此仅用一般的自动化技术是不够的，还需采用智能化控制技术。要实现拆除机器人的智能化控制，需结合机、电、光、声、化学以及生物等多学科，将多种技术组合后进行信息处理，形成一个集成的信息系统。此外，在通常的工程条件下，智能拆除机器人往往不是单独作业的，还有诸如遥控挖掘机器人、遥控推土机器人、遥控装卸机器人、遥控运输机器人等作为并行作业体。在拆除机器人的研究基础上，还要发展多机器人遥控系统和群控技术。在此基础上，研制和开发大坝混凝土拆除专用智能机器人。

（3）开发研制混凝土拆除监控系统和仪器，实现对拆除过程精准的数字化显示与控制。根据大坝混凝土拆除的特点，通过研制混凝土拆除动态断面监控设备，采用无合作目标激光测距技术和精密测角技术，将极坐标测量方法与计算机技术紧密结合，高速精确检测，无需后处理，直接数字化显示，并结合摄像装置，实现对拆除过程的精确监控。

3.3.3 静裂拆除法

静裂拆除法是利用静态破碎剂在水化反应过程中产生的膨胀和硬化，对孔壁施加膨胀压力，并辅以超薄液压千斤顶的扩张力，根据拟拆除体轮廓线，按预定的孔距、孔深进行的静态爆破拆除。静裂拆除法所采用的静态破碎剂（SCA）又称无声破碎剂，是经高温锻烧氧化钙为主体的无机化合物，掺入适量的外加剂共同粉磨制成的具有高膨胀性能的非爆破性破碎用粉状材料。静态破碎剂的使用和操作必须由相关专业技术人员实施。

1. 主要特点

静裂拆除混凝土的优势明显，其拆除过程无震动、无飞石、无噪声、工期短、对保留部分不造成损害，且施工简便、安全。缺点是静态破碎剂效能难以准确控制，故必须由专业人员操作；拆除效果有时不尽人意，故一般用于少量的拆除或局部修整；不能形成大规模的拆除施工；施工成本也比较高。

2. 适用条件

静裂拆除适用于不允许有震动、噪声、有毒有害气体、飞石、静电或电磁波辐射的部位以及对混凝土结构保留部分不允许有任何损坏的部位。

静裂拆除主要用于素混凝土拆除，对于钢筋混凝土结构则需要先凿出钢筋并切除后再实施静裂拆除。静裂拆除通常作为机械等其他拆除方法的一种辅助手段，通过静裂先在拆除体与保留体间形成裂隙后，再使用机械分离。

3. 技术要点

在静裂拆除作业前，编制详细的施工方案及实施计划、措施，对静裂爆破孔径、孔深、排距、药量等进行精确计算；施工中除常规安全措施外，应避免人员与静爆剂的直接接触，特别需要防止"喷孔"对人员的伤害。

（1）静态破碎剂的选型。静态破碎剂的使用效果与被拆除混凝土强度、气温、孔距、水灰比、装填时间和速度有关。为了控制爆破速度，被拆除混凝土开裂时间控制在 30～60min 之间，因此，在使用前对不同品种静态破碎剂进行爆破试验，以选定适合工程且效果好的破碎剂品种。

（2）爆破参数的确定。根据被拆除混凝土的强度、结构形状和拆除要求，设计不同的孔径、孔距、孔深，其中素混凝土孔径 38～42mm，孔距 15～30cm，孔深 2m，装药量约 2.5kg/m³；钢筋混凝土孔径 38～42mm，孔距 10～15cm，孔深 2m，装药量 10kg/m³。参数的具体取值通过现场爆破试验确定。

（3）钻静态爆破孔。静裂作业能否形成一定宽度预裂缝隙与静态爆破钻孔、破碎剂装填有直接关系。若钻孔过小，不利于破碎剂充分发挥作用；若钻孔太大，则易于冲孔。

在钻孔施工中，应控制同一排孔的孔斜，使其处在同一平面范围内，孔径为 38～42mm；钻孔深度为拆除体高度的 80%～90%，一般在 1～2m 较好，装药深度为孔深的 100%。

（4）装填静态破碎剂。静态破碎剂的装填应密实。在孔内装填静态破碎剂前，将孔内余水和石渣用高压水冲洗干净，孔口旁应无混凝土及浮渣。

在进行垂直向下和向下倾斜的钻孔装药时，将破碎剂重量比为 25%～30% 的水倒入容器中，然后加入破碎剂进行搅拌，成流质状态后，迅速倒入孔内，并保证在孔内处于密实状态。对水平钻孔装药时，按 100kg 破碎剂加水 10～15kg 在容器内拌成稠泥状，以能捏成团、搓成条为宜，然后将拌好的破碎剂分层装入孔内并层层捣实。拌和水温不能超过 50℃。

每次装填破碎剂时都应检查确定被拆除混凝土、破碎剂和拌和水的温度是否符合要求，装填过程中已开始发生化学反应的破碎剂不允许装入孔内。从破碎剂加入水拌和到装药结束，不能超过 5min。

（5）预裂分离吊装。在完成孔内装填破碎剂作业后，被拆除混凝土表面会出现预裂缝，这时在孔口上方喷洒少量温水，以加速裂缝增大。为保证被拆除的混凝土能够与原坝体完全地分裂开，在裂缝内插入超薄型液压千斤顶，以促使被拆除混凝土的分离。在被拆除混凝土与原坝体分离后，利用起重设备配合出渣罐笼吊运或者直接用运输汽车转运出工作面。

4. 静裂拆除法创新

静裂拆除法的核心技术是静态破碎剂及其控制，目前静态破碎剂使用存在的主要问题是反应速度较难控制。反应过程中如果反应温度上升太快，容易发生"喷孔"，造成危险；而反应温度上升太慢，会使反应时间相对延长，导致破碎剂失去作用，达不到静裂效果，给施工带来不便。因此，只有静态破碎剂精准可调、可控，才能有效的发挥静裂拆除的优势。此外，钻孔的精度也对静裂拆除的效果有直接影响。静裂拆除法的创新可从提高钻孔精度和研发新型静态破碎剂等几个方面着手。

（1）研制钻孔自动导向装置，确保钻孔精度，进而确保静裂面的精度。钻孔自动导向装置（或钻孔导向器）主要包括滑轨，滑轨上设有锁扣，导向管与滑轨连接，导向管之间设有导轨。通过滑轨和锁扣可快速将钻孔导向器定位，进而实现钻孔施工快速开孔，提高钻孔精度。图3.3为钻孔导向器示意图。

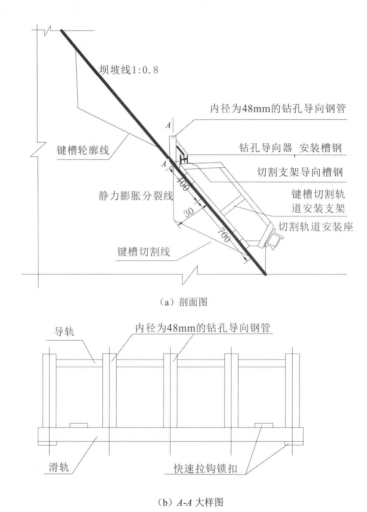

（a）剖面图

（b）*A-A* 大样图

图3.3　钻孔导向器示意图（单位：mm）

施工作业时，可采用5根钻孔导向钢管作为一组，管内径根据钻孔孔径确定，导向钢管的间距根据需要得到的孔径确定。导向管通过导轨连接，导轨采用槽钢制作，钻孔导向器的滑轨可利用锁扣进行快速安装固定。钻孔时，手风钻可在导向管内直接钻孔，由于导向管的限位作用，钻孔施工可快速、准确地开孔，使钻孔各项技术参数均能满足设计要求。当一组孔钻完成后，将钻孔导向器的锁扣松开，平移钻孔导向器到下一组钻孔部位，固定后即可进行下一组钻孔施工。

（2）开发新型静态破碎剂，使其作用效能可精准调控，以此根据不同拆除对象的具体条件实施个性化作业，进而使过于复杂地依据边界条件来控制爆破效果的现状变得十分简单。

静态破碎剂主要由膨胀成分（以氧化钙为主）、水化控制成分（以水泥等水硬性材料为主）以及改善静态破碎剂性能的各种添加剂组成。因此，研发新的静态破碎剂，可以从改善静态破碎剂的各项功能成分着手。

1）膨胀成分选择。氧化钙是静态破碎剂主要膨胀源，一般建筑用的生石灰膨胀力较弱，需采用工艺温度较高的氧化钙（过烧石灰）才能达到对膨胀力的要求。研发新型静态破碎剂可以通过锻烧的最佳高温取值区间、保温时间等相关试验，以使氧化钙的晶体发生重结晶，有效降低活性，延长水化时间，增大单位时间的膨胀压力。

2）水化控制成分选择。水硬性物质的作用是调整控制静态破碎剂水化反应速度、增大其之间摩擦力（防止喷孔）和有效的传递膨胀压力。研制新型静态破碎剂可以通过对水泥、石膏和粉煤灰等水硬性材料进行试验，选择合适的材料、合适的比例及合适的掺量，以进一步提高静态破碎剂的初凝时间，使静态破碎剂的膨胀力得到充分发挥。

3）高效延缓剂选择。延缓剂能够有效控制静态破碎剂浆体的流动性，抑制氧化钙与水相混的初期反应速度，而在破碎剂硬化后，又能使水化反应快速进行。延缓剂的品种很多，按化学成分分为有机物类延缓剂和无机盐类延缓剂。研发新型静态破碎剂可以通过对蔗糖、石蜡、矿物油类、乳化剂、磷酸盐、硼砂、硫酸锌等材料特别是油相材料、磷酸盐和硼砂的延缓效果及掺量进行试验，以使静态破碎剂既能尽快达到最大膨胀压力，又能防止喷孔。

4）高效减水剂选择。静态破碎剂使用时，若水的加入量过大，拌和后的体积增大，装填钻孔的静态破碎剂量相对减少，从而使静态破碎剂的膨胀力降低；如果水的加入量过小，使静态破碎剂的混拌不均匀，流动性差，不易操作。研发新型静态破碎剂可以通过对木钙、木钠等普通减水剂和 J 系高效减水剂、H 型高效减水剂等不同品种、不同用量制作的静态破碎剂半成品用水量的测试优选，使静态破碎剂在实际应用中既方便操作，又能使水的加入量适中。

5）膨胀压力剂选择。膨胀压力剂主要是能在静态破碎剂料浆中产生体积膨胀并产生膨胀压力的物质。研发新型静态破碎剂可以通过添加钠基膨润土、石英砂及其他活性物质进行比对试验，寻找合适的添加剂及掺量，以便能有效调节膨胀压力，避免"喷孔"的发生。

通过对静态破碎剂上述功能成分的选材、掺量、比例、温度限值等进行试验对比、优化改进甚至发明新型母料，从而生成新型静态破碎剂，即可使静裂拆除达到水化反应平稳，反应时间缩短，爆破能力增强，避免发生喷孔，效果可调可控的预期目标。

3.3.4 控制爆破拆除法

控制爆破拆除是拆除混凝土结构最为常用的方法之一。该方法主要是以可控制雷管或炸药为媒介，进行爆破设计，在结构的相应位置引爆点网络，通过各种不同的起爆顺序，对结构有目的的拆除。随着控制爆破理论和技术的不断完善与施工经验的积累，控制爆破在混凝土控制拆除中得到了日益广泛的应用。

1. 主要特点

控制爆破拆除在理论上、工艺上较为成熟，施工成功案例多，经验积累丰富；拆除作业效率高，利于缩短工期；通常情况下施工费用也较低。不足之处在于：易产生震动、飞石、噪声、粉尘等爆破危害，对混凝土结构保留部分和周围环境甚至是人们生命财产造成影响、损伤甚至毁坏。

2. 适用条件

如果可将爆破产生的震动、飞石、粉尘等控制在规定的范围内，该方法是大规模混凝土控制拆除的首选方法。

3. 技术要点

控制爆破拆除施工中重点考虑两方面问题：一方面，通过多种爆破技术的综合比选与优化、数值模拟计算以及现场验证试验，选择最优爆破方案与参数，使爆破对环境的影响最小化且在许可范围内；另一方面，切实做好对拆除部位原坝体和已有建筑物及设备的安全防护。下面给出几种常用的控制爆破拆除法技术要点。

（1）预裂爆破。由于预裂爆破振动强度大，不宜在坝体混凝土拆除体和保留体之间进行深孔预裂爆破。为了控制爆破振动效应，预裂爆破孔深不宜大于4.0m，孔径宜为42mm，孔距宜为0.5m。

预裂爆破线装药密度可采用长江科学院等单位提出的半径验、半理论计算公式：

$$Q_L = \kappa[\sigma_c]^\alpha[a]^\beta[d]^\gamma \tag{3.1}$$

式中　　Q_L——线装药密度，kg/m；

　　　　σ_c——混凝土的抗压强度，MPa；

　　　　a——炮孔间距，m。

　　　　d——炮孔直径，m。

　　　　κ、α、β、γ——经验系数。

预裂爆破装药结构沿孔深分为底部装药段、中部装药段、孔口装药段。根据预裂爆破底部夹制作用大的特点，将底部加强装药；中部根据计算的线装药密度将药卷均匀分布至该段内；孔口视顶面混凝土状态确定药卷重量和不装药段长度。

为了控制预裂爆破的振动效应，将预裂孔分段起爆，一般3~4孔分为一段。同段的炮孔间采用导爆索连接传爆，段间采用塑料导爆管毫秒雷管起爆。

丹江口大坝加高主体坝段混凝土预裂爆破拆除参数见表 3.1。

表 3.1　丹江口大坝加高主体坝段混凝土控制爆破拆除参数表

项　目		参　数		
		预裂爆破	梯段爆破	光面爆破
孔径/mm		42	42	42
孔深/m		3.8	1.8	1.8
孔排距/m		0.5	1.2×1.1	0.5×0.6
倾　角		57°	90°	
炸药品种		乳化炸药	乳化炸药	乳化炸药
药卷规格	直径/mm	32	32	32 药卷纵向分半
	长度/cm	20	20	
	重量/kg	0.2	0.2	
中段线装药密度/（g/m）		100~125		50~71
底部装药/g	直立墙			150~200
	三角体			同中部
中段装药结构		/50g/50g/50g/ @40~50cm		/25g/25g/25g/ @50cm
单位耗药量/（kg/m³）			0.34~0.38	0.16
单孔药量/kg		0.52~0.65	0.8~0.9	
最大单段药量/kg		1.95~2.08	0.9	1.0
堵塞长度/m		0.4~0.6	1.0~0.9	0.5~0.6

（2）梯段爆破。梯段爆破采用一孔一段的孔间微差爆破技术。拆除施工前，首先对拆除部位进行分段分序，然后根据具体拆除部位的特点进行爆破设计，并最终通过爆破试验确定爆破参数。其主要参数的选取原则如下：

1）台阶高度宜取 2m。

2）为保障爆破效果，不留根底，爆破布孔以 5 排为宜，最多不超过 7 排。

3）混凝土爆破的特点是装药段块度较为破碎，不装药的堵塞段容易出现大块，为有效减小表层大块的块度，采取堵塞长度不大于 1.0m。

4）为了获得较好的爆破效果，选取孔距为 1.2m、排距为 1.1m、单位耗药量为 0.34~0.38kg/m³。

当采用上述原则选取参数时，可以有效控制爆破振动效应，不影响大坝本体、坝底基础帷幕灌浆体及周围建（构）筑物的安全。

单孔药量可按式（3.2）计算：

$$Q=KAWH \qquad\qquad (3.2)$$

式中　Q——单孔装药量，kg；

　　　K——单位耗药量，kg/m³；

　　　H——台阶高度，m；

　　　A——孔距，m；

　　　$W(B)$——抵抗线（排距），m。

丹江口大坝加高主体坝段混凝土梯段爆破拆除参数见表 3.1。

在拆除施工中，首先根据爆破布孔采用手风钻进行拆除体钻孔，然后按照爆破试验取得的装药量进行装药，再进行起爆网络线连接、封堵并覆盖，最后进行爆破。爆破作业完成后，利用自卸汽车装渣清运至指定渣场。

当梯段爆破作业至接近设计轮廓面时，改用光面爆破方法继续进行爆除。

（3）光面爆破。光面爆破是一种有效的轮廓控制爆破技术。拆除施工前，首先对拆除部位进行分段分序，然后根据具体拆除部位的特点进行爆破设计，并最终通过爆破试验确定爆破参数。其设计主要参数的选取及施工要点如下：

1）为获得爆破裂隙较少、半孔率高的壁面，减小爆破振动效应，减小爆渣落地块度，混凝土三角体爆破孔孔距宜小于 1.0m，装药量不宜大于 50g。

2）爆破孔在同部位光爆孔爆后起爆，间隔时间 75～100ms 为宜。

3）网络敷设时，注意防止先爆的光爆孔炸断后起爆的爆破孔导爆管。

混凝土直立墙光爆层第 2 层及以下各层拆除爆破时，孔口段受上层爆破影响，削成斜坡，并含有爆破裂隙，易产生较严重的飞石效应。故光爆孔孔口堵塞长度应与该部位层厚或抵抗线相适应。堵塞长度应大于孔口斜坡段长度，孔口药包应减半，并加强覆盖防护，避免意外飞石产生，造成破坏。

丹江口大坝加高主体坝段混凝土光面爆破拆除参数见表 3.1。

在拆除施工中，钻孔、装药、起爆网络线连接、封堵、覆盖，最后进行爆破、装运、除渣等施工方法均与梯段爆破相同。

4. 控制爆破拆除法创新

控制爆破拆除主要是以可控制的火工材料为媒介，进行爆破设计，并实施爆破作业来拆除的一种方法，因此，可控制的火工材料和爆破设计尤为重要。控制爆破拆除法的创新可以从研发专门用于混凝土拆除的控制爆破设计软件、数码雷管起爆系统以及精准定向控制爆破技术等几个方面着手。

（1）研发专门针对混凝土拆除的控制爆破设计软件，并广泛用于混凝土的控制爆破设计。

研发控制爆破的设计软件可在总结现有国内外文献资料对混凝土拆除控制爆破的爆破设计及分析方法和技术的基础上，对控制爆破拆除作出定性或定量的数值分析和计算，建立简化的力学模型和示意图。并利用数值分析方法，在计算机上编程求解；建立控制爆破拆除参数库、控制爆破拆除实例库，完成对控制爆破拆除方案的选取、爆破参数的设计、控制爆破拆除效果的预测，开发出能够对录像、照片等资料进行分析的工具，建立交互式的图形处理系统，完成对系统成果多种表现形式的灵活输出，并制作出逼真再现混凝土控制爆破拆除过程三维动画演示。

（2）研发专门用于混凝土拆除的数码雷管起爆系统，更加精准地实施控制爆破作业。

数码雷管起爆系统由可编程的数码雷管和控制设备（编码器和起爆器）组成。编码器用于联网期间的延期序列设定和功能测试，能够读取和储存唯一的雷管识别码和必需的延期时间；起爆器用于最终的系统测试和点火。

研发混凝土拆除专用的数码雷管起爆系统应至少由具有GPS定位功能的远程控制器和多个无线数码电子雷管组成，且一般应包括微处理器控制单元、实时时钟、电源管理单元、存储模块、显示单元、通用输入或输出接口及外壳、GPS定位模块等。远程控制器可通过无线信号与多个无线数码电子雷管相互通信，并可通过无线射频信号向无线数码电子雷管发送能量与控制命令，以控制无线数码电子雷管起爆。数码雷管起爆系统应包括一个或多个编程器，用于设置无线数码电子雷管的起爆参数及指示信息。

GPS定位模块获取的地理位置信息可以通过无线网络通信模块实时传输给中央控制系统主机，并与预定爆破位置信息进行对比，验证数码电子雷管起爆器是否在预定爆破位置范围内，以保证数码电子雷管起爆器只能在预定爆破位置引爆数码电子雷管，从而提高数码电子雷管起爆器引爆数码电子雷管的安全可靠性。此外，作业过程中的编程器和起爆器应可循环使用。

由于多个数码雷管与各个控制设备之间的通信介质可能存在差异，故爆破系统可能产生通信延时，爆破系统通信延时会导致数码雷管的起爆时间在爆破作业中产生误差。所以为了使爆破作业达到更高精度，还需要解决如何消除通信延时对爆破系统中数码雷管干扰的问题。

数码雷管代表了工程爆破向数字化发展的一个方向，研发专用于混凝土拆除的数码雷管起爆系统，是实现精准控制爆破的关键一环。

（3）研发精准定向控制爆破技术，直接将拆除体从拆除部位一次抛掷到坝外指定的集渣地。

定向爆破多采用群药包爆破，同时又较多地采用等量对称的药包布置形式。为使爆破达到"定向"的要求，需考虑爆破作业区域的地形。选择适当地形或人工改造地形是定向爆破的关键技术之一。定向爆破的另一关键技术问题是计算抛掷距离和堆积形状。计算是否准确，直接决定爆破的成败。

研发精准定向爆破首先需根据实测地形资料合理布置药室，布置形式有集中药室、条形药室、并列和多层药室以及单排和多排药室等，药室间距要适中，使爆破介质的抛掷速度均匀合理。其次要正确选定爆破参数，计算各药室的炸药量、起爆次序和时间间隔，核算爆破堆积范围和轮廓尺寸，计算方法有弹道理论法和体积平衡法等。然后还需校核爆破对周围环境的影响，包括基岩破坏范围、附近地面和地下建筑物的振动数值、飞石距离以及空气冲击波等效应。最后需按设计方案安装炸药、敷设和连接起爆网路，堵塞药室，实施起爆，以期达到准确抛掷定向、减小爆破振动、控制爆堆形状、降低炸药单耗、节省工程成本的多重效果。

3.4　拆除质量与环境保护

3.4.1　拆除质量控制

老混凝土拆除属于完全的控制拆除技术范畴，对拆除质量要求很高，直接关系到保留体是否能够继续发挥功能。另外，由于老混凝土拆除可能伴随噪音、有毒气体、粉尘、施工生产废水、废渣、废弃的油料等污染，对周边环境可能造成严重威胁。因此，施工前应针对拆除施工的质量和环境控制要求，制定全面的质量控制措施及环境保护措施。

（1）建立健全现场施工质量保证体系和各项质量管理规章制度，严格按照设计图纸及技术要求、施工规范、操作规程等组织施工。

（2）对所有参与拆除施工的人员进行专项质量管控教育培训，以提高全体施工人员的质量意识和质量管理水平，为保障拆除施工质量打下坚实基础。

（3）配置足够的、合格的测量人员以及先进的仪器和设备，按国家测绘标准和工程精度要求，建立施工控制网；施工过程中，及时放出拆除部位控制轮廓线并对拆除面进行复核检查。

（4）进场施工前，就老坝体及原有构筑物拆除项目所包括的施工内容与相关技术要求，对所有参与施工的管理人员和作业人员进行技术交底，以保证现场施工人员均能按照质量控制标准进行拆除施工，在所有拆除项目施工过程中无违规施工行为，质量保证体系运作正常，拆除施工质量符合技术要求。

（5）对所有的施工部位和施工全过程，进行严格的全面质量管理，每项拆除施工现场均配备质检员监督管理，质检部门主管责任人随时对施工质量进行检查，杜绝质量事故和质量问题的发生，确保质量、安全"双零"（质量零缺陷、安全零事故）目标的实现。

（6）施工过程中，严把图纸审查关、测量放样关、材料质量及试验关、工序质量关，执行初检、复检和终检"三检制"，对拆除施工质量进行质量检测，对拆除施工进行全过程跟踪控制，落实工程质量管理责任制，坚持质量一票否决制，上道工序验收合格后方可进行下道工序施工。

（7）在进行爆破拆除施工时的质量控制如下：

1）爆破施工前，进行现场爆破试验；根据试验成果，选定爆破参数，以为爆破设计提供支撑。

2）按照爆破设计进行拆除部位的测量放样、钻孔、装药、联网和爆破，保证钻孔精度，对所有的钻孔、装药、联网等工序进行全过程的质量检查，合格后进行爆破作业。爆破施工中，根据爆破实施效果，不断总结调整，提高拆除质量。

3）采用保护层方式施工，水平建基面开挖采用孔底空气软垫层爆破控制法，边坡成型光面爆破，严格控制孔距、孔向、孔斜、孔深、线装药密度及单段最大药量等，规范施工工艺和工序操作。

4）施工过程中，通过对爆破效果、质点振动速度的观测和爆后建基面声波检测的数据的分析，找出规律，动态调整爆破参数，优化爆破设计，从而保证爆破拆除质量满足设计要求。

5）对于保留坝体结合面，根据爆破试验确定采取预裂或光面爆破，当预裂或光面爆破不能满足质点振动速度要求时，则采取在结合面打密集防振孔或预留光爆层等防振措施，对预留部分采用岩石或混凝土分裂机剥离。

6）拆除后的保留体经过复检合格后，才能进入下道工序。

（8）在进行静态爆破拆除施工时的质量控制如下：

1）严格检验进场材料，确保其符合强制性行业标准 JC 506《无声破碎剂》，不合格产品不得使用。

2）根据现场实际情况，进行生产性试验，以确定适合的爆破参数，按爆破参数和设计要求进行测量放线，做好炮孔孔位、孔深、角度等技术参数的控制，避免损伤坝体保留的混凝土。

3）禁止边钻孔边装药，应一次性完成钻孔，装药也应一次完成。钻孔完成后，不得立即装药，应采用高压风清洗钻孔，待孔壁温度降到常温度后方可装药。灌装过程中，已经开始发生化学反应的药剂不允许装入孔内。

4）静态破碎药剂的反应时间一般控制在 $40\sim60$min。

3.4.2　拆除环境保护

（1）严格遵守国家和地方颁布的有关环境保护的法律、法规及工程有关环境保护管理办法的规定。

（2）采用先进的施工方法和施工工艺，选用性能良好的施工机械设备，并定期对其进行检修保养，以利降低施工区域内的施工噪音，杜绝设备漏油污染地表层事件发生。

（3）在混凝土拆除过程中，采用洒水防尘。钻孔施工实行湿法作业，以减少施工扬尘造成的大气污染，保障工程现场良好的环境。

（4）施工过程中，禁止将废水、废渣、废油直接排入河流中。对施工产生的废水、废渣、废弃的油料和静爆剂等进行严格处理，即施工废水排放至沉淀池，并定期进行清理；施工废渣运至指定的渣场；废油经过过滤后其液体可用作降尘水，油渣作深埋处理。

（5）已经发生化学反应的静态破碎药剂不得放回药剂瓶，也不得随地丢弃。为防止造成污染，应将未反应完成的药剂放在容器内，待化学反应充分完成后，随渣料一起运至渣场。

（6）拆除的混凝土块、砖渣等施工废渣运至指定的弃渣场。运载废渣料的所有车辆加装挡板，限制装料高度，防止漏料污染工区道路。

（7）干旱季节定期对施工区域内的施工场地、施工道路等进行洒水，以减少施工扬尘造成的大气污染，保障工区内的空气质量。

（8）施工现场做到层次分明、有条不紊、堆放整齐。施工现场各种标识齐全，施工组织有序。工程完工后，做到工完场清地净。

3.5　拆　除　安　全　防　护

由于混凝土拆除范围广、拆除工程量大，拆除部分具有薄层、三角体、大块体、不规则体等多种形状，拆除体所处空间位置复杂，拆除体与保留体联系紧密，紧邻周边各种建筑物以及输变电等电器设备，这些都给拆除施工的安全防护带来了很大的难度。

混凝土拆除通常为大坝加高工程的前期施工项目，在工程进度中占用直线工期，不仅需要满足时间进度要求，为大坝加高的后续工作创造有利条件，还必须确保拆除过程中保留体、拆除作业人员、拆除施工机械、周边建筑物及设施的安全。因此，施工安全防护是整个拆除工程中贯穿全员、全过程、全施工部位的一项重要工作。

3.5.1　拆除安全综合措施

1. 一般安全技术措施

（1）建立健全施工安全管理体系，严格按照国家的安全法律、安全规程规范施工。加强安全教育培训，增强职工安全意识，贯彻落实"安全第一、预防为主"的方针，确保实现"安全零事故"目标。

（2）在施工现场建立完善的安全管理网络，形成由项目安全主管责任人、分管责任人、专职安全员、兼职安全员组成的管理网络，明确各级权责，统一布署、统一调度。

（3）实行逐级安全技术交底制，保证有足够的专职安全员在施工现场旁站或巡视等跟踪监督，同时加强施工人员安全生产和安全意识教育，认真开展"班前十分钟"活动，作到有记录、有反馈、有处理意见、有结果。

（4）施工现场所有人员应佩戴安全帽；所有施工人员应着劳保装，穿防滑鞋；高空作业人员还应系好安全带，并将安全带与建筑物锁定牢靠。特种施工人员应有相应证件，持证上岗。

（5）拆除作业前，对机械、电气及各部件的联接部分进行检查，并作好完整记录，现场安排专职维修人员随时进行检查和处理。

（6）严格按规定的程序进行操作，严禁违章作业。安全人员要对施工现场进行巡查，一旦发现安全隐患，及时整改。

（7）施工现场各重要部位设立安全记事牌和安全标识牌，做好危险部位的安全警示。

（8）对不服从安全人员检查、管理，拒不执行安全规章制度的施工人员进行严肃处理，对存在安全隐患的施工部位、工序等及时责令整改。

2. 钢管排架搭设安全技术措施

大坝加高混凝土拆除施工，难以避免高空作业，需搭设钢管排架。为此采取以下安全技术措施。

（1）钢管外径、壁厚等参数都应符合设计要求。有严重锈蚀、弯曲、压扁或裂纹的不得使用。扣件要有出厂合格证明，脆裂、变形、滑丝的不得使用。钢管立杆、大横杆的接头应错开，搭接长度不小于 50cm。

（2）用竹跳板作脚手架板时，需选用满足要求的竹跳板产品，老化、松散、有断裂的产品不得使用。竹跳板需用铁丝牢固绑扎在钢管排架上，纵向搭接处需置于排架横杆上并绑扎牢固，不得有虚搭接头。钢管排架的立杆，应垂直稳放在金属底座上。

（3）在排架的两端、转角处以及每隔一定数量的立杆之间，设置斜撑及支杆。当排架高度较高或无法设支杆时，则在每隔一定高度和水平距离的节点部位设置连杆，使脚手架牢固地连接在建筑物上。

（4）高处作业时，作业区下面不得站人，并安排专人警戒。

3. 坝体混凝土拆除安全技术措施

（1）严格按照爆破设计要求钻孔、装药、联线和爆破，控制单响起爆药量，最大限度地降低爆破振动效应。根据实施效果，不断优化调整爆破参数，确保保留体的质量。

（2）为保护大坝下游建筑物安全，防止飞石，在被拆除的混凝土表面采用塑料或橡胶类的板材或卷材覆盖，上面用砂袋压实。

（3）在规定的时间内实施爆破。爆破时，划定警戒范围，设立警戒标牌，确认警戒无误后再行起爆。

（4）爆破完成后，加强现场安全检查，发现问题及时处理。

（5）根据监测得到的拆除爆破振动安全监测成果，通过优化爆破设计，保障质点振动速度控制在允许的范围内，确保大坝周边设施的安全运行和新浇混凝土的安全。

4. 坝体混凝土静态爆破拆除安全技术措施

（1）在静态破碎剂使用前，确认操作人员对说明书已仔细阅读并理解。

（2）静态破碎剂的运输和存放须防潮，开封后立即使用。如一次未使用完，立即紧扎袋口，需用时开封。严禁静态破碎剂与其他材料混放。

（3）静态破碎剂灌注时，作业人员戴防护手套和防护眼镜。孔内灌注破碎剂后，作业人员应保持安全距离，严禁在注孔区域行走。

（4）在相邻的两孔之间，严禁钻孔与灌注破碎剂同步作业。

（5）在静态破碎剂灌入孔内到混凝土开裂前，不得将面部直接近距离面对已装药的孔口。灌注完成后，盖上柔性覆盖垫，远离灌注点。观察裂隙发展情况时应更加小心。此外，在施工现场备好清水和毛巾，冲孔时如破碎剂溅入眼内和皮肤上，立即用清水冲洗。情况严重者，及时送医院清洗治疗。

（6）在静态爆破施工中，当需要改变和控制反应时间时，可依照规定控制温度加入抑制剂（或促发剂），并按要求配制使用。严禁擅自加入其他任何化学物品。

（7）严禁将静态破碎剂加入水后装入如紧口杯、啤酒瓶等小孔容器中。

（8）刚完成钻进和冲洗的爆破孔，孔壁温度较高。应确定温度恢复正常、符合要求并清洗干净后才能实施装药。

（9）在爆破作业期间，如发生异常情况，应立即停止作业，查清原因并采取相应措施确保安全后，方可继续施工。

（10）无关人员不得进入静态破碎剂作业现场。

5. 闸墩及坝顶梁板结构混凝土拆除安全技术措施

（1）设置交通通道和拆除施工平台。在每个闸墩周围搭设闸墩混凝土拆除施工平台，使平台与坝前交通通道相连接。在拆除坝顶梁板结构时，合理安排拆除顺序，利用人行道板作为施工通道时，在人行道板两侧设置护拦。

（2）拆除作业前，开展安全技术交底，使每一个现场作业人员都清楚安全作业规章制度和安全施工技术要点。

（3）拆除施工用的排架、平台、通道、护栏、安全网等安全防护设施齐全、可靠，以为拆除施工提供安全条件。

（4）在梁板结构拆除前，实施起重作业的设备操作、信号指挥等人员，应了解被拆除件的重量，选择合适的起吊工、机具，熟悉起重机的起重性能，在安全范围内实施拆除作业。

（5）梁板结构起吊前，对起吊工、机具如手拉葫芦、钢丝绳、千斤顶、滑轮、卡环、绳夹等认真检查。发现裂纹、破损、失灵等不符合安全使用要求的不得使用。对原吊点进行认真核查，不能使用时应合理设置起吊点，并检查吊点处捆绑是否可靠，在棱角处应加衬垫。

（6）被拆除的梁板结构重量不得超过起重机的额定起重量，严禁用塔机斜吊、拉吊和拔起被卡住的构件，对于拆除梁板两端头应认真进行处理，直到确认与闸墩完全脱开为止。

（7）坝顶梁板结构起吊拆除后，立即在拆除部位设置挡护。

6. 坝上楼宇建筑拆除安全技术措施

（1）搭设拆除防护平台兼作为施工通道；有序安排人员通行，保证施工人员的通行安全。作业区下面不得站人，加强警戒并派专人负责安全。

（2）严格按照确定的拆除程序，自上而下有序进行，拆除体吊装设专人统一指挥，保证吊装作业安全。

（3）正确使用并合规操作卡环、千斤顶、手拉葫芦等起吊工、机具，选择合适的吊点。

（4）施工现场配备必要的防火器材，动用明火时应注意做好防火工作。

7. 拆除起重作业安全技术措施

（1）操作起重设备进行拆除施工的人员，应了解所操作设备的基本构造、原理，熟悉其性能、规格、保养方法和安全操作规程，持证上岗。

（2）起重设备启动前，检查基础是否牢固和有无障碍物；润滑系统、制动器等是否灵敏、可靠等，在确认没有疑问后，方可启动。塔机等起重设备起吊运行前，进行起动前检查，空载试车，在确认各部件机构、装置、仪表等正常灵敏后，方可投入工作。

（3）起重设备运行中，如遇异常情况，则停车检查。在特殊情况下，操作人员可采取紧急安全措施加以处理。

（4）起重设备必须按铭牌规定的技术参数运行，不应"带病"工作。停机时及时做好检查维修保养工作。各种设备的运行均实行机长负责制，并作好设备台班运行保养记录。

（5）起重设备电源电缆配备转收装置，不得随意放在地面上拖拉，以免损坏绝缘。人工移动电缆时，配戴绝缘手套、穿绝缘靴。

（6）起重设备的行走、回转、变幅、升降、荷载等安全保护装置，应灵敏可靠，并按规定配备，不得利用限制器和限位装置代替操纵机构。使用的起重用钢丝绳符合规范规定；吊钩有防止脱钩的保险装置。

（7）起重设备操作室应防风、防雨、防晒，视线良好，地板铺设绝缘垫，设有门锁、灭火器、灯光信号和通信联系装置等；同时设有专用照明和故障信号、运行操纵警示信号等；露天电气设备装有防雨罩；吊钩、行走部位有明显的警示标志和色标。

（8）起吊重要物件、大件、重件时，应有专项安全措施。用2台及以上起重机共同起吊时，制定专门的安全技术措施。起吊作业时，技术负责人在场指导。

（9）当遇到低温、雷雨、大雪、大雾、大风等不良天气时，应停止起重作业，将吊钩升至最高位置，臂杆落至最大幅度并转至顺风方向，回转机构的制动器完全松开，行走轮用夹轨器夹紧。

（10）严禁在吊物重量超载或不清、视线及指挥信号不明、安全装置失灵、捆绑不牢或不平稳等情况下进行吊运作业。

8. 拆除中防止物体打击安全技术措施

（1）对坝体拆除部位附近的各种设施和结构，为防止飞石、坠物等物体打击，拆除施工前，采用全封闭排架和围挡对四周进行封闭保护；顶部采用防护排架和挂密网防护措施。

（2）在拆除施工范围内的人行通道口等部位设置防护棚，必要时拉警示线对人行通道进行临时封闭。

（3）进行高处平台混凝土拆除前，下方所有受影响范围内工作人员应撤离避让，严禁上下立体交叉作业。

3.5.2　拆除作业的防护

1. 人工拆除防护

人工拆除混凝土时需要做好施工人员的安全防护措施，搭设施工操作平台。人工拆除施工应从上至下、逐层分段进行，不得垂直交叉作业。作业面的孔洞应封闭。

（1）临空面的防护。当作业面四面临空时，防护结构可采用钢管三角架沿垂直墙面悬伸搭设，三角架与垂直墙面之间利用拉条螺杆固定，表面铺设安全平网。丹江口大坝加高主体坝段闸墩混凝土人工拆除临空面的防护如图3.4所示。

（2）操作人员安全防护。在同一作业面上进行施工的人员要保证足够的安全距离，避免凿除的石渣弹起伤人；高空作业时，施工人员必须配戴安全帽、穿防滑鞋并挂上安全带，顶部钢筋未剥离出来时，可将安全带直接挂于操作平台上，钢筋剥离出来后，可直接挂于钢筋上。丹江口大坝加高主体坝段混凝土人工拆除施工作业人员的防护如图3.5所示。

（3）作业区防护。作业区内不允许有非作业人员进入，并在作业区周围设置明显警示标牌或标志。作业区下部的影响区内不得站人，并安排专人警戒。

图 3.4　闸墩临空面的防护

图 3.5　施工作业人员的防护

2. 机械拆除防护

（1）当采用机械拆除时，应从上至下，逐层分段进行；先拆除非承重结构，再拆除承重结构。拆除框架结构建筑，必须按楼板、次梁、主梁、柱子的顺序进行施工。

（2）拆除施工时，应按照施工组织设计选定的机械设备及吊装方案进行，严禁超载作业或任意扩大设备使用范围。供机械设备使用的场地应保证足够的承载力。作业中机械不得同时回转、行走。

（3）进行高处拆除作业时，对较大尺寸的构件或沉重的材料，必须采用起重机具及时吊下。拆卸下来的各种材料应及时清理，分类堆放在指定场所，严禁向下抛掷。

（4）采用双机抬吊作业时，每台起重机载荷不得超过允许载荷的 80％，且应对第一吊进行试吊作业，施工中必须保持两台起重机同步作业。

（5）拆除前，为防止人员进入，保证拆除安全，将所有通向电梯井的廊道出口采用钢制门封闭，对原已有钢门封闭的廊道出口增加门锁。

（6）门塔机吊运拆除防护。

1）在拆除的混凝土吊运前，对门塔机设备及起重机具进行检查，若遇到大风等恶劣天气，严禁吊装运输作业。

2）起吊物件的重量不得超过门塔机的额定起重量，严禁用起重设备斜吊、拉吊和起吊埋在地下或与地面冻结以及被其他重物卡压的物件；严禁在起吊重物上堆放或悬挂零星物件；相邻设备交叉作业时，两极任意部位的最小安全距离为 10m，吊物间的距离不小于 10m，否则，应采取特别措施妥善处理。

3）吊装拆除前，采用测量控制手段对拆除体型进行测量复核，确保拆除轮廓符合要求；确定安全合理的吊装场地和车辆进出路线；检查各捆绑（起吊）点是否可靠，在棱角处应加衬垫。

4）起吊时，应先试吊，待确定安全可靠后方可继续起吊，整个起吊过程应缓慢进行，预防起吊过程中门机大梁的晃动造成不平衡，拆除体滑落；起吊过程应有专人指挥，并设置警戒标志，非作业人员不得进入作业区，作业场地周围如有易燃易爆等危险物品时，要采取可靠的隔离措施。

5）在将拆除体吊入汽车厢斗就位时，应有专人在下方进行引导，预防装车过程中拆除体滑落砸坏汽车或砸伤施工人员。

3. 静裂拆除防护

静态爆破施工应遵守相关操作规程。采用具有腐蚀性的静态破碎剂作业时，灌注人员必须戴防护手套和防护眼镜，防止爆破前"喷孔"对人眼造成损害和其他可能造成的伤害。同时，施工现场的静态破碎剂应及时清理和清除，防止造成环境污染。

根据施工环境温度等现场条件选择合适的破碎剂型号，不得随意进行型号替用。破碎剂严禁与其他材料混放，严禁勾兑其他化学品，不同型号的破碎剂不可混用。破碎剂要存放于干燥场所，严防受潮，拆包后应尽量用完。在不受潮情况下，保存期限为一年。

在相邻的两孔之间，严禁钻孔与注入破碎剂同步施工。孔内注入破碎剂后，作业人员应保持安全距离，严禁在注孔区域内行走。装填钻孔直至裂纹发生前请勿对着孔口直视，以防偶尔发生的冲孔现象伤害眼睛。

静裂拆除时，发生异常情况，应立即停止作业。查清原因并取相应措施确保安全后，方可继续施工。

对于采用静态爆破方法拆除的高处拆除体，施工前先用钢筋网对其进行包裹，并利用钢索拉紧固定，防止拆除体失稳倾倒。丹江口大坝加高主体坝段混凝土栈桥桥墩拆除体的防护如图3.6所示。

图3.6　高处拆除体的防护

4. 控制爆破拆除防护

控制爆破拆除施工时，应对爆破拆除的部位进行覆盖和遮挡，覆盖材料和遮挡设施应牢固可靠。在覆盖和遮挡前，首先用细砂对爆破孔进行填堵，然后在爆破作业面表面采用废旧输送皮带覆盖爆破孔口，其上部用装满沙土的编织袋压盖。这一措施可有效地减少飞石，最终保护近邻建筑物、各类设施、作业人员和施工场地内的设备不受损伤。

爆破拆除采用电力起爆网路和非电导爆管起爆网路。电力起爆网路的电阻和起爆电源功率，应满足设计要求；非电导爆管起爆应采用复式交叉封闭网路。爆破拆除不得采用导爆索网路或导火索起爆方法。

炸药安装前，对爆破器材进行性能检测。试验爆破和起爆网路模拟试验应在专门场所进行。

爆破起爆前，在爆区四周设置安全警戒线，并派专人进行警戒，在确保人员及设备安全的情况下，由现场爆破总指挥发出起爆指令。

爆破起爆后，任何人员不得立即靠近和进入爆区，应间隔 15min 后派专职人员进入爆区检查是否存在哑炮等不安全因素，且排除一切不安全因素后，方可进入爆区进行下道工序。

丹江口大坝加高工程中混凝土拆除作业面防护如图 3.7 所示。

图 3.7　爆破作业面的防护

3.5.3　保留体的防护

对只进行部分拆除的结构物，必须先将保留体加固，再进行拆除体分离拆除。施工中由专人负责监测保留体的结构状态，做好记录。当发现有不稳定状态趋势时，立即停止作业，采取有效措施，消除隐患后方可继续作业。各类拆除方法对保留体的影响及相应防护措施为：

（1）人工拆除法和机械拆除法对保留体和周边设施影响较小，其主要影响表现为可能对保留体产生震动效应，因此，对于有防震要求的保留体，应采取措施将振动效应控制在允许范围内，或者不采用人工拆除法和机械拆除法而另换它法拆除。

（2）静裂拆除过程无震动、无飞石，对保留体不造成损害，但需要注意静裂过程中未能有效控制裂面延展而伤及保留体。

（3）控制爆破拆除如果控制不好，将会对保留体带来较大的影响，如振动、飞石打击等，但可以通过爆破参数的优化来缩小或消除影响。

3.5.4 周边设施的防护

1. 人工拆除防护

人工拆除方法一般采用风镐直接在拆除体上进行逐层凿除，因此产生较多的石渣，施工时应注意防护石渣飞落，避免或减少对周边设施的影响。施工中可采用铺设挡板进行封闭施工，防止石渣飞落至周边建筑物。丹江口大坝加高工程中人工拆除闸墩混凝土，对门槽进行防护如图 3.8 所示。

图 3.8　闸门门槽的防护

2. 机械拆除防护

采用机械拆除方法，是利用机械手段进行拆除和吊运作业，施工过程中，会给周边设施带来震动、落石、噪声、粉尘等有害影响，因此，需要根据具体情况加以防护。如采用线锯拆除坝顶机房，需在机房四周搭设双层排架，内部搭设满堂排架，作为上层楼板拆除的临时防护支撑，防止楼板切割后直接坠落至下层楼板。同时需在机房四周的排架外侧挂设安全密网，防止石渣落下砸伤施工人员。

3. 静裂拆除防护

采用静裂拆除时，作业过程中只要精心控制，就将会很少甚至不会对周边设施带来影响。但为避免意外事故的发生,可在周边的邻近建筑物搭设垂直防护排架。丹江口大坝加高工程中采用静裂拆除方法拆除混凝土时对电站厂房的防护如图3.9所示。

图3.9 电站厂房的防护

4. 控制爆破拆除防护

控制爆破拆除易产生振动、飞石、粉尘等爆破危害,对周围环境产生一定损伤或影响,因此,必须对周边设施进行防护。

(1)近邻建筑物防护。对于紧邻拆除部位的周边建筑物,采取垂直围挡防护措施,即沿建筑物的外立面搭设钢管排架,在钢管排架外侧悬挂竹跳板,钢管排架每隔一定距离与建筑物外墙用膨胀螺栓固定。这一措施可有效避免飞石对建筑物及其内部设备的损坏。丹江口水电站厂房载波楼在大坝混凝土拆除施工期间的防护如图3.10所示。

图3.10 厂房载波楼的防护

（2）设置防护屏障。为进一步增大邻近建筑物的安全防护裕度，在建筑物与控制爆破拆除部位之间再增设一道垂直防护排架，并在面向拆除部位的方向利用竹跳板固定在钢管排架上形成屏障，可更妥善地保护建筑物及内部设备的安全。

采用定向爆破拆除时，爆破拆除设计应控制建筑倒塌时的触地震动。必要时在倒塌范围铺设缓冲材料或开挖防震沟。

3.6　本　章　小　结

本章系统分析了大坝加高混凝土施工中混凝土控制拆除的重要性、前提条件和技术要求，总结了现有各类拆除技术的优缺点、适用条件及控制拆除中的主要防护措施，并重点对机械拆除法、静裂拆除法、控制爆破拆除法的各项技术难点进行了深入研究，获得了多项技术难点的创新突破，并提出了各类拆除方法的发展方向。与此同时，总结、研究并提出了拆除施工的一系列质量控制、环境保护及安全防护措施与方案。

在混凝土拆除施工方法、工艺和设备的创新突破中，研制发明了爆破孔钻孔导向器、钢制锚杆外对中支架、混凝土坝内排水管成孔器等可保障高精度、高效率的施工机具，为控制拆除提供了必要条件。改进和优化了盘锯、链锯切割技术、静裂爆破技术等，实现了对混凝土保留体的零损伤拆除，具有工效高、成本低、成型质量好等综合效果。

无损伤、高精度、高效率的混凝土控制拆除施工技术可广泛应用于混凝土大坝加高、混凝土建筑改扩建等类型的施工作业中，为大坝加高混凝土施工创建了一套保留体完好、外型符合要求、快速、经济、安全、环保的老混凝土拆除技术。

第4章 新老混凝土结合技术

4.1 概　　述

新老混凝土结合是指在老混凝土（即原有混凝土）基础上浇筑新混凝土所构成的结合面之间全部连接的作用和效果的总称。该结合面可以是平面、曲面或不规则面，其空间状态可以是水平面、垂直面、斜面或扭曲面，根据结构需要进行设计计算确定或通过试验选定。其连接作用主要包括啮合、锚固、黏结以及分子作用等。

新老混凝土结合是坝工界长期以来未能较好解决的关键难题之一，也是大坝加高混凝土施工不可回避、不可逾越的核心技术难题，如果新老混凝土结合达不到理想状态，将给大坝加高建设带来致命的不足和隐患。

4.1.1 总体思路及目标

新老混凝土之间的结合的构成主要包含 3 个层区：老混凝土体、新混凝土体、新老混凝土界面结合层区。老混凝土体的性能随着运行经年固化已无法改变，只能改变其外形形状。而新混凝土体的自生体积变形、弹性模量等各项性能与老混凝土之间均存在较大差别，使得新老混凝土难以直接结合紧密。因此，只有通过利用新老混凝土界面形成的增强结合层区即黏结区来解决两者紧密结合的难题。

影响新老混凝土结合面性能的因素主要有老混凝土的性能、老混凝土表面粗糙度、老混凝土表面的结构的破坏情况、界面剂的性能、新浇混凝土的性能、结合面的受力状况、施工工艺等，其中老混凝土表面粗糙度 H 是重要因素，采用合适的界面剂将极大地改善新老混凝土结合面的性能。研究表明，下列原因可导致新老混凝土界面的结合强度较低：

（1）老混凝土中的水泥已近完全水化而失去活性并不再有体积收缩，但新浇混凝土自浇筑之后一段时间内体积一直在收缩，因此在结合层区的混凝土中形成了复杂的内应力，致使该区的新混凝土内存在裂纹；复杂的内应力和裂纹将影响结合层区混凝土的力学性能。

（2）结合层区的混凝土不同于整体浇筑的混凝土，整体浇筑的混凝土是由水泥浆体产生强度并将骨料黏结起来的。新老混凝土结合面处往往是新浇混凝土泌水、排气的集中处，该处与混凝土内的胶浆包裹的骨料周围存在的水囊类似：孔隙多、不密实、水胶比大，界面区具有晶体粗大、粗大晶体（C-H、Aft）多且具有取向性、孔隙多、孔隙大的特点。

根据新老混凝土结合的特点，全面试验、研究新老混凝土结合的抗折、抗拉、复合受力等各项性能，在此基础上建立结合模型，研究结合机理，为制定新老混凝土结合面增强结合的解决方案提供理论依据。然后，在结合模型和结合机理的理论指导下，根据加高工程的实际需要，研究提出增强结合的解决方案，分析方案实现的关键技术，并针对各项关键技术开展深入研究，最终彻底攻克新老混凝土结合的技术难题。

随着新老混凝土结合难题的解决，将使新混凝土体与老混凝土体融为一体达到联合受力状态，共同承担大坝加高后的各种荷载，两者协同工作，并行发挥作用，从而为大坝加高建设的广泛推行提供强有力的技术支撑。

4.1.2 研究内容

新老混凝土结合技术的主要内容包括：结合性能及结合机理研究、增强结合的解决方案研究以及在此基础上研发的人工键槽成型技术、界面锚固技术及界面密合技术等。

针对长龄期老混凝土特性，特别是针对新老混凝土结合的各项性能和黏结机理开展研究，从微观的黏结力形成机理到宏观的黏结面抗折、抗拉、抗剪、复合受力、断裂、收缩乃至长期动力性能，深入进行系统试验研究，寻求新老混凝土结合的基本规律和增强结合的有效技术途径，为新老混凝土结合技术的研究和实施打下基础。

基于结合性能和机理研究成果，全面制定增强结合的解决方案。方案措施的研究从三个方面入手：结构方面、材料方面和其他综合方面。结构方面有如表面加糙、结构表面改换、增设锚固体系等；材料方面有如研究新型界面材料、界面混凝土等；综合方面有如多种方法的综合应用、实施过程的管理优化等。

新增大型人工键槽是重点研究的解决方案之一。它以结构性的措施，颠覆了常规技术中进行凿毛处理以解决咬合力问题的设计思路，这种大型键槽对结合面咬合力和抗剪性能将比普通凿毛处理和插筋处理呈数量级倍增，对改善大坝坝体应力传递起到了很好的作用。通过开展大量的分析研究和比对试验，寻求新的高效的人工键槽施工方法，其施工效果较常规切割、静裂爆破、机械凿除等方法相比，工效高、成本低、成型质量好。

界面锚固技术的研究着重从三个层面开展：一是单一锚固构件的复合效能研究，通过对锚固构件所穿过的沿程结构特性，个性化地设置传力带，以最大限度地发挥构件单体效能；二是锚固构件布设的复合体系，可以与结合面的受力分布高度地匹配，以发挥体系的效能；三是锚固技术与其他增强技术的复合作用，形成互补效应和叠加效应。

基于国内外现有的新老混凝土界面材料存在的各种不足，以丹江口大坝加高工程为依托，以相关机理研究成果为指导，研制全新概念的界面密合剂，以代替已有技术中普通砂浆、水泥净浆和普通界面胶或界面剂。要求这种全新的界面密合剂具有可操作时间长、早期黏结强度高、后期黏结强度稳定发展、结石体的弹性模量和线胀系数与混凝土接近、抗侵蚀性强、耐久性高、对人和环境无毒害、施工方便、成本低等优点，尤其适合大坝混凝土等高难施工环境的施工。

此前，鉴于新老混凝土结合问题没有得到较好解决，大多数加高工程在设计阶段为安全起见，采用了按结合面开裂工况进行设计。通过上述新老混凝土结合技术的研究，以期很好地解决新老混凝土结合问题，使得新老混凝土黏结紧密牢固，保证新老混凝土联合受力，为按结合面共同受力工况进行设计提供保证，在保障工程的安全系数的前提下，对优化结构设计、节省工程成本起到重要作用。

以上主要内容将在后面各节中分别加以叙述。

4.2　结 合 机 理 研 究

新老混凝土结合的实质在于保证新老混凝土之间的良好结合、联合受力并共同发挥作用。而实现这一目标的关键在于提高新老混凝土结合部位的各项受力和变形性能，并通过新老混凝土结合模型和机理的研究，为新老混凝土增强结合的解决方案和施工提供理论指导和技术创新方向。

4.2.1　结合性能研究

4.2.1.1　结合的抗折性能

1. 试验方法

新老混凝土黏结试件在成型前对老混凝土面进行了深度凿毛处理，让粗骨料露出 50%。试件抗折试验在 2000kN 压力试验机上进行，图 4.1 为加载示意图，试验按照 GB/T50081《普通混凝土力学性能试验方法》的步骤进行。

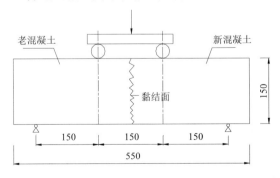

图 4.1　新老混凝土黏结抗折试验加载示意图（单位：mm）

2. 抗折强度计算

新老混凝土黏结抗折强度按式（4.1）计算：

$$f_{at} = \frac{PL}{bh^2}$$

（4.1）

式中　　f_{at}——抗折强度，MPa；

P——破坏荷载，N；

L——支座间距，mm；

b——试件截面宽度，mm；

h——试件截面高度，mm。

3. 主要结论

（1）采用水泥浆类界面剂，包括同混凝土配比的水泥净浆、同混凝土配比的快硬铁铝酸盐水泥浆、掺 10%U 型膨胀剂的水泥浆等，都能不同程度地提高黏结抗折强度。

（2）纤维混凝土对新老混凝土黏结抗折强度有一定的提高。

4.2.1.2　结合的抗拉性能

1. 试验及计算方法

新老混凝土黏结抗拉强度应由轴心抗拉（轴拉）试验求得，但这需要专门的加载设备，且试件的制备和试验技术较为复杂。若采用简单易行的新老混凝土黏结劈裂抗拉（劈拉）试验（见图 4.2），将得到的黏结劈拉强度乘以一转换系数 k，便可换算为黏结轴拉强度。为此，对近百件新老混凝土黏结试件进行了劈拉和轴拉两种试验，以探索其间的关系。

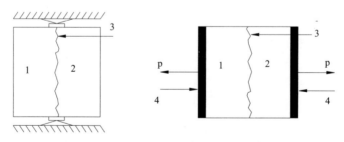

（a）黏结劈拉试验　　　　　　　　　　（b）黏结轴拉试验

1—老混凝土；2—新混凝土；3—黏结处理面；4—钢板加载块

图 4.2　新老混凝土黏结抗拉试验示意图

劈拉试验在 2000kN 压力试验机上进行，试件采用新、老混凝土各半的 150mm×150mm×150mm 的立方体试块。加载情况如图 4.2 所示。

黏结劈拉强度近似按式（4.2）计算：

$$f_{ts,a} = \frac{2P}{\pi A} = 0.637\frac{P}{A} \tag{4.2}$$

式中　$f_{ts,a}$——黏结劈拉强度，MPa；

　　　P——破坏荷载，N；

　　　A——试件劈裂面面积，mm^2。

2．主要结论

（1）高压水冲毛法、人工凿毛法劈拉试件和人工凿毛法轴拉试件在粗糙度 H 分别为 0.5～2.8mm、1.2～4.7mm 和 1.2～3.9mm 时，其对应的黏结强度随 H 的增加而增大。在一定的 H 范围内，随黏结面粗糙度的增加，新老混凝土的结合接触面积和机械啮合力增大，从而提高了结合强度。

（2）采用高压水冲毛法处理结合面，新混凝土浇筑方式为水平向黏结试件的劈拉强度高于竖直向黏结试件。前者为老混凝土劈拉强度的 64.1%～75.5%，后者则为 62.9%～73.1%。

4.2.1.3　结合的复合受力性能

1．试验情况

（1）立方体试件的拉剪受力。图 4.3 为 H 及拉应力对剪应力 τ 的影响。由图 4.3 可见，拉应力 σ 相同时，随粗糙度 H 增大，τ 增大。当 H 相同时，随 σ 增大，τ 下降显著，虽拉应力 σ 为 0.88MPa 时有所反复，但考虑到试验数据的离散性和整体情况，总的趋向仍较明显。

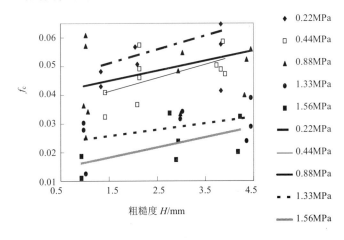

图 4.3　H 及拉应力对剪应力的影响

根据试验数据的统计分析，可得新老混凝土黏结拉剪破坏强度公式如下：

$$\frac{\tau}{f_c} = 0.0453 + 0.0033H - 14.9544\left(\frac{\sigma}{f_c}\right)^2 \tag{4.3}$$

（2）立方体试件的压剪受力。图 4.4 为立方体试件压剪受力时 H 及压应力 σ 对剪应力 τ 的影响。从图 4.4 可知，剪应力随黏结面 H 的增大而增大。压应力低于 8MPa 时，增长趋势平缓，表明 H 对剪应力的影响不大。压应力大于 8MPa，随压应力的增大，H 的变化对剪应力的影响逐渐增大。分析可得，压应力有一分界线，在其之上，较大的 H 更有利于新老混凝土之间产生较大的骨料啮合力，从而得到较高的黏结抗剪强度。

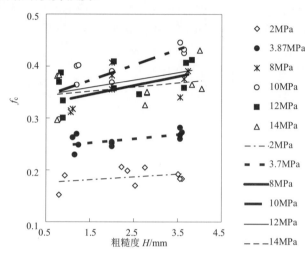

图 4.4　H 及压应力对剪应力的影响

由试验结果可得新老混凝土黏结的压剪强度公式为

$$\frac{\tau}{f_c} = 0.0466 + 2.1168\frac{\sigma}{f_c} - 3.7683(\frac{\sigma}{f_c})^2 + 0.0047H + 0.1227(\frac{\sigma}{f_c})^2 H \quad (4.4)$$

（3）Z 型试件的拉剪受力。Z 型黏结试件的拉剪破坏从黏结面断开，见图 4.5（a）。为测得整体 Z 型试件在断开截面的拉剪复合受力性能，需采取粘贴钢板的加强措施。从图 4.5（b）新混凝土 Z 型整体试件的拉剪破坏形态图可见，让破坏发生在同黏结试件相应的位置断开截面，便可将黏结试件和整体伴随试件进行对比。

（a）黏结试件　　　　　　　　（b）新混凝土整体伴随试件

图 4.5　Z 型试件拉剪破坏形态

拉剪破坏时的拉、剪应力分别按式（4.5）和式（4.6）计算：

$$\sigma = T / A \tag{4.5}$$

$$\tau = V / A \tag{4.6}$$

式中　　　A——AA' 截面的面积，为 100mm×100mm；

　　　　　T、V——拉和剪的破坏荷载；

　　　　　σ、τ——拉剪破坏时的拉应力和剪应力。

2. 试验主要结论

（1）根据新老混凝土立方体黏结试件的拉剪试验，当 H=0.933～4.444mm 时，归纳得出黏结拉剪强度公式。剪应力随 H 的增大而增大。当 H 相同时，抗剪强度随拉应力的增大呈显著降低趋势。直剪、单拉强度都随 H 和新混凝土强度的增大而增大，直剪强度为（0.0484～0.0600）f_c，单拉强度为（0.0569～0.0633）f_c。

（2）根据立方体黏结试件的压剪试验，当 H=0.756～4.044mm 时，归纳得出黏结压剪强度公式。黏结抗剪强度随 H 和新混凝土强度的增大而增大。当压应力大于 8MPa，H 对黏结剪应力的影响变大。压应力达到（0.2880～0.3235）f_c 时，黏结剪应力达到最大值（0.3550～0.4080）f_c。在此压应力之前，黏结剪应力随压应力的增大而增大，其后则随压应力的增大而减小。

（3）为尽量减小受剪时导致的压应力集中和附加弯矩，选用 Z 型试件。Z 型黏结试件拉剪受力时均在黏结面处破坏。从 Z 型黏结试件和其整体伴随试件的破坏形态和破坏强度的对比可见，结合面为一薄弱环节，黏结试件较整体试件的拉剪强度有明显降低，并得出拉剪破坏的剪应力和拉应力的关系。

4.2.1.4　结合面剪切强度的塑性极限分析

在复杂应力状态下，新老混凝土结合层受到的两种典型作用是拉剪作用与压剪作用，此时结合层的结合强度至关重要，其拉剪强度与压剪强度就成为控制指标。由于结合层区是由老混凝土侧影响区和界面增强措施如表面键槽、锚固系统、界面剂等组成的一个复杂组合体，其结合剪切强度就与老混凝土结合面打毛处理方式、粗糙度、键槽形式、锚固系统布置、界面剂材料等多种因素有关，与整体混凝土相比具有一定的差异。

整体混凝土的剪切强度与垂直于剪切面上作用的正应力有关：当正应力为拉应力时，随拉应力增大，剪切强度逐步减小；当正应力为压应力时，剪切强度的变化比较复杂，在低压应力范围内，剪切强度随压应力的增加而提高，当压应力高至一定程度时，剪切强度却又随压应力的增加而降低。通过对结合面在拉剪与压剪作用下的强度变化规律的试验研究，得出了与整体混凝土一致的变化规律。

1. 剪切试验方法

黏结剪切试验在三轴试验机上进行，采用标准立方体试件。黏结面设在试件中间，在平行于黏结层的方向作用剪力，在垂直于黏结层的方向施加拉力或压力

（见图 4.6）。老混凝土强度为 24.8MPa，新混凝土实际强度在 36.6～50.0MPa 范围内变动。老混凝土黏结面为人工凿毛面，H 采用平均灌沙深度衡量，数值在 0.756～4.444mm 之间。界面剂采用水泥净浆。

试验时，压力或拉力先加至某一个值，然后逐步施加剪力，直到黏结层破坏。当压力或拉力取不同数值时，就可得到黏结层一系列的拉剪强度值与压剪强度值。

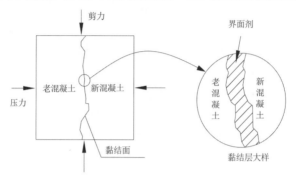

图 4.6 新老混凝土黏结压剪试验示意图

2. 塑性极限分析

（1）破坏模型。观察剪切破坏面可以发现，破坏面多出现在结合面混凝土和新混凝土或老混凝土的黏结面上，同时伴有结合面混凝土横断现象，但也有少量破坏面是发生在新混凝土或老混凝土内。除此之外，新混凝土和老混凝土界面上都有不同程度的松动块，甚至还有混凝土碎屑。

根据上述破坏形态，建立黏结层的剪切破坏模型如图 4.7 所示。图 4.7 中，混凝土 Z_1、混凝土 Z_3 分别代表老混凝土和新混凝土，混凝土 Z_2 代表结合层区混凝土；试件在达到极限状态时由 4 部分组成，V_1、V_4 为刚性体，V_2、V_3 为塑性体；SD 是黏结层面，但是厚度为零，且也是速度间断面，并具有 β 和 γ 两个速度折减系数。

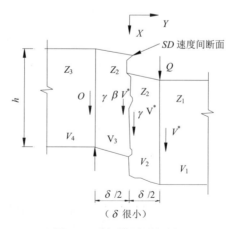

图 4.7 破坏模型示意图

（2）结合面剪切强度上限解的分析。计算设定 β 是一个 0≤β<1 的速度折减系数，当另一个速度折减系数 γ ∈(0,1]时，则图 4.7 中的 SD 面将保证是一个速度间断面。当老混凝土结合面粗糙度较大时，β 也应较大，也即在图 4.7 的塑性体 V_2、V_3 上将消耗较多的内功，此时，SD 面上的间断速度值较小，其上消耗的内功较小。反之，当混凝土结合面粗糙度较小时，上述结论相反。

当 β 取极限于 1 时，则 SD 面将不是速度间断面，说明结合面混凝土与新、老混凝土结合的强度相当高。此时对应的破坏模型也可以认为是一种极限状态，不过由其得到的上限解要低于有速度间断面 SD 时的上限解。

当 β 取极限于 0 时，则 SD 面将完全是速度间断面，说明结合面混凝土与新、老混凝土结合的强度非常低。此时对应的破坏机构仅是一条速度间断面，新老混凝土结合层的剪切强度完全由结合面混凝土控制。

3. 主要结论

根据试验资料，采用塑性极限分析的方法，对新老混凝土结合的剪切强度的影响因素进行深入分析，结果表明，适度的结合面 H 值有利于提高其剪切强度，但如果 H 过小或过大，都将不利于提高新老混凝土结合的剪切强度。

4.2.1.5　结合的收缩性能

在工程实践中，常常发生加高混凝土出现裂缝或新老混凝土黏结面开裂的情形，其原因是老混凝土龄期较长，收缩变形已趋稳定，从而约束新混凝土的自由收缩，使新混凝土内部出现拉应力，而使新老混凝土结合面内出现剪应力。

1. 试验方法

混凝土试件采用 100mm×100mm×515mm 柱体，并掺入钢纤维材料成型试件作对比，试件形状如图 4.8 所示。

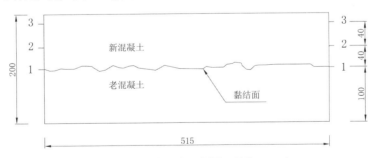

图 4.8　约束收缩测量示意图（单位：mm）

根据 DL/T5150《水工混凝土试验规程》，在相对湿度 60%±5%，温度 20±3℃ 的条件下，用手持应变仪测量试件的收缩。

2. 试验结果

采用混凝土自由收缩测量数据拟合得到式（4.7）：

$$\varepsilon_{csh}(t) = \frac{t}{34.62 + 2.322t} \times 10^{-3} \qquad (4.7)$$

相关系数 r=0.978，标准离差 s=0.0461×10^{-3}。掺钢纤维混凝土的拟合式可类似得出。

利用式（4.7）可以计算出普通混凝土的极限收缩值和各时刻的收缩值，再结合由材料性能试验得到的新老混凝土的抗压强度和弹性模量，以及其他的材料参数和试件的几何尺寸，就可由推导式计算出在各时刻的由于老混凝土约束作用所产生的力 $F(t)$ 和新混凝土横截面上黏结面处的拉应力值（见表4.1）。试验观察没有发现新混凝土开裂，说明新混凝土中产生的拉应力小于新混凝土的抗拉强度。

表4.1　各时刻黏结面的收缩合力和新混凝土横截面上黏结面处的拉应力

新混凝土的龄期 t/d	$F(t)$/N	黏结面处的拉应力/MPa
3	1245.6	0.498
7	2250.0	0.900
14	3258.5	1.303
21	3830.9	1.532
28	4193.9	1.678
60	4890.7	1.956
90	5093.2	2.037
120	5174.1	2.070

3．主要结论

（1）老混凝土对新混凝土的约束作用是随时间而增长的，当时间到达新混凝土的自由收缩接近停止的时候，约束产生的应力达到稳定且最大。

（2）黏结试件中，新混凝土横截面的拉应力在靠近黏结面的位置最大，随着远离黏结面，拉应力逐渐变小，至某一位置时变为零（即在应变等于自由收缩值的位置），再远离黏结面，拉应力开始变为压应力。

（3）由于老混凝土的限制作用，新混凝土产生约束收缩变形，在新老混凝土黏结面上产生剪应力，如果黏结性能较差，就会引起黏结面的开裂。

（4）钢纤维混凝土和普通混凝土所受到的约束作用是基本相同的，但由于前者的抗拉性能优于后者，所以采用前者是合适的。

4.2.1.6　结合的断裂性能

1．试验方法

采用 150mm×150mm×550mm 和 150mm×150mm×700mm 两种尺寸试件，

新老混凝土黏结面位于跨中,相对缝深为 0.3。选择老混凝土界面 H、界面剂类型、骨料类型及粒径各不相同的试件进行对比。

按照国际材料和结构试验室联合会(RILEM)试验标准,用带切口的三点弯曲梁进行新老混凝土黏结断裂性能试验,如图 4.9 所示。

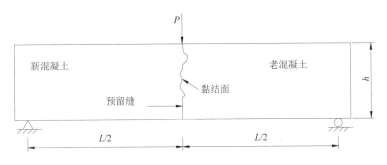

图 4.9　黏结断裂试验示意图

2. 试验及分析

(1) H 对黏结断裂韧度的影响。当新老混凝土强度等级分别为 C45 和 C40、界面剂为水泥净浆、粗骨料最大粒径为 20mm 时,随黏结面 H 的增大,新老混凝土黏结断裂韧度明显提高,但仍明显低于新混凝土整体的断裂韧度。如图 4.10 所示,新老混凝土黏结断裂韧度为新浇混凝土整体断裂韧度的 12.54%～54.60%。

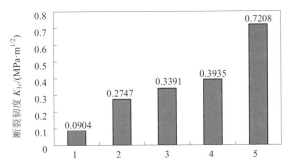

1—光面;2—人工轻凿面;3—自然断开面;4—断开轻凿面;5—新混凝土整体
图 4.10　不同 H 的新老混凝土黏结断裂韧度与新混凝土整体断裂韧度对比图

(2) 界面剂对黏结断裂韧度的影响。当新老混凝土强度等级分别为 C40 和 C35、黏结面 H 为断开轻凿面、粗骨料最大粒径为 20mm 时,随界面剂种类的不同,新老混凝土黏结断裂韧度相应改变,但都明显低于新混凝土整体的断裂韧度。如图 4.11 所示,新老混凝土黏结断裂韧度为新混凝土整体断裂韧度的 47.26%～55.46%。

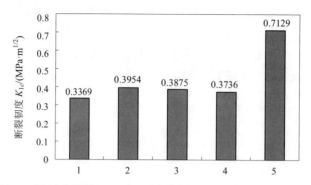

1—无界面剂；2—水泥净浆界面剂；3—水泥砂浆界面剂；4—U 型膨浆界面剂；5—新混凝土整体

图 4.11　不同界面剂的新老混凝土黏结断裂韧度与新混凝土整体断裂韧度对比图

与不涂刷界面剂相比，无论采用试验条件下的何种界面剂，均能提高新老混凝土黏结断裂韧度，提高的幅度随界面剂种类的不同而相应变化。

（3）粗骨料最大粒径对黏结断裂韧度的影响。粗骨料最大粒径对新老混凝土黏结断裂韧度的影响见图 4.12。

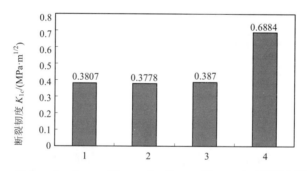

1— $D_{max}=10\text{mm}$ ；2— $D_{max}=20\text{mm}$ ；3— $D_{max}=30\text{mm}$ ；4—新混凝土整体伴随试件

图 4.12　粗骨料最大粒径对新老混凝土黏结断裂韧度的影响

由图 4.12 可知，新老混凝土强度等级分别为 C35 和 C30、黏结面 H 约为灌砂平均深度 11.5mm、界面剂为水泥净浆，当粗骨料最大粒径在 10～30mm 范围内时，新老混凝土黏结断裂韧度随粗骨料最大粒径的不同而有所变化，但变化幅度较小，只有 2.4%左右。由此可认为，粗骨料最大粒径对新老混凝土黏结断裂韧度无明显的影响。

（4）龄期对黏结断裂韧度的影响。各黏结龄期新老混凝土黏结断裂韧度与同期新混凝土整体断裂韧度的对比如图 4.13 所示。从图 4.13 中可知，其比值随黏结龄期增大的变化幅度不大。

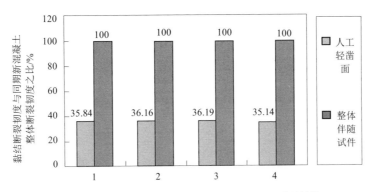

1—黏结龄期 30d；2—黏结龄期 60d；3—黏结龄期 90d；4—黏结龄期 180d

图 4.13　各黏结龄期新老混凝土黏结断裂韧度与整体混凝土断裂韧度的对比

（5）试件尺寸对黏结断裂韧度的影响。当其他条件均不变时，成型 2 组跨度不同的试件进行试验，试验结果如图 4.14 所示。

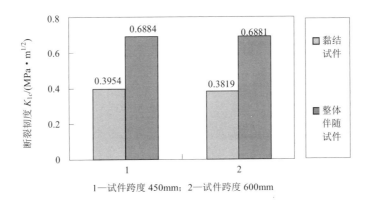

1—试件跨度 450mm；2—试件跨度 600mm

图 4.14　断裂韧度与试件跨度关系图

从图 4.14 中可以看出，无论对新老混凝土黏结试件还是新混凝土整体试件，随试件跨度的增大，断裂韧度相应降低，但降低的幅度很小，黏结断裂韧度降低了 3.41%，整体断裂韧度降低了 2.95%。由此可认为，试件跨度变化对断裂韧度的影响可忽略不计。

（6）混凝土强度对黏结断裂韧度的影响。各因素组的混凝土强度等级均按同一原则设计，即新混凝土比老混凝土高一个等级。在相同的 H 和界面剂条件下，混凝土强度等级对黏结断裂韧度的影响如图 4.15 所示。

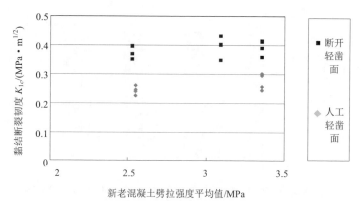

图 4.15　新老混凝土劈拉强度平均值与黏结面断裂韧度的关系

由图 4.15 可知，新老混凝土黏结断裂韧度与新老混凝土劈拉强度平均值有相关关系。随混凝土强度的增大，黏结断裂韧度有较小幅度的提高。当新老混凝土黏结劈拉强度提高 32%时，黏结断裂韧度提高 4.2%。

3．主要结论

试验成果的综合分析表明，影响新老混凝土黏结断裂韧度的主要因素中，显著程度依次为 H、界面剂、黏结龄期、混凝土强度及粗骨料最大粒径。

4.2.2　结合模型与结合机理

经过对新老混凝土结合的抗折、抗拉、复合受力、剪切强度的塑性极限、收缩、断裂等各项性能的试验与研究，发现了新老混凝土结合的一系列特征、规律及各相关因素的影响作用，在此基础上，即可建立新老混凝土结合模型，并得出新老混凝土结合机理。

1．结合模型的创建

围绕着新老混凝土结合模型的建立，不少学者进行了大量的研究工作，并先后提出了一些相关模型。

Emmons P H 等人提出了一种三区结合模型，分别为老混凝土区、界面区、新混凝土区。还有学者把三区结合模型分为扩散区、强效应区和弱效应区。

本技术体系则研究提出了新老混凝土"双界面—多层区"结合模型，如图 4.16 所示。

在新老混凝土"双界面—多层区"结合模型中，老混凝土处理面 $C1$ 和新混凝土结合面 $C2$ 构成了结合的双界面结构；而多层区结构则由老混凝土区 $Z1$、结合层区 $Z2$（包括老混凝土侧影响区 $Z2\text{-}1$、结合面黏结区 $Z2\text{-}2$）、新混凝土区 $Z3$（包括界面混凝土区 $Z3\text{-}1$、新混凝土区 $Z3\text{-}2$）所组成。

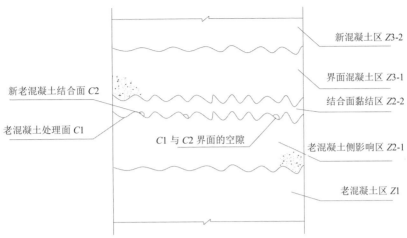

图 4.16　新老混凝土"双界面—多层区"结合模型

分析新老混凝土结合抗折强度的试验结果表明，老混凝土面增糙处理对于新老混凝土增强结合的效果是显著的，人工凿毛处理面的结合抗折强度比光面的结合抗折强度提高了 1.5 倍。在宏观层次上，老混凝土表面由于经过处理具有一定的凸凹度。在细观层次上，老混凝土表面也有不少孔穴，包括浇筑老混凝土时留下的气泡孔、水泥水化生成的气孔、大量的毛细孔和胶凝孔，这些孔穴大小不一，构成了老混凝土表面在细观层次上的凸凹变化，如图 4.17 所示。

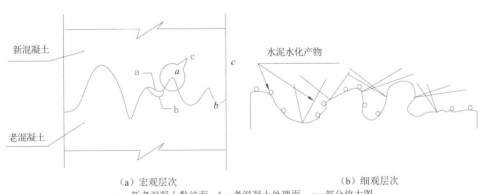

（a）宏观层次　　　　　　　　　　　　　（b）细观层次

a—新老混凝土黏结面；b—老混凝土处理面；c—部分放大图

图 4.17　新老混凝土结合面细观结构

在图 4.16 的模型中，$C1$ 线的位置为老混凝土处理面，新老混凝土结合面是 $C2$ 线所示的位置。当进行新老混凝土结合施工时，新混凝土浇筑于老混凝土处理面 $C1$ 上，新老混凝土结合面 $C2$ 和老混凝土处理面 $C1$ 是不完全重合的。这是由于 $C2$ 界面与 $C1$ 界面之间存在一些微细的缝隙，这些缝隙的存在，使结合区变得多孔且薄弱，降低了新老混凝土的结合性能。这些缝隙可能由以下原因造成：

（1）浇筑新混凝土时，若遇有老混凝土处理面上的灰尘、明水、气泡、油渍等杂质杂物的存在，将会造成 $C2$、$C1$ 界面之间的缝隙。

（2）施工振捣不精细、不到位造成 $C2$、$C1$ 界面之间的缝隙。

（3）由于新老混凝土结合的接触几何尺寸效应，当新混凝土浇筑于老混凝土处理面上时，仅有水泥颗粒的边缘与硬化的老混凝土接触，虽然水泥水化产物 C-S-H 在原来的水泥颗粒上迅速生长，形成外环反应，但外环反应生成物交织在一起，仍填不满 $C2$、$C1$ 界面之间的空间，造成了 $C2$、$C1$ 界面之间的缝隙。

（4）老混凝土处理面 $C1$ 上存在微细的孔穴，包括气泡孔、气孔、毛细孔、胶凝孔等，当水泥颗粒及其水化产物不能充填这些孔穴时，即造成 $C2$、$C1$ 界面之间的孔隙。

结合层区 $Z2$ 是包含双界面及其间缝隙，同时还影响并渗透一部分老混凝土的区域，这种独特的界面结合层区结构，使黏结试件的力学性能不同于原本整体混凝土情况下的力学性能。

综上所述，控制 $C2$、$C1$ 界面之间的缝隙，使结合层区结构密实，是改善新老混凝土结合性能的关键和根本所在。

在浇筑老混凝土时留下的气泡孔、水泥水化留下的气孔、干缩形成的微裂缝，比起毛细孔、胶凝孔来是更大的孔穴，在老混凝土处理面 $C1$ 上涂刷一层同混凝土配比的水泥净浆，可以避免新混凝土中的水泥浆渗入到这些孔穴中之后，使新混凝土中的水泥浆变少，在黏结面处的新混凝土中出现孔隙。黏结抗折试验结果表明，涂刷同混凝土配比的水泥净浆的黏结抗折强度高于不涂刷的情况。

新混凝土区 $Z3$ 由界面混凝土区 $Z3\text{-}1$ 和新混凝土区 $Z3\text{-}2$ 所组成。界面混凝土区 $Z3\text{-}1$ 是一个缓冲过渡区，采用超缓凝且后期强度增长迅速的高性能混凝土，其各项性能介于新、老混凝土所相应的各项性能之间，形成了梯次承接，可有效减少或避免新老混凝土由于性能差异导致变形不协调而产生的结合面和新坝体的裂缝。

在界面混凝土区 $Z3\text{-}1$ 中掺入钢纤维，其配合比与普通混凝土相比，水泥用量增大，砂率增大，水灰比减小，粗骨料用量减小。由于水泥水化产物 C-S-H 凝胶和钙矾石是针状和毛刺状的，可以辐射生长进入老混凝土的毛细孔中，产生机械啮合力。当水泥用量增大时，这种作用进一步加强。同时，粗骨料用量减少，小粒径的水泥和砂的用量增大，有利于密实结合层区结构，从而减小图 4.16 宏观层次上 $C2$、$C1$ 界面之间的缝隙。这就是在试验中得到的掺钢纤维的新混凝土的黏结抗折强度高于普通新混凝土的原因。

新混凝土区 $Z3\text{-}2$ 为全新加高浇筑的混凝土区，其各项性能的设计以尽可能接近老混凝土的性能为宜。

2. 结合机理

在新老混凝土结合的设计与施工中，对老混凝土结合面进行凿毛处理，并使用适当的界面剂，是常用的方法。此时新老混凝土的黏结抗拉强度、黏结抗折强度及黏结抗剪强度等，与整体混凝土的相对应的强度相比，在微观机理和宏观数量上，均表现出明显不同。对整体混凝土而言，由于水泥的化学胶凝作用，砂、石被胶结为一体，构成强度较高的分散复合材料——"水泥石"。而对新老混凝土结合来讲，在新混凝土浇筑时，老混凝土中的水泥水化过程一般已基本完成，新老混凝土之间的结合主要依靠机械啮合力与范德华力，其连接较弱，是一薄弱环节，新老混凝土可作为叠层复合材料看待。

当结合层成为类似于叠层复合材料时，其内部会存在着许多不利于黏结的因素。新混凝土浇筑之前，老混凝土粘结面除凿毛之外，还需要浸水。浸水饱和程度对黏结强度有一定影响。浸水不足时，老混凝土将从新混凝土中吸收水分，如果结合面附近的新混凝土失水过多，那么这部分的水化反应将不充分，影响黏结强度。当浸水充足时，老混凝土结合面上的粗骨料将同新混凝土中的骨料一样，周围将形成一薄层水膜，即"水膜包裹层"。在"水膜包裹层"内，水灰比高，水化晶体尺寸大，结构疏松，成为低强区。由于新混凝土中的骨料周围也存在"水膜包裹层"，因此新老混凝土结合层是受"水膜包裹层"弱化效应强烈影响的区域。当新老混凝土中的骨料相距较近时，其叠加效应将更加显著，此局部结合层的黏结强度会更低。

混凝土硬化常伴随有体积收缩。由于老混凝土的约束作用，结合层内出现的收缩微裂缝也是降低黏结强度的一个重要原因。界面剂的使用可以改善黏结条件，提高黏结强度，这已经在许多试验中得到了证实。不同的界面剂效果也各不相同。

水泥净浆是一种配置方便、施工简单的界面剂，因此应用十分普遍。水泥净浆与混凝土中的水泥砂浆相比，由于不含砂粒，会有更多的水泥水化产物渗入老混凝土的毛细孔中，增加二者的嵌固啮合作用。当老混凝土的黏结面上的骨料被刷上水泥净浆时，由于水泥净浆含水量较小，在骨料周围形成的水膜较薄，"水膜包裹层"内物质的密度会有所提高，增加了"水膜包裹层"的强度。界面剂涂刷之后，一般在较短的时间内浇筑新混凝土，此时水泥净浆的水化过程尚未完成，水泥净浆与新混凝土之间不仅存在范德华力，且有一定的化学作用存在。界面剂涂刷一般较薄（约 1～1.5mm），对老混凝土黏结面粗糙度影响不大，黏结层内的机械啮合作用仍然较大。在界面剂与老混凝土和新混凝土的黏结力都有提高的情况下，新混凝土硬化时，黏结层内产生的微裂缝也会减小。可见，水泥净浆界面剂正是通过改善黏结层的微结构，从而提高新老混凝土结合黏结强度的。

在界面剂中掺入改性材料，将会进一步提高黏结强度。如采用掺 10%膨胀剂的水泥浆作界面剂，这种膨浆界面剂的水化物是大量针刺状钙矾石，这一性状还可以由扫描电镜照片看到，它可以渗入到老混凝土处理面上的微细空隙中，和老混凝土处理面啮合在一起。同时，膨胀剂的膨胀作用可以使界面的干缩裂缝减少。浆体的膨胀将受到老混凝土处理面的约束，这将使黏结面区结构更为致密，减少 C1、C2 界面之间的缝隙，黏结抗折试验也得到了与其一致的结果，掺 10% 膨胀剂的水泥浆作界面剂的黏结抗折强度高于不涂界面剂的情况。

采用涂有快硬铁铝酸盐水泥浆界面剂和新混凝土为快硬铁铝酸盐水泥混凝土的新老混凝土结合，水化首先产生大量的钙矾石，这样所得的钙矾石大部分在水泥浆体尚未完全失去塑性时生成，在较短时间内形成坚硬的骨架，这就是快硬铁铝酸盐水泥混凝土在 1d 内就能获得较高的整体强度和黏结强度的原因。同时，该种水泥水化还析出铝胶，它与 C-S-H 凝胶和钙矾石一起辐射生长进入混凝土的毛细孔，增强了新老混凝土之间的黏结力。快硬铁铝酸盐水泥的颗粒细，可以进入到老混凝土处理面上的一些孔穴中，并在其中水化，形成新老混凝土黏结的嵌固力。

从结合机理分析不难看出，新老混凝土结合的内在力主要源自机械啮合力、化学结合力和范德华力，在结合层区增强其内在力，是提高新老混凝土结合效果的根本途径。

4.2.3 机理研究成果

通过全面、系统的新老混凝土结合各项性能研究，建立了新老混凝土结合理论模型，分析了新老混凝土结合机理，主要研究成果如下：

（1）在水平结合面的条件下，由于坝体在挡水后受到上游水压力等荷载作用，结合面老混凝土表面采用常规的混凝土缝面打毛处理方法已不能满足抗剪、抗滑等要求，需要采取增糙、锚固等措施以增加新老混凝土结合的机械啮合作用；在竖直结合面和斜坡结合面的条件下，结合面老混凝土采用增糙、锚固等用于水平结合面的措施亦不能满足要求，需要采取表面切割、植筋以及结构性处理等措施。因此，在新老混凝土结合面上，尤其是垂直结合面上，钻孔植筋、增设人工键槽等，均可以显著增强新老混凝土结合效果。同时，钻孔植筋、新增人工键槽还可有效地传递结合面的黏结收缩应力。

（2）大量试验证明，在新老混凝土结合面上采用界面剂，尤其是改性界面剂或高效界面剂，均可显著改善新老混凝土结合面的微观结构，大幅度增加结合面的黏结力；同时，界面剂的活性还将促进微观分子之间作用力的增加，以显著提高新老混凝土结合面的范德华力。因此，要获得更加良好的结合面黏结性能，研制开发新型高效的界面剂是不失为一条较优路径。

（3）在新老混凝土的结合中，大坝加高的新浇混凝土作为"后来者"，要比已"定型"的老混凝土有着性能可塑性和环境适应性方面的优势。在新老混凝土密切配合、协同工作、联合受力的效能发挥中，新浇混凝土的作用潜力巨大。从结合模型和结合机理可知，紧邻新浇混凝土与结合面的过渡区，即界面混凝土区

Z3-1，可在结合面和新混凝土之间发挥至关重要的缓冲效能，为新老混凝土从新到老的平顺衔接和性能差异平衡提供协同平台。除此之外的新混凝土区 Z3-2，其混凝土原材料和配合比应按照尽可能接近老混凝土各项性能的原则进行设计、试验，充分比选和优化；混凝土施工工艺及综合温控防裂措施应充分精细、严格、实施到位。

4.3　增强结合的解决方案

新老混凝土结合的机理研究成果，已为解决新老混凝土结合关键难题提供了理论基础，同时也指出了技术创新与突破的方向，归结起来，那就是在新老混凝土结合面上深度采取增强结合的综合措施。本节内容将系统地给出增强结合的解决方案。

4.3.1　方案的基本原则

（1）增强结合的解决方案遵从新老混凝土结合"双界面—多层区"模型和结合机理，并在其引导下，按照 4.1 节所述总体思路和目标，提出效果优异、操作性强的综合技术措施、工程措施和管理措施，针对所提措施进行研究论证，形成系统完善的解决方案。

（2）传统实用的工程经验与技术是构建解决方案的重要基础，在构建方案前，有必要对这些工程经验和技术加以全面的收集、整理、归类、筛选，分析其意义和作用，掌握其原理和技术，以为解决方案在技术上改进、创新、组合、集成，进而产生新的飞跃创造良好的先决条件。

（3）在整个解决方案中的各类各项措施之间，应当具备良好的兼容性、适配性、协调性和互补性，每一项措施都应当成为解决方案的必备要素，不应当是无关的配置，也不应当是多余的附庸，更不应当是有反作用的逆作。

（4）解决方案中要广泛运用现代科技、"四新"成果、先进工艺以及信息化管理等新兴前沿技术。在与具体解决对象的结合中，要充分发挥专业人才的智慧和创造力，敢于突破、大胆创新，有新发明，同时避免在解决方案的形成中走弯路、走重复路、走"死胡同"，使各项研究始终沿着正确的道路向前推进。

（5）解决方案的最终成果将要接受实践检验，因此，必须最大限度地贴近工程实际。现代坝工技术的发展，给每一个工程，特别是大坝加高工程都提出了高标准的多目标要求，包括技术先进、质量优良、经济合理、经久耐用、绿色环保等，通过解决方案的制定和实施，以确保大坝加高工程统筹实现上述各项目标。

4.3.2 方案构架

新老混凝土结合面之间的增强结合措施，主要从下列三个方面入手加以解决，即结构措施、材料措施和综合措施。

4.3.2.1 结构措施

在增强新老混凝土结合的结构措施中，主要包括结合面混凝土表面加糙、结合面结构外形改换和结合面锚固等方面。其构架树形图如图 4.18 所示。

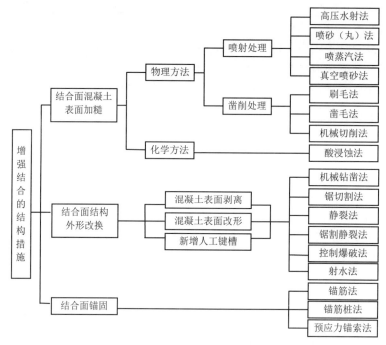

图 4.18 增强结合的结构措施树形图

1. 结合面混凝土表面加糙

新老混凝土结合面表面加糙措施包括物理方法和化学方法。物理方法又包括喷射处理和凿削处理等。喷射处理的方法主要有高压水射法、喷砂（丸）法、喷蒸汽法、真空喷砂法等。凿削处理方法主要有刷毛法、凿毛法、机械切削法等。化学方法常用的有酸浸蚀法等。

（1）高压水射法。研究表明，采用水压力在 70~240MPa 的高压水冲刷新老混凝土结合面，将使老混凝土表面的粗、细骨料都外露，使之形成凹凸不平的外表毛面。

采用高压水射法，当压力为 147MPa，喷头直径为 0.3mm，喷射流量为 35.26cm³/s，喷射距离为 2.0cm 时，喷除速度（厚度）为 2mm/s。由此可见，采用高压水射法处理新老混凝土结合面，工作效率高，施工进度快。在结合效果方面，与人工凿毛法相比，高压水射法处理的界面结合强度为其 2 倍，且高压水射法处理的黏结试件在结合面破坏的百分率为 7%，而人工凿毛法在结合面破坏的百分率为 31%。

（2）喷砂（丸）法。采用喷砂（丸）机向老混凝土的待处理面喷射不同直径的钢丸（直径分别为 1.2mm、1.4mm、1.7mm、2.0mm）或不同粒径的小碎石（粒径分别为 1.0mm、1.2mm、1.4mm、1.7mm），通过喷砂（丸）机控制喷射速度和喷射密度，可得到所要求的结合面处理效果。

（3）喷蒸汽法。这是一种利用蒸汽喷射机向混凝土待处理面上喷射高压蒸汽来处理新老混凝土结合面的方法。该方法处理效果也较好，但施工操作危险性较其他方法大，处理成本也较高。

（4）真空喷砂法。这是一种利用真空技术，与砂砾混杂形成高强压缩空气后，喷打新老混凝土结合面的方法。该方法处理效果也比较明显。

（5）刷毛法。这是一种利用钢丝刷在结合面混凝土表面作单向或往复运动进行加糙处理的方法。该方法既可使用专门刷毛机械，也可采取手工作业。由于钢丝刷对混凝土表面作用深度有限，故该方法只能用于结合面的轻度处理。

（6）凿毛法。这是一种利用钻（凿）具在结合面混凝土表面作垂向冲击运动进行加糙处理的方法。机械方法如电动凿毛机、气动凿毛机等和人工方法均可采取。

（7）机械刨削法。这是一种采用专门的切削设备对结合面混凝土表面进行切槽等加糙处理的方法，该方法将在混凝土表面生成规则的槽口，因此，加糙效果具有规律性特点。

（8）酸浸蚀法。酸浸蚀法是结合面混凝土处理的一种化学方法，其操作方法简便。但经验表明这种方法不像结合面处理其他方法那么可靠，而且一些酸浸蚀液含有氯化物，这些氯化物会腐蚀钢筋。除非不能采用别的结合面处理方法，通常不推荐采用酸浸蚀法来处理新老混凝土结合面。

2. 结合面结构外形改换

对新老混凝土结合面的表层外形进行结构性改换，是相比于结合面表面加糙措施更为强大和深化的措施，具有变革性的意义。通过该措施实现混凝土结构表面外形的改换，以大幅度提高新老混凝土之间的啮合性能，从而增强新老混凝土的结合效果。

结合面结构外形改换措施主要有混凝土表面剥离、混凝土表面改形、新增人工键槽等。表面剥离即实施保持原结构外形轮廓的薄层剥离；表面改形可采取改换原结构外形轮廓的规则结构面（如渐变面、函数面、空间平面、空间曲面等）和不规则结构面（如随机空间曲面等）；新增人工键槽可设计成不对称三角形、梯形、圆弧形断面的条形键槽、按一定规则布置的球形键槽以及更为复杂的组合式键槽。

结合面结构外形改换所采用的方法主要分为钻凿、切割、爆破等几类。较为实用和新颖的方法主要有机械钻凿法、锯切割法、静裂法、锯割静裂法、控制爆破法、射水切割（水刀）法等。

（1）机械钻凿法。这是一种利用专门的钻凿机械如手持式钻、快速钻、凿岩机、振动破碎锤等对新老混凝土结合面进行混凝土表层剥离或按新的设计外形线挖除混凝土的方法。钻凿设备的动力可采用液压、电动、风动以及汽（柴）油机等。钻凿剥挖施工可以采取钻排孔（邮票孔）、薄层凿剥、抽槽围挖等。采用机械钻凿法的可选设备品种繁多，适应性强，操作灵便，可以成型各种复杂外型的混凝土表面，但该方法难以按照设计要求的外轮廓线精确成型，混凝土表面也将变成超欠挖较为普遍的不平整面。

（2）锯切割法。这是一种直接将锯齿骑于新老混凝土结合面的设计轮廓线上，用锯实施切割的方法，锯的种类有盘锯、链锯、线锯（绳锯）等多种。采用盘锯切割简单方便，工效高，切割快，锯割截面平顺整齐，可用于狭窄环境下作业。但它却难以灵便地进行曲线切割，且会留下切角，需要后续补切。链锯的出现弥补了盘锯的一些不足，不仅可以灵活地沿曲线切割，而且切角干净，后续补切工作少。盘锯和链锯都有切割最大深度的限制，因此，多用于混凝土表层破开、单块分解等作业，不能用于大深度切割作业。采用线锯切割则可以不受深度的限制，作业环境的适应性更强，操作安全可靠，作业效率更高，切割截面更加整齐，是混凝土静力切割施工中占主导的和先进的切割方法。

（3）静裂法。这是一种利用静态破碎剂与水反应产生巨大膨胀力并沿新老混凝土结合面设计轮廓线裂开，再分切成块后吊除的方法。其特点是施工简单，易于操作，控形准确，切割方便，无声无振，无毒无害，安全环保，可以广泛用于不能使用爆破或机械作业的、具有较高精度的外形成型要求的部位施工。

（4）锯割静裂法。这是一种将静裂法和盘锯切割法加以有机组合而创新发明的一种专门适合于新增人工键槽的混凝土表面成型方法。在新增人工键槽的成型方法比选试验中，经过一系列单项试验和组合试验，最后，"锯割静裂法"以工效高、速度快、成型效果好、成本低等显著特点成为专门用于新增人工键槽的首选方法。该方法先采用大功率盘锯切割方法形成键槽的下部槽面，再采用静态破碎剂胀裂方法形成键槽的上部槽面，并研制和使用对中支架、钻孔导向器等保障精度的装置和设施，获得优异的键槽成型效果。

（5）控制爆破法。这是一种在新老混凝土结合面采用爆破技术，以满足各项限定要求为目标和前提，依照设计轮廓线实现混凝土外形改换的方法。控制爆破主要有预裂爆破、光面爆破、拆除爆破等。在新老混凝土结合面实施控制爆破的控制目标，主要是进行爆碎程度、爆破范围和危害程度的控制。控制爆破法具有适用范围广、成型效果好、成本较低等优点，但实施这一方法要求爆破设计周密、工序控制严格、作业人员素质高等。

（6）射水切割（水刀）法。这是一种利用超高压水束直接在新老混凝土结合面依照设计轮廓线切割混凝土的方法。它具有自动化程度高、切割成型质量好、切割体变形度小、生产成本低、环保、无污染等显著特点。但因设备投资成本较高，对被切割对象有厚度上的限制等而未被广泛使用于混凝土表面改换工程上。

3. 结合面锚固

对新老混凝土结合面实施锚固处理是一项直观且有效的增强措施。该措施通过增加一定数量的锚固件，以有效提高新老混凝土结合面之间的缝合效果。

进行新老混凝土结合面的锚固，常用方法主要有锚筋法、锚桩法、预应力锚索法等几种。

（1）锚筋法。锚筋法是在新老混凝土结合面之间按照一定的规则均匀布局并安插钢筋（锚筋）以增强结合面的锚固能力的一种方法。该方法锚固作用直观、施工简便，因此被广泛应用。

（2）锚筋桩法。锚筋桩法与锚筋法基本类似，但锚筋桩法所采用的锚筋桩则是由多根钢筋组焊成一体的桩柱，其深度通常大于锚筋。在新老混凝土结合面布设锚筋桩，不仅能够提高新老混凝土结合面之间的锚固结合性能，而且还能增强新老混凝土共同作用时的承载能力。

（3）预应力锚索法。在新老混凝土结合面上，穿越结合面布设锚索，并在新混凝土浇筑完成之后，按照设计和施工工艺要求，给锚索施加大吨位的预应力，可实现在增强结合面锚固力的同时，加大新老混凝土结合面的粘合力。因此，预应力锚索法也是进行新老混凝土结合面锚固的一种常用的方法。预应力锚索施工需要专门的作业条件，具有施工程序和工艺比较复杂等特点，需要严格程序、精心操作，保障各道工序的作业质量，最终确保其预定的锚固效果。

4.3.2.2 材料措施

从材料改良、创新的角度入手，采取措施增强新老混凝土的结合性能，一旦有所突破，将收到事半功倍的效果。在新老混凝土结合的设计与施工中，针对新老混凝土本体性能分别进行材料改进已无再挖掘其潜力的必要，这是因为无论是新混凝土本体，还是老混凝土本体，其各自的整体性能都要优于结合面层区的整体性能。因此，考虑在新老混凝土结合面层区，攻克结合面新材料难关，利用高效的界面材料来增强新老混凝土的结合性能是解决这一难题的有效途径。

在新老混凝土结合面之间，通常采用的界面材料主要是各类基材的界面剂，如水泥基材、环氧基材等，但是这类界面剂用于新老混凝土结合中时，往往不是黏结强度低、抗侵蚀能力弱、耐久性差，就是施工工艺复杂、对人体和环境具有较大毒害性。为此，经过大量调查研究和分析，进行了系统的试验优选，最后研究和配制出了各项性能优异、无毒、环保的新型无机材料——界面密合剂，有效满足了新老混凝土结合对界面剂的各项特定要求。

4.3.2.3 综合措施

在新老混凝土增强结合的对策措施方面，除了结构和材料两个方面的硬措施即工程措施之外，综合措施则主要从软措施即管理措施或软、硬结合措施方面来加以实施。

软措施主要包括对加高混凝土施工的时机管理与控制、施工过程的监督与控制、加高混凝土工作荷载施加过程的控制以及加高大坝运行条件的优化等。这些管控措施将会改善大坝受力或运行条件，有助于新老混凝土联合作用，提高工作效能，延长运行和使用寿命。

采取软、硬结合措施的核心在于充分发挥软措施的优势，优化组织好硬措施的实施，以软措施的到位保障硬措施的落实和效能发挥，保证新老混凝土的高效结合和运行功效。

4.3.3 方案的创新点

基于新老混凝土结合的"双界面—多层区"模型及机理分析，从结构和材料等方面进行了创新研究，并相应取得了突破。主要创新点有以下几个方面。

（1）新增人工键槽施工方法。在新老混凝土结合面表面结构外形改换方面，结合关键性结构措施——新增人工键槽的施工，试验并研发了优质、高效率、低成本的施工方法，采用大功率液压盘锯和静态爆破相结合的"锯割静裂法"，高效地生成大规模的结合面和最大尺寸的人工键槽，以结构性的措施颠覆了新老混凝土结合面以常规加糙处理解决啮合力问题的设计思路，这种大形键槽对提高啮合力和增强抗剪性能将高倍于常规加糙处理，与其他类似外形改换处理施工方法和工艺如钻凿切割、单纯切割、单纯静裂等相比，工效高、成型质量好、成本低。例如，与单纯切割方法相比，效率提高约50%，材料设备消耗可节约一半。

（2）复合锚固方法。按照新老混凝土结合模型及机理理论，深入剖析传统的增强结合的结构性方法——锚固法，结合南水北调丹江口大坝加高等工程实际，创新提出了新老混凝土结合面复合锚固方法。该方法将单一锚固构件的复合效能、锚固构件布设的复合体系、锚固与其他增强结合技术的复合作用等从多个层面加以综合集成，大大拓展了锚固技术的功效与应用，有效增强了新老混凝土结合性能。并通过工程实践应用证明，具有性能优良、作用功效高、造价低廉、综合效益显著等特点。

（3）界面密合剂。为了进一步增强结合面的结合效果，研制全新概念的界面密合剂，代替已有的普通砂浆、水泥净浆和普通界面胶或界面剂等界面黏结材料。该界面密合剂采用无机材料配方，较国内外通常应用的有机界面胶，具有可操作时间长，早期黏结强度高，后期黏结强度稳定发展，结石体的弹性模量和线胀系数与混凝土接近，抗侵蚀性强、耐久性高，对人体和环境无毒害，施工方便，成本低等优点，尤其适合大坝加高混凝土施工部位等这类较差作业环境下使用。新型界面密合剂的黏结强度比国外同类材料提高约 50%，较水泥净浆等常规界面剂提高约 128%，其成本是有机界面剂的 10%～30%。

在此之前由于新老混凝土结合问题没有得到较好解决，为安全起见，绝大多数工程都采用开裂工况进行设计，本研究通过研发新老混凝土结合面人工键槽"锯割静裂法"施工技术、复合锚固技术、界面密合剂新材料等很好地解决了新老混凝土结合问题，使得新老混凝土黏结紧密牢固，保证了新老混凝土联合受力，为按结合面共同受力工况进行设计提供了保证，在保障工程的安全系数的前提下，对优化结构设计、节省工程成本起到重要作用。

4.4　结合面人工键槽成型技术

在新老混凝土结合的老混凝土面上新增人工键槽是一项关键的结构性措施，是通过结构面外形的改换来增强结合能力的一种高效途径，是对结合面表面进行传统加糙处理以改进黏结能力的一次根本性变革。通过人工键槽的增设，将会发挥其增加新老混凝土结合面积，增强结合面的机械啮合力，有效传递压、拉、剪力，保障新老混凝土共同承载等重要作用。经过对人工键槽成型方法和工艺的大量试验、比较、分析、研究和创新，形成了一套质量好、速度快、效率高、成本低廉、安全可靠的人工键槽成型技术，经过丹江口工程大坝加高等工程实践中的应用，证明效果优良。

4.4.1　人工键槽的设计

通常，在大坝加高工程中进行人工键槽的设计，需根据大坝加高后的受力情况、初始及边界条件、结构功能要求等开展试验、计算和分析论证。要求新老混凝土结合缝面能增强机械啮合能力，传递压应力、剪应力和有限的拉应力。为此，围绕大坝加高后新老混凝土结合问题进行了大量仿真计算分析，计算中键槽模拟采用厚度趋于零的 8 节点接触单元对接触面。

缝面接触应力与相对位移之间的关系为式（4.8）～式（4.10）。

当 $w_r + w_0 \leq 0$ 时

$$\left.\begin{array}{l} \sigma_n = k_n(w_r + w_0) \\ \tau_t = k_t(1 - w_0|w_r|)u_r \\ \tau_s = k_s(1 - w_0|w_r|)v_r \end{array}\right\} \tag{4.8}$$

且
$$\sqrt{\tau_t^2 + \tau_s^2} \leqslant C - f\sigma_n \qquad (4.9)$$

当 $\sigma_n > \sigma_p$ 时（取 $w_0 = 0$）

$$\left.\begin{array}{l} \sigma_n = 0 \\ \tau_t = 0 \\ \tau_s = 0 \end{array}\right\} \qquad (4.10)$$

式中　k_n、k_t、k_s——缝面单位面积的法向刚度和切向刚度；

　　　σ_n、τ_t、τ_s——缝面的法向应力和切向应力。

$w_r + w_0 \leqslant 0$ 表示法向闭合，如果初始间隙 $w_0 = 0$，且 $w_r > \sigma_p / k_n$ 表示法向拉裂。

在进行新老混凝土结合面受力拉裂计算的同时，先后在丹江口工程大坝右 5、右 6 坝段进行了多次原型试验，取得了大量数据成果。

将计算结果与原型试验监测结果加以对比分析，表明两者的新老混凝土结合面工作状态结论基本一致，结合面键槽对传递压应力、剪应力和有限的拉应力起到了其他结构性措施不可替代的作用。由此可见，为尽可能的减少或消除新老混凝土结合面脱开程度，在加高施工部位新老混凝土表面进行人工增设新键槽是必要的。

通常大坝纵缝预留键槽的型式多采用三角形，横缝预留键槽的型式多为梯形。三角形键槽的两个面基本垂直，其中一个面和主应力方向近乎垂直。实际工程中，键槽的型式和尺寸主要考虑以下因素：

（1）能够传递结合面应力。

（2）不产生因应力集中和表面温度梯度引起的裂缝。

（3）施工方便且不宜损坏。

（4）使接缝灌浆浆液流动阻力小等。

经过对三角形和梯形两种键槽形式进行计算论证和试验研究，结果表明，从位移、缝面传力、缝面开度以及抗震效果综合考虑，梯形键槽效果略好于三角形键槽，预留键槽最好采用梯形键槽。但考虑施工和成本等因素，大坝加高新增人工键槽以采用三角形键槽为佳。

4.4.2　传统成型方法及分析

在坝体混凝土表面上增设人工键槽，传统的施工方法主要有凿除法、钻排孔法、静态爆破法和盘锯切割法等几种。

1. 凿除法

凿除法即通过人工手持辅助机具，如电钻、电凿、风镐等或者辅助工具如铁锤、钢钎、钢占等，按照新增键槽设计断面将混凝土从坝体施工部位上凿除。该方法的主要特点是：施工工艺简单、方便、灵活，凿除后表面可成自然毛面，对坝体非凿除混凝土不会造成损伤。但该方法工效较低，即使采用人海战术，也无法满足像丹江口大坝加高工程这样大规模施工的需要；键槽成型尺寸和精度难以满足设计要求等。

2. 钻排孔法

钻排孔法是采用钻孔机械设备沿着键槽断面的长边和短边轮廓线进行无孔距或密孔距钻孔，从而形成排孔。排孔形成后，进行分段拆除，进而形成键槽，拆除方式尤如撕邮票一般。该方法的主要特点是：施工工艺较简单，钻孔控制好后，键槽轮廓面较规则，对坝体非凿除混凝土不会造成损伤。但钻排孔需要大量的钻机设备和人工辅助，需要搭设钻机工作平台，且向上钻孔无法对机具进行冷却，机具损耗大，施工工效也较低，难以满足大规模施工的需要。

3. 静态爆破法

静态爆破法介于凿除法和钻排孔法之间，即通过沿键槽设计轮廓线按合理密置的孔距钻孔，然后，在钻孔内装填静态破碎剂，待破碎剂将混凝土沿轮廓胀开后，再利用机械或人工将膨胀开的混凝土拆除。该方法的主要特点是施工工艺相对简单，工效比前两者有所提高。但对破碎裂面控制难度较高，向上钻孔机具损耗大，难以填充静态破碎剂，弄不好容易对混凝土保留体造成损伤。

4. 盘锯切割法

此方法是采用大功率液压圆盘锯驱动直径为 800~1600mm 的金刚石锯片按照键槽上下边的轮廓线对混凝土进行切割，最大切割深度控制在 700~800mm，通过切割直接将键槽混凝土同坝体混凝土分离而形成键槽。该方法的主要特点是施工工序简单，工作效率较高，键槽轮廓面规则平整，对坝体混凝土保留体不会造成损伤。但若整个键槽全部采用切割，切割设备及定位铺轨需要两次安装，工期较长；用于切割的设备和金刚石锯片投入量较大；且因大型切割设备和金刚石锯片价格昂贵，致使键槽施工成本很高。

4.4.3　成型方法的技术创新

由于上述传统的施工方法均不同程度地存在着一些不足，特别是前 3 种方法经过现场试验表明，根本无法满足施工高峰强度和施工进度的要求，因此必须寻求一种在混凝土表面成型人工键槽的新的施工方法。这种新方法不仅能大幅提高混凝土键槽的施工效率，满足施工高峰强度和工程进度要求，而且可大幅度降低施工成本，获取显著的经济效益。

1. 创新方法的基本思路

通过对前述各施工方法的优缺点比较和综合分析，充分吸纳各种方法之所长，开展多种工况组合试验和集成创新。最后，经过反复提炼、改进和优化，发明大功率液压圆盘锯切割与钻孔静态爆破相结合的组合方法。该方法首先对键槽的下部轮廓面采用液压圆盘锯切割，然后对键槽的上部轮廓面进行钻孔后采用静态爆破将键槽混凝土同坝体混凝土分离，最后形成完整键槽。这种新的施工方法被称之为"锯割静裂法"，如图 4.19 所示。

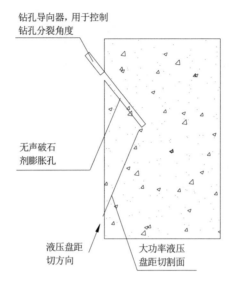

钻孔导向器，用于控制
钻孔分裂角度

无声破石
剂膨胀孔

液压盘距
切方向

大功率液压
盘距切割面

图 4.19　新增人工键槽"锯割静裂法"示意图

　　锯割静裂法的施工，一方面以"锯割"在先，形成了下部轮廓面的切开腾空，可有效形成随后"静裂"作业的临空面并降低上部轮廓面拆除混凝土的分离控制难度，同时避免对混凝土保留体带来损伤。另一方面，在上部轮廓面采用较低成本的"静裂"来减少较高成本的"锯割"工程量，将显著降低工程造价。

　　2.　成型施工方法

　　（1）盘锯固定导轨安装。新增人工键槽设计为不等边三角形键槽型式，键槽的两个面与坝体老混凝土面之间均存在一定的夹角。为保证该角度准确，专门研制一个倾角转换辅助支架，以便盘锯导轨垂直安装，从而避免每次安装盘锯时，因调整角度而影响施工进度，同时还能增加盘锯切割的稳定性。

　　施工时，在对切割部位按图纸放线后安装导轨支架，支架通过高强度锚栓固定在混凝土表面，支架安装要求牢固、无晃动。所有支架应安装在一条直线上，确保导轨安装的直线度。

　　支架安装完成后，在支架上安装盘锯行走导轨，以供盘踞切割作业时行走。安装过程中使用激光定位仪对轨道直线度进行校准。

　　（2）盘锯切割。键槽长边切割采用大功率液压盘锯施工，将键槽下部面同坝体混凝土分离。根据不同切割深度的要求，选取不同的锯片直径。键槽切割时，可采用多种不同直径的锯片先后排列、组合使用的方式，小锯片在先，大锯片在后。切割由浅及深，最后保留 30mm 混凝土不切断，以保证盘锯操作的稳定性。

（3）钻静态爆破孔。键槽短边采用钻孔后静态胀裂的方法施工，钻孔前，首先在支架上安装一个钻孔导向器，该导向器是为了控制钻孔角度及钻孔间距，减少开孔时间，保证键槽成型尺寸精度而设计的，可实现快速安装。根据键槽设计的不同角度，定位器控制的角度范围在 20°~90°之间。然后，采用钻机或风钻通过导向器进行钻孔施工。

钻孔沿键槽的上轮廓开口线布置，且所有的孔间距均匀，保持在同一个平面上，钻孔角度按照上轮廓线的设计角度控制。为了保证静态破碎剂膨胀分裂的效果，在键槽两端也按照相应角度钻孔，两端的孔距可以适当加密，孔深度按照键槽开口线的尺寸控制。

（4）静态胀裂剥离混凝土。在静态胀裂剥离前，将钻孔内清理干净，不得有水和杂物。将静态破碎剂按照试验确定的配方配制，破碎剂配制好后立即装入孔内，装填操作必须细致，保证密实，直至装满为止。

所有钻孔装好后，在键槽混凝土体分裂的方向设置警戒线，防止混凝土分离块体伤人。待混凝土体在破碎剂膨胀的作用下同坝体产生裂缝后，即可将混凝土体分离，形成键槽。最后对键槽轮廓尺寸有偏差的部位进行人工修整。

（5）混凝土块吊除。将锯割静裂法拆除的混凝土块体，采用起吊设备吊装至自卸汽车后运至弃渣场，至此，工作面上即形成了新增的人工键槽。

3. 成型施工要点

（1）成型施工作业前，对机械、电气及各部件的联接部分进行认真检查，并作好记录，现场安排有专职维修人员进行随时检查和处理。

（2）键槽下部轮廓面切割施工中，准确控制切割深度，避免对大坝混凝土保留体造成损伤。

（3）键槽上部轮廓面钻孔施工中，准确掌控钻孔方向，经常监测孔位、孔斜，发现偏斜等问题，及时给予纠正。

（4）由于切割、钻孔等作业会产生较多的施工废水及泥浆，施工过程中不得直接排放，应设置有效的施工废水处理设施，经处理达到标准后排放。

（5）施工结束后，及时将现场整理归顺，杂物和垃圾清理干净，做到工完场清。

4.5　结合面复合锚固技术

在新老混凝土结合面上采取复合锚固方法是增强结合的一项十分有效的结构措施。其基本原理就是依靠锚固体系将新浇混凝土的各种受力传递给老混凝土体，并增加新浇混凝土自身的稳定，增强结合面之间的结合能力。结合面锚固方法主要有锚筋、锚筋桩、锚杆、结构植筋、预应力锚索等，而在新老混凝土结合面上，仅采用单一方法是不够的，多采取将上述方法加以有机结合，形成优势互补，性能优异的复合锚固体系。

4.5.1 锚固体系的布设

1. 锚固体系的主要功能

采取在新老混凝土结合面布设锚固体系，可以发挥以下主要功能：

（1）提供作用于结构物上用于承受外荷的抗力，其方向朝着锚固体与混凝土体相接触的点。

（2）使被锚固的混凝土体产生压应力，或对被锚固体所通过的混凝土体起加筋作用。

（3）加固并增加混凝土体强度，并相应改善混凝土体的其他力学性能。

（4）当锚固体通过被锚固结构时，能使结构本身产生预应力。

（5）通过锚固体，使新老混凝土连锁在一起，形成一种共同工作的复合结构，使该结构更有效地承受拉力和剪力。

锚固体系的这些功能是互相补充的，对某一特定的工程而言，尽管每一个功能都可发挥作用，但并非所有这些功能都是同步发挥作用的。

2. 锚固体系的布设原则

在进行新老混凝土结合面复合锚固体系设计时，需遵循以下原则：

（1）根据工程规模和建筑物的等级，相应进行原坝体混凝土的质量勘测和性能试验，以充分掌握新老混凝土结合部位的基本情况。

（2）复合锚固体系的布设范围，应按照相应规范进行抗滑稳定计算或应力分析计算，并满足其要求。重要工程可采用数学模型或物理模型进行锚固效果试验和论证。

（3）在计算所需锚固力时，首先需考虑老混凝土坝体底面抵抗水平位移的稳定性，其次是考虑新浇混凝土体抵抗倾倒以及沿新老混凝土结合面剪切破坏的稳定性。

（4）单根锚筋的设计张拉力、锚固数量与锚固杆型式：

1）单根锚筋的设计张拉力，应根据所需总锚固力、锚固介质和胶结材料力学指标、锚筋材料力学指标、施工场地条件、经济性等因素确定。

2）锚筋数量应根据总锚固力和单根锚筋的设计张拉力确定。

3）锚筋型式应综合考虑单根锚筋设计张拉力、坝体材料强度、施工条件等因素确定。

（5）锚固布置应满足下列原则：

1）应结合坝体结构布置、结合面其他处理措施、施工条件、运行情况综合考虑。

2）根据锚固部位条件和锚筋数量，平面上宜均匀对称交错布置；根据锚固部位条件和锚固力大小，合理选择间、排距和对称、交错排列方式。

3）当锚固体系设有外锚固段时，外锚固段宜布置在坝顶、坝坡、坝内廊道等利于检查和修复的位置。

4）内锚固段应布置在稳定的基岩或坝体混凝土内，且宜深浅交错布置。

（6）在复合锚固体布设的新老混凝土结合面上，应布设相应的原位监测。根据监测结果，分析、评价锚固效果。当长期监测发现混凝土内应力增大、结合面开裂或预应力损失超过设计预期时，应考虑对结合面进行鉴定和加固。

3. 锚固体系的设计方法

由于锚固体系的理论研究滞后于工程应用，且理论计算尚无比较权威的方法，在设计中仍需应用单一锚固延伸计算方法或多种方法相互印证。

复合锚固体系设计的基本方法主要有：分析法、经验法、结合面受力结构计算法等。采用结合面受力结构计算法主要包括以下步骤：

1）对新老混凝土结合面所需的总锚固力进行计算，并分析力的位置和方向。

2）根据工程规模和建筑物等级，相应选取设计安全系数或结构可靠性指标。

3）在锚筋轴向设计荷载确定后，对锚筋进行结构设计。结构设计的步骤为：首先根据锚筋轴向设计荷载计算锚筋的锚筋截面，并选择合适的钢筋或钢绞线配置锚筋；然后由配置锚筋的实际面积和抗拉强度标准值计算出锚筋承载力设计值；再后进行锚筋体和锚固体的设计计算。

4）选择确定复合锚固体系的具体布局和组合型式，并分别计算各类锚固件的尺寸数量、锚固长度等。

5）对复合锚固作用条件下的大坝整体结构稳定性进行校核。

6）对于重大工程项目，还应建立数学模型或物理模型并求解、试验，或者通过原型监测数据结果反馈进行设计优化。

4.5.2 锚筋（锚筋桩、砂浆锚杆）施工

锚筋、锚筋桩、砂浆锚杆等是一类最常用、最基本的锚固构件。锚筋是指在结构物中起到锚固作用的钢筋。当它被应用于混凝土结构中时，通常采用水泥砂浆或细骨料混凝土将其灌注于钻孔中，形成较大的握裹力，进而有效地发挥锚固作用。锚筋桩是由多根或一束锚筋捆绑或焊接起来的桩体构件，它也是靠注入水泥砂浆或细骨料混凝土与结构物之间产生锚固作用的。锚杆则是由单根钢筋或高强度钢管制成的锚固构件，砂浆锚杆是指采用水泥砂浆作为锚固剂的锚杆。

在新老混凝土结合面锚固中，锚筋、锚筋桩、砂浆锚杆具有相类似的工作原理、施工方案和功能作用。由于砂浆锚杆具有施工工艺方面的代表性，以下就以

砂浆锚杆为例加以叙述。叙述中的技术参数是选取丹江口大坝加高工程左联坝段所使用的数值。

4.5.2.1 施工主材和机具

1. 主要材料

锚杆：采用 ϕ25mm 的 Ⅱ 级螺纹钢筋。

水泥：采用强度等级不低于 32.5 级的普通硅酸盐水泥。

砂：采用最大粒径小于 2.5mm 的中细砂，其质地坚硬、质量均匀。

外加剂：根据具体的功能需要选用。产品中不得含有对锚杆产生腐蚀作用的成分。

砂浆：强度等级为 M20。

2. 主要机具

钻机：采用 YT-28 型气腿式风钻。

制浆机：采用 NJ-6 型拌浆机。

灌浆设备：采用 2SNS 型灌浆泵，配 JJS-2B 型搅拌桶。

4.5.2.2 施工工艺流程

施工工艺流程如图 4.20 所示。

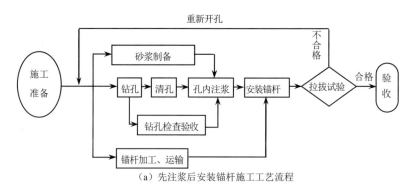

（a）先注浆后安装锚杆施工工艺流程

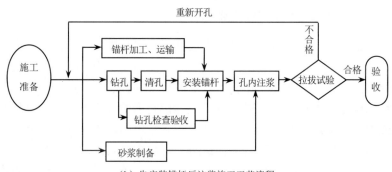

（b）先安装锚杆后注浆施工工艺流程

图 4.20 砂浆锚杆施工工艺流程图

4.5.2.3　施工方法

1. 布锚杆孔

新老混凝土结合面锚杆施工砂浆锚杆采用梅花形布孔，间排距为 2m×2m。由测量人员放样出每一锚杆孔的位置，孔位偏差不大于 10cm。

2. 钻孔

采用经纬仪进行孔位放线并做好孔位标识。锚杆钻孔孔位、孔径、角度、深度均按设计图纸要求实施。采用 YT-28 型气腿式风钻钻孔，孔径 ϕ40mm，孔向沿结合面法线方向偏斜量控制在 5°以内，孔深偏差不大于 5cm。钻孔在新老混凝土结合面浇筑仓面进行。

3. 钻孔冲洗、孔位检查

锚杆造孔施工完成后，及时进行孔位的清洗、检查钻孔质量。采用压力风和压力水彻底清洗孔内积水和岩粉等杂物，以确保砂浆的黏结力。孔位清洗完后进行钻孔质量检查，如有不符合要求的孔位，及时处理。

4. 锚杆安装及注浆

注浆锚杆所采用的水泥砂浆应进行试验室配合比试验，其基本配比范围为：水泥:砂=1:1～1:2，水灰比为 0.38～0.45。水泥砂浆随拌随用，拌制均匀，防止石块或其他杂物混入。水泥砂浆中应掺加速凝剂以保证 24h 内达到设计抗拔强度。在注浆之前，对钻孔进行检查，满足注浆要求后，采用压力风或压力水将钻孔彻底清洗干净。注浆采用灌浆泵注浆，注浆前先检查注浆机的工作性能并采用水或稀水泥浆湿润管路。

（1）当采用"先安装锚杆、再注浆"的方法施工时，锚杆安装全过程要轻缓、平顺以免锚杆头损伤孔壁，装入锚杆应与孔的轴线对中；注浆时，采用 PVC 注浆管插入距孔底 50～100cm，随后边注浆向外拔起，直到注满为止。具体施工技术要点如下：

1）为避免孔内掉入杂物，应在锚杆安装后及时注入水泥砂浆。

2）对于上仰的孔，应有延伸到孔底的排气管，并从孔口灌浆直到排气管返浆为止。

3）对于下倾的孔，注浆锚杆注浆管一定要插至孔底，然后回抽 3～5cm，送浆后拔起注浆管可借助浆压缓缓退出，直至孔口溢出浆液。

4）封闭灌注的锚杆，孔内管路要通畅，孔口堵塞要牢靠。并从注浆管注浆直到孔口冒浆为止。

5）注浆过程中，若发现有浆液从锚杆附近坝体混凝土流出，及时给予堵填，以免继续流浆，影响灌浆效果和造成浪费。

6）水泥砂浆一经拌制应尽快使用，拌制后超过 1h 的浆液应予以废弃。无论因任何原因发生灌浆中断，应取出锚杆，并用压力水对灌浆孔进行冲洗。如果在重新安装时发现钻孔被部分填塞，应清孔或复钻到规定的深度。

7）注浆完毕后，在浆液终凝前不得敲击、碰撞或施加任何其他荷载。

（2）当采用"先注浆、后安装锚杆"的方法施工时，先计算孔内的容积，确定注浆量，再将注浆管插至距孔底 50～100mm，随砂浆的注入缓慢均速拔出。注浆完成后，立即插入锚杆直至孔底，并使锚杆对中。其施工技术要点如下：

1）锚杆的插入必须紧接于注浆完成后；锚杆插送方向要与孔向一致，插送过程中要适当旋转锚杆（人工扭送或管钳扭转）。

2）锚杆插送速度要缓慢、均匀，有"弹压感"时，旋转与插送要交替进行，尽量避免敲击插送。

5. 锚杆固定

注浆锚杆完成后，立即在孔口采用支撑锲块固定，确保锚杆在孔内居中，并将孔口作临时性堵塞。锚杆施工完成后，3d 内严禁敲击、碰撞、拉拔锚杆和悬挂重物。

4.5.2.4 锚筋桩施工方法

钢筋桩的施工与前述砂浆锚杆的施工方法相类似，但也有其自身特点，其施工技术要点如下：

（1）锚筋桩施工宜采用先插锚筋桩、后注浆的施工工艺。

（2）应以锚筋桩的外接圆直径作为桩柱直径来选择钻孔直径。

（3）锚筋桩应焊接牢固，并焊接对中环，对中环的外径可比孔径小 10mm 左右，一个锚筋桩在孔内至少应有 2 个对中环。

（4）注浆管和排气管应牢固地固定在锚筋桩体上并保持畅通，随锚筋桩体一起插入孔内。

（5）锚筋桩的检查验收，参照注浆锚杆的检查方法、数量及标准执行。

4.5.3 植筋施工

实施加高后的大坝，其挡水条件、运行工况及运行条件都将发生变化，这就给坝体结构的受力状况也带来了变化，新浇混凝土结构只有采取钢筋混凝土结构形式才能满足其功能和安全的设计要求。而在大坝老混凝土结构中，可能原配置的钢筋偏少，不能满足上述要求；甚至还可能根本就未配置钢筋，更无法满足上述要求。故此，需要在新老混凝土结合面采取钻孔植筋的方式来延续或新增满足加高设计要求的钢筋混凝土结构。在新老混凝土结合面，植筋一方面是钢筋混凝土结构的受力主筋，另一方面又起到结合面的锚固筋的作用。因此，植筋是一种特殊的多功能锚固构件。

1. 主要施工设备

植筋孔钻孔设备：采用 GY-150 型工程勘察钻机，该钻机的主要特点是，钻进效率高，钻机振动小，轴压低，工作平稳，主动钻杆钻进有刚度较好的导向器，成孔的直线性较好。钻具配备 ϕ110mm 金刚石钻头，ϕ300mm 开孔管，长度 2m、3m 岩芯导向管，ϕ50mm、ϕ42mm 副钻杆等。

2. 施工程序与方法

（1）钻孔。钻孔采用分段钻进、分段取芯、一次成孔的方法进行。钻机安装时采用激光定位仪测量定位，确保孔位偏差不大于 10mm，孔斜率不大于 8‰。开钻前精确调整钻机，确保钻杆处于垂直状态，并用螺栓固定在坝体结构上。

钻进过程中，不断加长导向管以保证钻进的垂直度，并定期用测斜仪进行测量，以保证孔斜率符合设计要求。钻头采用电镀金刚石钻头，经过对钻头的不断改进和施工实践摸索，钻进速度可达到 1.5m/h，加上钻孔取芯所需时间，钻孔速度在 5m/台班左右。

钻孔完毕后，全孔采用高压清水彻底冲洗干净，并测量孔深，符合要求后，采用孔口塞或钢盖进行孔口封闭保护。

（2）钢筋安装。植筋所用的钢筋型号通常采用Ⅱ级钢 ϕ36mm，钢筋接头采用等强度滚扎直螺纹连接工艺，每个孔内的多根钢筋的套筒接头应错开布置，错开长度不小于 1.0m。钢筋按设计要求下料接长，并安装好对中支架，使用前应校直、除锈、除油。

根据钢筋机械连接接头试验要求，对所选用的直螺纹套筒进行现场取样送检，其单向拉伸强度、高应力反复拉压强度等指标的检验结果均应满足接头连接的标准要求。

按照工艺设计要求，在植筋钻孔内安装钢筋的同时，应与钢筋一道放入灌浆管。钢筋的安装手段可直接利用现场布置的起重机械如坝顶施工门机、移动式吊车等进行施工。

（3）注浆。注浆材料选用 ICG-Ⅱ 无机黏结灌注材料，选择通过试验确定的配合比用于施工。用二次灰浆搅拌机搅拌 3~5min，利用活塞式灰浆泵往孔内注浆，注浆压力 0.5～0.7MPa，当孔较深时，最大压力为 1.0MPa。注浆浆液自搅拌制备至压入孔道的延续时间，视气温情况而定，一般在 30~45min 以内。

注浆从孔底开始，边灌注边缓慢提升注浆管，直至孔口返浆，采用 0.5MPa 压力屏浆 1~2min 后结束。

（4）保护。注浆完成后，修饰孔口，并及时用湿棉纱覆盖孔口。直到浆液凝固前，不得有任何扰动。

3. 施工技术要点

（1）植筋孔的孔位布置主要是根据原配筋部位及其老混凝土拆除情况、植筋的受力条件、最小保护层等综合考虑确定的，因此，在靠近大坝结构物的部位如启闭机大梁及公路梁等，根据设计和施工的需要，可对植筋孔位进行适当调整。

（2）为防止钻头切入混凝土时产生跳动，保证导向孔的精度，钻孔前端 5m 采用加空心套管的方法来保证所钻孔的直线度，以免孔位倾斜。

（3）为防止钻进过程中钻头的跳动引起钻孔的偏斜，做好垂直度精度控制，采取以下保障措施。

1）开钻前，调整钻机至水平位置，使钻杆处于垂直状态后，将钻机固定于混凝土结构部位上。选用四杆塔架，以减小钻机操作过程中钻机移动的可能性。由于所选用钻机整体刚度较大，而且植筋深度大多在 20m 以内，这一钻深对于所选钻机属于浅孔钻进，在此范围内其钻进垂直度能够得到充分保证。

2）选用刚度较大的副钻杆，加上导向管，可防止钻头钻进的偏摆，保证整体钻孔偏斜不大于 0.8%。

3）根据钻孔的钻进情况，分段加装钻孔扶正器，防止钻杆上部的偏斜。

4）钻进过程中，通过调整钻机主钻杆的给进压力，防止钻进偏摆。

5）在此类精度要求的钻孔取芯项目施工中，所有的钻工均采用熟练专业工。

（4）灌浆浆液在制备后，不论在使用之前还是在压注过程中，都应保持连续搅拌。对于因延迟使用所致的流动度降低的灌浆浆液，不得通过加水搅拌来增加其流动度。

（5）在植筋的安装作业中，严格按照工艺设计方案精细地操作，将事先备好的钢筋与 $\phi25mm$ 耐压胶管（注浆管）对准孔位，保持轻放、慢放，不允许高提猛落、强行下放，防止碰撞到孔壁；所植钢筋与注浆管顶面应伸出混凝土表面分别不小于 50cm、100cm，相邻孔错开布置。

（6）注浆应缓慢、均匀地进行，不得中断。注浆期间，根据计算的材料用量来掌控注浆密实度；通过单孔注浆试验得出正常工序的灌注时间。对现场拌制的浆液取样进行抗压强度试验，试验检测结果应满足设计要求。

4.5.4　预应力锚索施工

预应力锚索是一种大吨位的锚固工程技术，它具有施工灵活、见效快、干扰小、受力可靠等优点，故受到工程界各个领域的广泛应用，例如在水利、水电、铁路、公路、隧道、桥梁、矿山、码头、井巷、工业与民用建筑等工程中进行围岩加固、基坑加固、陡坡加固以及各种结构加固等。

在大坝加高新老混凝土结合面所进行的结构加固中，运用预应力锚索以穿过结合面的方式，将结合面两侧的混凝土结构体连锁在一起，并能够较好地从结构的外部传递结合面所需的锚固力，进行强大的结合力供给。大坝加高结合面加固主要有两种形式：一是仅穿过结合面，将新老混凝土缝合起来，即在坝体内实施内锚；二是从坝顶直下穿过结合面再继续直下伸到基岩里，既可将新老混凝土缝合起来，也能将整个坝体缝合在基岩上，这种形式即第 1 章所述的大坝加高分类中的预应力锚索式加高。在下面的叙述中，也主要是针对后一种形式。

1. 施工程序

预应力轴索施工工艺流程如图 4.21 所示。

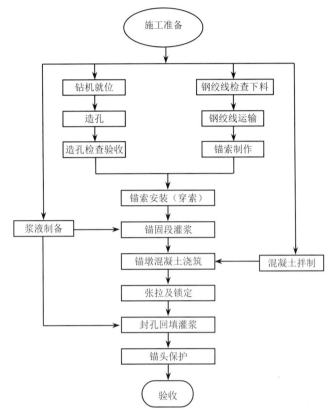

图 4.21　预应力锚索施工工艺流程图

2. 施工方法

（1）施工准备。在锚索施工前，对锚索施工范围进行察看，充分分析核对设计条件、环境条件、施工条件，编制施工组织设计，根据设计要求布设孔位和定向，清理场地，为钻机的安置稳妥和操作提供方便条件。同时，认真检查原材料的品种、型号及锚索的质量和主要性能，确认与设计要求相符。

（2）造孔。造孔按设计图纸和技术要求进行，包括钻孔、测孔、扩孔、固结灌浆与扫孔等各道工序。扩孔是为增加粘着式锚固段安全度等的特别措施。对具体工程的具体锚固段型式，应根据不同情况区别对待。各类钻孔都应该减少孔斜误差，以满足设计要求及减少张拉过程中的摩阻损失。钻孔过程中，保持下倾角的稳定，并随时进行检测。

锚索孔钻至设计孔深后，用高压风、水联合冲洗钻孔，并且保证内锚段穿过坝体及结合面且锚固于较好的基岩内，否则需进行灌浆及扫孔。钻孔完成且各项指标符合要求后，对孔口进行保护，进行下一道工序。若不合格，则进行回填，重新造孔。

（3）锚索制作（编索）。锚索体永久防护是在专业工厂完成的。锚索在编制前应除油、除绣并确保每根钢绞线顺直，不得扭曲变形或者交叉。施工现场应逐根仔细检查防护套外观，对在运输过程中出现的防护套破损情况进行必要修补，并逐根用胶带封死塑料防护套的下端。

编索方法分为两种形式：

1）对处于首次注浆段的锚索体（内锚固段及近 6m 长的自由段），使用隔离架将每根钢绞线均匀分布孔中。

2）对处于封孔注浆段的锚索体，采用松散法编索，即此处锚索体用尼龙绳按顺序松散联结钢绞线，以防止锚索体中钢绞线相互交叉、错位，并满足张拉一根钢绞线，而不影响其他钢绞线的要求。

首次注浆段锚索体通常每 2m 安放一个隔离架，封孔注浆段每 4m 安置一个隔离架或捆扎一道尼龙绳。锚索制作完成后进行编号、登记，同时做好防雨、防晒等保护工作。

（4）锚索安装（穿索）。锚索安装前，核对锚孔编号，确认无误后再用高压风或水清孔，然后将已编好的锚索体缓慢均匀送入孔内，使锚索在钻孔内顺直送到孔底，避免锚索体扭曲。锚索安装到位后，检查排气管是否通畅，若出现不通畅的情况，则拔出锚索重新安装。最后用钢尺量出孔外露出的钢绞线长度，计算孔内锚索长度，确保锚固段长度。

（5）锚固段灌浆。锚固段灌浆前，准确测量锚固段的实际长度，确认符合图纸要求。锚固段灌浆通过注浆管采用灌浆泵泵送灌注。灌浆时，注浆管应随浆液的注入而徐徐上拔，保证锚索锚固段的砂浆饱满。以实际灌浆量大于理论灌浆量，或以锚具排气孔不再排气且孔口浆液溢出浓浆作为灌浆结束的标准。如一次注不满或注浆后产生沉降，应补充灌浆，直至灌满为止。灌浆结束后，将注浆管、注浆枪和注浆套管清洗干净，同时做好灌浆记录。

（6）锚墩混凝土浇筑。锚墩混凝土浇筑在锚固段灌浆完后进行，浇筑前将垫墩范围内的岩面清洗干净，浇筑时使预埋孔口管与钻孔中心对中，混凝土台座垫板与钻孔垂直，并按设计要求预埋灌浆管、排气管、钢筋及其他埋件。锚墩混凝土浇筑时注意锚墩下部的振捣，防止出现蜂窝麻面等不密实现象。

（7）锚索张拉。待锚孔灌浆体强度大于 20MPa 且大于设计强度的 80%后，进行锚索张拉，锚索张拉顺序应避免相近锚索互相影响。张拉前，根据工程需要合理选择张拉机具；张拉机具在张拉前准备齐全并进行准确的率定和校验；换算各级拉力在液压表上的读数；安装夹片工作锚板和夹片，并使锚板与锚垫板尽可能同轴；按使用的钢绞线规格安装限位板；安装千斤顶，使前端止口对准限位板；安装工具锚，工具锚与张拉端锚具对正，不得使工具锚与张拉锚具之间的钢绞线扭绞；工具锚夹片表面和锥孔表面涂上退锚灵。

张拉采用分组、分阶段张拉工艺。张拉程序按设计要求进行。不同类型的锚束，其张拉步骤是不同的，一般情况下，张拉的步骤可以分为：反复超张拉、正式张拉和补偿张拉。张拉方法可采用单根预紧，整束张拉，分级加荷，一次张拉到位并在超张拉设计吨位锁定。为简化施工，可采用超载安装施工方法，以小千斤顶逐根预紧，大千斤顶整束张拉至超张拉吨位，保证锚索达到设计永存吨位要求。

锚索张拉时，逐级测量锚索伸长量。采用应力控制（千斤顶油压表控制）张拉，伸长值校核（理论伸长值和实测伸长值比较）的双控操作方法综合控制锚索应力，并兼顾测力计同步观测值。锚索张拉的全过程中应做好记录。

（8）锚索锁定。锚索张拉好后，调整锚具及夹片对准每条钢绞线的位置，从钢绞线的端部穿入锚具与钢板压平，将夹片压入锚具孔内，用钢管将夹片与锚具压紧，重新装上千斤顶，启动油泵开始张拉。待千斤顶与锚具压紧，张拉至锁定数值后，回油并拆下千斤顶，完成锁定。

（9）封孔回填灌浆。锚索张拉完成后，及时对锚头进行封锚。封孔回填灌浆前，检查确认锚束应力已达到稳定的设计值。灌注浆材与锚固段的材料相同，采用从锚索中的灌浆管进行灌注。回填灌浆自下而上连续进行。为保证所有空隙都被浆液回填密实，可在浆液初凝前进行 2～3 次补灌。

（10）锚头保护。在锚索张拉锁定完成后 48h 内没有出现明显的应力松弛现象，即可进行封锚。锚具外的钢绞线留存一定长度后，切除多余钢绞线，最后装上保护罩，填充好油脂进行封锚。

3. 施工技术要点

（1）锚索孔造孔时，应按设计要求的方位固定钻机，钻孔的孔深、孔径均不得小于设计值，钻孔的倾角、方位角应符合技术要求。测量孔斜是正确掌握钻孔质量的重要手段之一，从钻孔开始一直到钻孔结束，都必须进行测孔，发现钻进下倾角有偏差时及时纠正。

（2）造孔过程中，如遇到坝体混凝土钢筋太密，以及局部混凝土浇筑不密实或与大坝空腹及廊道相贯通时，可能出现卡钻和塌孔现象，给造孔带来一定的难度。对塌孔应进行固壁后再造孔。对坝体混凝土浇筑不密实的情况，可结合预应力锚索对大坝同时进行灌浆处理。

（3）锚索制作前，由于钢绞线在运输、堆放过程中，表面容易生锈，应对钢绞线进行除锈、防锈处理。钢绞线采用切割机下料，严禁使用电弧或乙炔焰切割。

雷雨时不得进行室外作业。编好的锚索体要求外表面光滑，各种管道通畅，管口做好临时封闭。最后妥善存放锚索体，并登记、挂牌，标明锚索编号、长度等。

（4）隔离架的安放要求做到：减小对孔壁的摩擦阻力，便于穿索；中心孔口能容纳灌浆管和排气管；边壁能包络住钢绞线。

（5）锚索安装前，详细检查钻孔情况，核对锚索编号是否与锚孔号相符，保证锚索在孔外尽可能平直，使孔深与锚索长度一致；检查附件及排气管是否完好，否则以予更换。

（6）内锚固段灌浆时，灌浆浆体在制浆站拌制均匀；灌浆作业直至排气管回浆为止；灌浆压力满足设计要求；灌浆过程不得中断。判别灌浆是否已饱满，可在孔口处将排气管插入盛水的容器中，观察气泡是否排完、管路是否回浆。要求回浆浓度与进浆浓度相同后方能结束灌浆。

（7）锚索张拉前，做好各项准备工作。事先准备好记录表格，以便在施工现场及时填写；各种测量工具包括量测引伸值的卡尺、量测各千斤顶是否同步的钢卷尺、钢板尺、校验压力表的砝码式校验仪、校验千斤顶的测力环、以及量测张拉力变化的测试仪器等准备到位。

（8）锚索张拉时，先对单根钢绞线进行预张拉，以使锚索各钢绞线受力均匀，再将所有钢绞线一起整体张拉至设计荷载时锁定。张拉控制以拉力为主，整体张拉吨位分级进行，并做好油压表编号、读数、钢绞线伸长值等记录。

4.5.5 复合锚固技术创新

在大坝加高工程新老混凝土结合的施工中，结合面锚固措施发挥了最基本、最直接的作用，通过锚固件穿透结合面，实施最直观的缝合、锁定、钉嵌、锚结等效能，为结合面提供了一个较强劲的结合面受力条件。然而，对于大中型或巨型的混凝土坝加高工程来说，在新老混凝土结合面仅仅采用通常的锚固措施，所发挥的锚固效果就比较有限了，因此，需要对各项锚固技术加以改进创新和集成，形成新型复合锚固技术，从而大幅度提高锚固措施的效能。

1. 单一锚固构件的复合效能

由于在结合面锚固的设计中，所采用的锚筋、锚筋桩、砂浆锚杆、植筋、预应力锚索等锚固构件均是被当作沿构件全线均一受力的状态所考虑的，而且将被锚固介质包括混凝土和结合缝面也作为均一状态来考虑，这样，使得锚固构件单质化，其效能的大小则取决于锚固体范围内的薄弱环节，这显然没有充分地发挥出锚固构件的潜在效能。

针对这一情况，研究实施复合锚固构件，个性化地考虑锚固构件所穿透的沿线结构体特征，对应性地找准并确定加固体及其传力带，使锚固构件最大限度地发挥其效能。加固体可选于被锚固体中，加固可采用高强材料高压灌浆等方法。

传力带介于加固体和锚固构件杆体之间，可采用高强水泥浆、高强砂浆等。复合锚固技术的实施，将显著改善锚固构件的传力机制和构件杆体的沿程设计，较大提高锚固构件的承载力和耐久性。

2. 锚固构件布设的复合体系

在新老混凝土结合面的锚固中，常用的布置方式是单一一种锚固构件均匀或有规律设置，或者多种锚固构件间隔或有规律地设置，显然这种方式比较简单，具有均衡性特征，这与新老混凝土结合面受力存在不均衡是不相匹配的。

为此，很有必要根据坝体受力特征和结合面的具体工况在结合面上布设锚固构件的复合体系，该体系基于针对运行过程中结合面受力分布或应力场的精确计算，然后，根据计算结果在整个结合面进行锚固构件的适配化布置，相应地形成锚固构件复合体系。该体系将综合体现具有互补性的多种锚固构件的复合、具有与结合面应力场相对应的空间布设锚固构件的复合、以及具有与锚固体范围相适应的锚固构件多种材质与尺寸的复合。

3. 锚固技术与其他增强结合技术的复合作用

如前所述，锚固是新老混凝土结合面增强结合功效的最基本、最直接的结构性措施，也是增强结合非常有效的一项措施。那么，在大坝加高新老混凝土结合面增强结合的措施中，如果只采取单一的锚固措施，必将造成解决问题的路径的单一化，进而无法适应对大坝加高后新老混凝土结合面所面临的复杂运行条件和载荷变化，甚至成为遭受集中破坏的对象。因此，需要研究锚固技术与其他增强结合技术的复合效能。

根据新老混凝土增强结合的解决方案，结合相关大坝加高工程实际，对新增键槽、复合锚固、界面密合材料等多项技术加以综合实施以产生新的复合作用开展了重点计算分析和试验研究，得出了具有重大实际意义的研究成果。结果表明，多项措施综合实施的复合作用明显，效果显著优于几种单项措施的简单叠加，完全能够发挥其团队化互补性而形成一个高性能整体。

4.6　界面密合技术

在新老混凝土界面涂覆界面黏合材料，是增强新老混凝土黏结作用、提高结合能力的一项重要的措施。在以往的工程中，常用的界面剂（材料）主要有水泥净浆（砂浆）、膨胀水泥浆（砂浆）、环氧树脂浆液（砂浆）、掺偶联剂等专用外加剂的水泥浆（或砂浆）等，它们都有各自的特点。但是，将这类界面剂用于增强新老混凝土结合面，其黏结强度低、抗侵蚀能力差、耐久性不高，有些界面剂成本较高、对人和环境还有毒害性，因此，研制性能更优异的界面剂用以提高新老混凝土结合界面的黏结强度十分必要。

为此，在黏结机理研究的基础上，研制新型界面黏结材料，相应开展了大规模的新老混凝土结合面黏结性能试验研究，涉及胶结材料包括各种水泥浆、砂浆、改性富浆混凝土以及有机型环氧基胶结材料等，在界面黏结性能试验方面积累了丰富的经验，对各种界面材料有了深刻的认识。然后，进一步优化筛选界面黏结主材，研制具有专门功效的母体材料——聚密，通过组合试验，最后，研发出一种新的无机型界面黏结材料——高效环保型界面密合剂。

4.6.1 界面密合材料的技术要求

1. 选材要求

根据界面结合黏结材料的功能要求，就是要将新混凝土与老混凝土黏结在一起，形成一个整体，其边界主体材料均为水泥混凝土材料。为了保持与周边材料性质的协调性，避免因变形性能和耐久性能不一致产生分离，在选材上首先选择无机水硬性粉剂材料，且具备可操作时间长，对人体和环境无毒害，早期黏结强度高，后期黏结强度稳定发展，结石体的弹性模量和线胀系数与混凝土接近并且抗侵蚀性强、耐久性高等特点。

2. 施工要求

水利水电工程大坝混凝土施工具有环境较恶劣（野外、高空、潮湿有水等）、工程量大、施工强度高、连续作业等特点，为了保证混凝土施工质量，从施工角度要求：界面剂施工时，能够按配比直接加水拌制，拌制后的浆体流动度经时损失小，浆体涂刷至老混凝土面上后黏附性好、不易垂滴，涂刷完至新混凝土覆盖的一段时间内不易干缩、开裂，同时其凝结时间可根据拌制、涂刷的工作时间、新混凝土的凝结时间及其他技术要求进行灵活调整，允许的工作时间和开放时间较长以方便施工，不受雨水和仓面积水影响等。

3. 成本要求

由于大坝新老混凝土结合面积较大，所以界面结合材料的用量也较大，其成本高低将直接影响加高工程造价，反过来也会影响密合剂的使用效能。混凝土施工不同于其他材料施工，要求施工不可间断，以免产生新的界面，所以选材应考虑材料易得、成本较低，选用成熟的工业产品或副产品，尽可能选用工业废弃物作为原料，既经济适用，也符合绿色环保的建设理念。

4. 性能指标要求

作为界面黏结材料，其主要作用就是将新老混凝土黏结为一个整体，因此最核心的性能要求就是需要好的黏结性能，而对材料本体的强度要求达到或者略微超过新、老混凝土的强度指标，过多地超出强度等于浪费。建材行业标准 JC/T907《混凝土界面处理剂》对此进行了详细规定，其物理力学性能指标见表 4.2。

表4.2　界面剂的物量力学性能

项　目		指　标	
		Ⅰ型	Ⅱ型
剪切黏结强度/MPa	7d	≥1.0	≥0.7
	14d	≥1.5	≥1.0
拉伸黏结强度/MPa	未处理　7d	≥0.4	≥0.3
	未处理　14d	≥0.6	≥0.5
	浸水处理	≥0.5	≥0.3
	热处理		
	冻融循环处理		
	碱处理		
	晾置时间/min	—	≥10
备注：Ⅰ型产品的晾置时间，根据工程需要双方确定			

注　表中黏结强度指标均为折断试件重新黏结的试验方法所得。

大坝工程是关系到国计民生的基础设施工程，为了保证加高工程新老混凝土黏结完好、耐久性高、实现联合受力，对黏结性能提出了很高的要求。预期性能指标见表4.2和表4.3。

表4.3　界面密合剂本体性能指标

材料	强度/MPa			
	抗折强度		抗压强度	
	3d	28d	3d	28d
新老混凝土界面密合剂	≥7.0	≥12	≥30	≥60

注　抗压强度试验采用70.7mm×70.7mm×70.7mm的试件。

表4.4　界面密合剂黏结性能指标

性能	14d 指标	28d 指标	备注
弯拉强度	≥70%同期混凝土弯拉强	≥85%同期混凝土弯拉强度或≥5.0MPa	老混凝土黏结面均为锯断的光面
劈拉强度	≥70%同期混凝土劈拉强	≥85%同期混凝土劈拉强度或≥2.0MPa	
轴拉强度	≥70%同期混凝土轴拉强	≥85%同期混凝土轴拉强度或≥3.0MPa	

4.6.2　密合剂的技术原理

由新老混凝土结合黏结机理研究成果可知，其结合部是"双界面—多层区"

结构，通过深入分析结合部受力特征，提出了新老混凝土"双因素应力平衡"界面密合模型，如式（4.11）。

$$\left.\begin{array}{l} \sigma_{结}＝\sigma_{内}－\sigma_{外} \\ \sigma_{内}＝\sigma_{啮}＋\sigma_{化}＋\sigma_{范} \end{array}\right\} \tag{4.11}$$

式中　　$\sigma_{结}$——新老混凝土结合力；

$\sigma_{内}$——内在力；

$\sigma_{外}$——外在力；

$\sigma_{啮}$——机械啮合力；

$\sigma_{化}$——化学结合力；

$\sigma_{范}$——分子间范德华力。

该模型揭示：新老混凝土结合质量取决于界面上的内在力（机械啮合力、化学结合力和范德华力）和外在力（外部结构应力、约束内应力）的矢量和，提高结合能力的关键措施是增强内在力与消减有害约束应力并举。

因此，提高界面黏结强度的措施需要全面综合考虑材料、施工等多方面的因素，一般认为，采用界面结合材料是提高界面黏结强度、保证新老混凝土界面密合的重要手段。按照材料的化学组成分类，混凝土界面结合材料通常分为无机和有机两类材料，无机材料一般以水泥基材料起胶凝黏结作用，有机材料大多以环氧基起胶结作用，通常都是通过提高起胶结作用的基材强度来达到提高黏结力的目的，所以各种类型的界面剂基本都是采用单一"增加强度"的设计思路研制的。

这样做的结果，导致了界面剂材料本体的性能指标越来越高，有时会高出新老混凝土性能的许多倍，但用于实际工程尤其是大坝加高工程时，由于空间多面约束条件会在结合层区产生较大的拉应力，打破体系的应力平衡而导致结合层区开裂，所以常常会出现实验室试验结果很好而实际应用效果不佳的现象，究其原因就是对新老混凝土"双因素应力平衡"界面密合模型缺乏充分认识，一味注重本体材料的高强度、高黏结性能，而忽视了因约束产生的有害应力对结合层的破坏作用。本研究的界面剂很好地解决了实际工程新老混凝土黏结难题，达到新老混凝土紧密结合、应力场耦合的效果，故名"密合剂"。

4.6.2.1　研究方法

由于国内外界面剂类产品在最新研究中所使用的方法、试件规格、对试件的处置方法等均不相同，致使成果的可比性都较差。在国内现行标准中，只有建材行业标准 JC/T907《混凝土界面处理剂》，该标准的技术要求远不能满足水工或交通等行业对提高新老混凝土结合面性能的要求，同时该标准中的试验检测方法及仪器设备均与水工或交通行业不同，以致产品在工程应用中的检测、验收无法操作。针对这一现状，首先需要选定科学的试验检测方法。

经过反复对比分析，试验仪器采用水利水电工程现场试验室专用的试验仪器设备。材料本体性能检验和黏结效果检验按照电力行业标准 DL/T5150《水工混凝土试验规程》执行，试验环境、仪器设备容易满足，方法简便。黏结效果检验中对老混凝土黏结面的处理，统一采用切割生成的光面，避免了在劈裂或弯折断面因为粗糙度、断面损伤程度不一带来的试验误差。

在增强界面结合强度方面，最常用的方法就是采用水泥净浆、砂浆或者富浆混凝土作为界面增强材料，可谓是最原始的界面结合材料。随着环氧改性材料的发展，环氧砂浆等高分子黏结材料被广泛应用到混凝土缺陷修补和增强等工程中，这些材料在本体强度、黏结性等方面具有较大优势而成为高效界面剂的主流，但这类有机材料也存在着老化、有毒副作用、施工环境要求高、工艺复杂等缺点，尤其是用在新老混凝土坝体结构方面，由于大体积混凝土结构的强约束特性，这个界面结合层的许多性质如变形性能与无机的水泥混凝土存在差异，极易在结合部形成应力集中区，而导致结合部开裂，这就是某些有机界面结合材料室内黏结性能很好而在现场应用时效果出不来的根本原因。所以，综合以上研究成果分析，密合剂选材采用无机组分，主体组分以硅酸盐类粉体和氧化硅颗粒组成。

在统一了试验方法和确定密合剂基本组分之后，首先对各种密合剂配方开展室内拌制试验、性能试验，优选 2～3 个配方，再以当前成熟的代表性产品为空白进行黏结性能对比试验，通过对比试验确定密合剂最佳配方。

4.6.2.2　技术原理

在全面揭示新老混凝土结合机理的基础上，采取既提高其内在力、同时削减有害应力的"双管齐下"的设计路线开展密合剂研制。首先，混凝土是一种性能随时间变化的材料，且龄期越长变化越小，新、老混凝土存在龄期差异，有时这种差异达数十年之久，这就必然造成新、老混凝土在强度成长过程中任意时刻点的性能是不同的，即新混凝土浇筑时，老混凝土已然固化，具有较高强度，其性能随时间变化已很小甚至不变化，而新混凝土此时正是水泥水化、强度生成并快速增长期，此阶段的性能差异不可调和，直接导致了新老混凝土应力场耦合性差；其次是大坝加高混凝土的空间多面约束特点，一方面是新混凝土的性能剧变、体积变化的"刚性需求"，另一方面是老混凝土抵抗变化的强烈约束，这种新老混凝土之间的变形与约束不可调和。

此外，密合剂研制还应考虑大坝加高施工现场环境与施工技术特点以及水工建筑物长期运行要求，主要有以下几个方面。

1. 成本控制

在确保研制的密合剂满足各项技术性能要求的前提下，尽可能降低成本，需广泛收集国内外具有预期功能的新性能原材料，开展系统的开发、比选、试验、检测，从中选取性价比最高的各组分材料。

2. 安全环保

现有的界面剂类材料中，有机产品基本都有一定毒害性，无机材料中也含有一些有毒的材料，组分设计选材需选取无毒、无害材料。

3. 简便易操作

现有的界面剂类材料中，有机产品一般是多组分现场配制使用，使用不便且质量难以保证；无机产品虽施工方便，但性能不能满足要求。且施工工艺复杂则不易保证质量，也就影响实际使用效果，所以新型界面密合剂研制应重点考虑现场施工的便利。

4. 对基底混凝土适应性

大坝工程混凝土施工条件差，为保证界面材料能均匀涂刷到干、湿基底混凝土上并充分地黏着，组分需考虑增加黏附力和适应潮湿基面的成分。

5. 各类气候条件下延长开放时间

已有的施工经验表明：当界面剂涂刷到基底混凝土表面之后，由于各种原因不能及时覆盖新浇混凝土时，将会导致界面剂因为凝结、干缩、沾水等原因而大幅度降低黏结质量。组分中需考虑含有防止水分挥发、减少或消除收缩、延缓凝结的成分，以延长作业时间。

6. 后期黏结强度增长和耐侵蚀性能

现有的界面剂类材料后期黏结强度不再增长甚至会降低，新型界面密合剂组分中需加入与水泥水化后的产物继续反应、并能消除外来化学物质侵蚀的材料。

7. 长期黏结效果

密合剂不仅需要与老混凝土具有良好的黏结力，还需要与新混凝土的融合，所以其组分应能与混凝土中各种原材料配伍相容，可以全过程适应混凝土湿胀干缩、热胀冷缩性能的变化，确保长期黏结效果。

4.6.2.3　技术路径与方案

1. 影响结合强度的因素

从以上分析可知，新老混凝土界面的结合强度偏低的因素主要有：

（1）老混凝土中的水泥已经完全水化而失去活性并不再有体积收缩，但新浇混凝土自浇筑之后一段时间内体积一直在收缩，因此在黏结区的混凝土中形成了复杂的内应力，致使该区的新混凝土内存在裂纹。复杂的内应力和裂纹将影响黏结区混凝土的力学性能。

（2）新老混凝土结合面处往往是新浇混凝土泌水、排气的集中处，该处与整浇混凝土内胶浆包裹的骨料周围存在的水囊类似，孔隙多、不密实、水胶比大。界面区中主要存在有 C-S-H 凝胶（水化硅酸钙）、C-H 晶体[$Ca(OH)_2$]、AFt（钙矾石）和未水化的熟料颗粒及孔洞、裂缝，其中 C-H 晶体数量多而且晶体尺寸较大，同时界面区中孔洞较多时，对界面黏结将产生不利影响。

（3）老混凝土尤其是龄期很长的老混凝土的弹性模量与新浇混凝土的弹性模量差异较大，当受到温度和外部荷载作用时，新老混凝土将产生不等量的变形，在结合部位产生较大的变形差异。

（4）老混凝土表面湿润不充分，新混凝土浇筑后，老混凝土吸收了部分水分，使得新混凝土水化不充分降低结合面附近新混凝土强度。

在扫描电镜下可以观察到新老混凝土界面层中有疏松多孔的薄弱过渡层，该过渡层使新老混凝土的晶体接触面积减少，晶体之间距离增大，范德华力降低，致使黏结强度降低。

2. 技术设计路径

显然，如密合剂减少薄弱过渡层内粗大晶体的含量，则过渡层的晶体接触面积将增大，晶体间距离也将减小，新老混凝土之间的范德华力也会增加；再使密合剂改性老混凝土界面，使过高的亲水性降低，则可预计，浇新混凝土时在其表面将不但不会形成水膜，而且能够使界面处的局部水灰比转变为低于设计值，使取向性强的针状钙矾石和氢氧化钙结晶没有生长空间，难以形成粗大晶体，其微细结构更密实，范德华力更强。更进一步，如密合剂能使结合层区产生大量化学键，则可能使新老混凝土黏结强度找到新的增长途径，带来新老混凝土黏结性能质的突破。由此分析制定密合剂组分设计方案如下：

（1）为降低成本，在尽可能大的范围内收集预期使用的材料，进行试验筛选，从中选取性价比最高的各组分材料。

（2）选择无害的无机材料为组分，确保环保无毒害。

（3）为方便施工，选择粉状无机材料混合复配而成，现场使用时按比例加水拌和均匀即可涂刷使用。

（4）为保证材料能均匀涂刷到干、湿基底混凝土上，组分中掺入增加黏附力的成分。

（5）掺入防止水分挥发、降低甚至消除收缩、延缓凝结的成分，其中降低甚至消除收缩的组份共有 3 种，分别从物理、化学方面发挥作用，以延长密合剂涂刷后开放时间，使新混凝土浇筑更加从容。

（6）在主体组分之外添加活性材料，可以与来自本身以及新浇混凝土的对黏结强度不利的水化产物（如氢氧化钙、水化硫铝酸钙）反应，生成更加致密、强度更高的矿物，做到变害为利，从而提高界面的黏结强度。

（7）添加表面活性剂，可以降低胶凝材料的水胶比，改善密合剂浆体的物理性能，使其受新浇混凝土早期的收缩变形的影响较小，减少界面区的裂纹和应力，从而提高胶凝材料的黏结强度。

（8）添加某种活性材料，可以降低本体的泌水性并吸收新浇混凝土的泌水，从而降低薄弱界面区的厚度、改善薄弱界面区性能。

（9）添加膨胀成分，使材料本身具有膨胀性，可以消除自身收缩以及减少新浇混凝土收缩形成的危害应力，从而提高抗裂强度。

（10）添加活性材料和某种惰性材料，可以使材料本身在覆盖新混凝土之前的干缩及自生体积变形（收缩）大幅降低，减少本体内的损伤，从而提高黏结强度。

（11）添加保水材料，可以减少界面密合剂浆体在覆盖之前的干缩而提高黏结强度。

（12）掺入多种能与水泥水化后的产物反应的材料，以增加界面的黏结强度，同时消除外来化学物质的侵蚀造成的危害。

（13）由于需要密合的主体的组分都是常规混凝土类材料，可以使密合剂与混凝土的湿胀干缩、热胀冷缩性能接近，确保长期黏结效果。

综上思路，密合剂研制基本路径如下：从解决上述技术、施工以及经济、环保等问题出发，从现行供应稳定的成熟工业产品中粗选材料，进行原材料的基本性能试验，按照组分基本化学反应和性能叠加原理再从中选择基本组分，设定1～3个组分比例并交叉设计出若干配方，按配方复配进行工作性试验，淘汰工作性不合格的配方，对剩下配方开展性能试验，优选性能满足要求的组分及配方。在近万组试验基础上，发明了一种应力消散型新老混凝土结合界面密合剂，本剂以硅酸三钙和硅酸二钙为主要成分的硅酸盐矿物、"聚密"和氧化硅颗粒为主体组分掺加相关外加剂复合而成。

4.6.3　密合剂研制试验

4.6.3.1　试验内容

1. 配方设计

根据上述理论研究与调查分析，确定的密合剂初步配方以重量份计如下：

硅酸盐矿物粉体 30～40 份，火山灰活性粉体 10～20 份、降低收缩的活性粉体 5～10 份、降低收缩的惰性颗粒 35～55 份、表面活性剂 0.5～1.0 份、缓凝剂 0.2～0.3 份、保水剂 0.1～0.4 份。

2. 施工性能研究

通过调整密合剂组分及不同的水料比，使调制的密合剂浆体具有如下特点：流动性适宜，容易涂刷、不垂滴；涂刷至老混凝土表面的浆体在一定的时间内干缩少、干裂少、凝结时间达到预定要求。试验项目有：不同组分、不同水料比时浆体的流动性、黏合度、凝结时间、干裂等。

3. 结石体性能研究

在前期研究的基础上，对一定组分、一定水料比的密合剂结石体的性能进行试验、研究，试验项目有凝结时间和抗压强度。

4. 黏结效果室内试验研究

在前期研究的基础上，制备 4 种组配型式密合剂，与国内外主流无机、有机界面材料一道，做新老混凝土黏结面不同龄期的劈拉、弯拉、轴拉强度试验，进行效果比较，包括老试件的制备、黏结试件的制备、黏结强度试验。

5. 最终配方确定

通过试验成果分析，调整并最终确定密合剂配方。

4.6.3.2　组分试验

1. 表面活性剂试验

表面活性剂的功能主要起减少用水量、降低水胶比、提高强度的作用。为使用方便，选用粉状表面活性剂，初步选取国内性价比较高的 3 种表面活性剂，通过试验比选最终确定选用其中 1 种用作表面活性剂，编号为 A，试验成果见表 4.5 和表 4.6。

表 4.5　表面活性剂比选试验结果

种类	掺量/%	净浆流动度/mm				
		0min	30min		60min	
			流动值	损失值	流动值	损失值
活性剂 A	0.8	168	135	33	101	67
	1.1	188	162	26	140	48
	1.4	204	187	17	169	35
	1.7	235	212	23	183	52
	2	213	196	17	170	43
活性剂 B	0.8	180	152	28	112	68
	1.1	210	168	42	128	82
	1.4	225	173	52	122	103
	1.7	216	152	64	105	111
	2	201	138	63	98	103
活性剂 C	0.8	187	160	27	141	46
	1.1	210	191	19	167	43
	1.4	190	164	26	145	45
	1.7	184	155	29	138	46
	2	172	140	32	116	56

注　1.试验方法：GB50119《混凝土外加剂应用技术规范》。
　　2.净浆水灰比：0.35。

表 4.6　表面活性剂 A 性能检测结果

检测项目	计量单位	检测结果
（常压）泌水率比	%	1.82

检测项目		计量单位	检测结果
凝结时间之差	初凝	min	700
	终凝	min	799
3d 抗压强度比		%	142
含固量		%	93.09
密度		g/cm³	1.003
细度		%	3.9
pH 值			5.6
表面张力		mN/m	27.2
氯离子含量		%	0.73
硫酸钠含量		%	6.58

2. 水泥基胶凝材料试验

水泥基胶凝材料的功能主要起提供主体强度的作用。选用 3 种不同的材料，通过试验比选最终确定选用其中 1 种用作水泥基胶凝材料，编号为 G，试验成果见表 4.7。

表 4.7　水泥基胶凝材料 G 试验成果

检测项目		检测结果
标准稠度/%		27.4
凝结时间/min	初凝时间	112
	终凝时间	215
安定性（雷氏法）/mm		0.5
3d 抗折强度/MPa		5.7
28d 抗折强度/MPa		9.5
3d 抗压强度/MPa		29.7
28d 抗压强度/MPa		53.8

3. 富硅玻璃体试验

为降低干缩并消除水化产物中对黏结强度有害的成分，同时为增加浆体黏附性、降低本体的泌水性并吸收新浇混凝土的泌水、降低薄弱界面区的厚度、改善薄弱界面区性能并消除水化产物中对黏结强度有害的成分，达到提高结石体强度的目的，需要加入 2 种活性掺合材料，每种材料各选 3 种做比选试验，最终确定 2 种用作活性材料，编号为 I、E，试验成果见表 4.8。

表 4.8　富硅玻璃体试验成果

检测项目	样品编号	烧失量/%	三氧化硫/%	含水量/%	需水量比/%	细度(45um 方孔筛筛余)/%
检测结果	I	1.73	0.84	0.2	94	5.6
检测项目	样品编号	二氧化硅含量/%	固体含量/%	含水量/%	需水量比/%	活性指数 H28/%
检测结果	E	85.22	98.8	1.2	125	86

4. 复合膨胀材料试验

为减少或消除干缩及自生体积变形造成的危害,需要加入某种材料,该类材料发生反应后体积增大,可以补偿并消除结石体的收缩。通过 3 种该类材料的比选试验,最终确定 1 种减少收缩材料,编号为 K,试验成果见表 4.9。

表 4.9　复合膨胀材料试验成果

检测项目		检测结果
标准稠度/%		26.2
凝结时间/min	初凝时间	150
	终凝时间	255
限制膨胀率 ε/%	7d 水中	0.026
	21d 空气中	−0.015
	28d 水中	0.0338
碱含量/%		0.75
7d 抗折强度/MPa		6.6
28d 抗折强度/MPa		8.8
7d 抗压强度/MPa		31.7
28d 抗压强度/MPa		45.3

5. 氧化硅颗粒试验

为进一步减少收缩、降低干缩及自生体积变形造成的危害,需要加入某种不产生收缩的材料并降低胶凝材料的比例。通过 3 种该类材料的比选,最终确定 1 种该类材料,编号为 L。试验成果略。

6. 纤维素醚试验

浆体拌制好至涂刷及新混凝土覆盖之前,会因为日照、刮风等因素失水干缩而降低新老混凝土的黏结强度;为尽量减少浆体失水,需加入某种保水材料。通过 3 种该类材料的比选,最终确定 1 种该类材料,编号为 M。试验成果略。

通过上述密合剂组分试验,确定了多组密合剂配方,供施工性能、本体性能与黏结性能试验进行配方优选,最终确定科学的密合剂配方。

4.6.3.3　施工性能试验

合适的浆体应该对老混凝土具有良好的黏附性、涂层不流淌、垂挂少、不同环境条件下干裂少的性能。试验项目包括浆体黏附性、涂层流淌性、干裂性以及浆体凝结时间，通过对多个配方进行试验，确定适宜的水胶比、灰砂比、涂层厚度，试验成果见表4.10～表4.13。

表4.10　涂层干裂性能试验成果

水胶比	灰砂比	涂层厚度/mm	干燥状态下涂层表面描述			
			不吹风30min	不吹风60min	吹风30min	吹风60min
0.28	1:0	3	一些宽大裂缝	一些宽大裂缝	一些宽大裂缝	较多宽大裂缝
0.28	1:0.2	3	少量微裂缝和宽裂缝	少量微裂缝和宽裂缝	少量微裂缝和宽裂缝	一些宽大裂缝
0.28	1:0.5	3	少量微裂缝	少量微裂缝	少量微裂缝	少量微裂缝和宽裂缝
0.28	1:0.8	3	较少量微裂缝	较少量微裂缝	较少量微裂缝	少量微裂缝
0.28	1:1.1	3	少量细微裂缝	少量细微裂缝	少量细微裂缝	较少量微裂缝
0.28	1:1.4	3	较少量细微裂缝	较少量细微裂缝	较少量细微裂缝	少量细微裂缝
0.28	1:1.7	3	不可见细微裂缝	不可见细微裂缝	不可见细微裂缝	较少量细微裂缝
0.28	1:2.0	3	不可见细微裂缝	不可见细微裂缝	不可见细微裂缝	不可见细微裂缝

表4.11　涂刷施工性能试验成果

水胶比	灰砂比	涂层厚度/mm	浆体涂刷的施工性能描述（即拌即涂）
0.22	1:0.8	3	不能黏附至老混凝土
0.23	1:0.8	3	不能黏附至老混凝土，很难抹
0.24	1:0.8	3	部分黏附至老混凝土，难以抹开
0.25	1:0.8	3	部分黏附至老混凝土，不易抹开
0.26	1:0.8	3	容易黏附至老混凝土，不流淌
0.27	1:0.8	3	容易黏附至老混凝土，不流淌
0.28	1:0.8	3	容易黏附至老混凝土，微流淌
0.29	1:0.8	3	容易黏附至老混凝土，微流淌
0.30	1:0.8	3	容易黏附至老混凝土，慢流淌
0.31	1:0.8	3	容易黏附至老混凝土，满流淌
0.32	1:0.8	3	容易黏附至老混凝土，快流淌
0.33	1:0.8	3	容易黏附至老混凝土，快流淌
0.34	1:0.8	3	容易黏附至老混凝土，快流淌
0.35	1:0.8	3	容易黏附至老混凝土，流动性太大

表 4.12　涂刷厚度性能试验成果

水胶比	灰砂比	涂层厚度 /mm	浆体涂刷的施工性能描述	
			0min	30min
0.27	1∶0.8	1.0	容易黏附至老混凝土，不流淌	无明显下坠
0.27	1∶0.8	1.5	容易黏附至老混凝土，不流淌	无明显下坠
0.27	1∶0.8	2.0	容易黏附至老混凝土，不流淌	无明显下坠
0.27	1∶0.8	2.5	容易黏附至老混凝土，不流淌	有微小下坠
0.27	1∶0.8	3.0	容易黏附至老混凝土，不流淌	有微小下坠
0.27	1∶0.8	3.5	容易黏附至老混凝土，微流淌	有明显下坠
0.27	1∶0.8	4.0	容易黏附至老混凝土，微流淌	有较明显下坠

表 4.13　不同配方浆体凝结时间试验成果

检测项目		配方 1	配方 2	配方 3	配方 4	配方 5
凝结时间/min	初凝时间	265	480	465	500	495
	终凝时间	632	510	510	544	540

4.6.3.4　本体性能试验

本体性能试验主要检验密合剂的质量稳定性，试验项目有：凝结时间、抗压强度。试验成果见表 4.14。

表 4.14　密合剂本体性能试验成果

检　测　项　目		检测值
凝结时间/min	初凝时间	547
	终凝时间	598
抗压强度/MPa	3d	43.6
	28d	81.2

当用于抗冲磨部位时，还需要进行抗冲磨性能试验。试验时将混凝土试件的冲磨面磨去 5mm，浸水 2h 后，涂上界面密合剂使试件尺寸满足要求。试验条件为：冲磨速度为 40m/s、磨料含量为 7.5%。

将用界面密合剂修补的混凝土表面与常规混凝土、掺 HF 抗冲磨剂的混凝土进行对比试验，试验成果见表 4.15。

表 4.15　界面密合剂抗冲磨性能试验成果

试件种类	水泥品种	级配	水胶比	砂率/%	抗冲磨强度/[h/(g/cm²)]
常规混凝土	P.O42.5	1	0.35	41	1.604
掺 HF 混凝土	P.O42.5	1	0.35	41	1.630
界面密合剂修补的混凝土表面	—	—	0.14	—	2.086

4.6.3.5 黏结性能试验

材料中各组分的相对含量均会影响密合剂的施工性能、黏结强度、制造成本，要确定黏结强度最高、使用最方便、成本低廉的配方，可以通过各种组合试验来筛选，数量将十分庞大。为此，在多种配方和涂层厚度的黏结强度试验的基础上，选出了较优的几组配方，再通过进一步黏结强度、施工性能复核试验选出最优配方。

工程实际中，常用黏结强度和抗剪强度来评价新老混凝土的结合性能，检测方法有：黏结面的劈拉试验、抗折试验、抗剪试验、直接拉伸试验、抗拔试验（原位试验）。由于劈拉试验具有操作简单、试验结果直观等特点，因此在大坝加高工程中，大多采用劈裂抗拉试验方法进行界面剂黏结性能研究，且通常采用立方体试件的劈裂面做黏结性能试验。但由于老混凝土面的宏观粗糙度对黏结强度有显著影响，若老混凝土面为劈裂面，难免会因为老混凝土界面的宏观粗糙度不一致，影响试验精度；另一方面，即便是对老混凝土进行粗糙度处理，也很难使所有对比试件具有相同的粗糙度，试验精度也会受到一定影响。

为了消除老混凝土界面的宏观粗糙度不一致对试验精度的影响，在黏结性能试验中，对劈裂抗拉试件所使用的老混凝土的黏结面采取了如下处理方式：将150mm的立方体试件在35d龄期时切割成2等份，再用钢丝刷刷洗干净备用，老混凝土面（黏结面）基本为光面，使各试块黏结面宏观粗糙度一致；将直接拉伸试验的老混凝土采用砂浆试件，用极限抗拉试模制备，养护到45d后从中间劈开，选取断面平整、粗糙度一致的砂浆块备用，这样黏结面的宏观粗糙度基本一致，但宏观粗糙度比切割面要高得多，与工程实际接近。

1. 混凝土试件制作

（1）老混凝土试件。劈裂抗拉试件：C45、二级配混凝土，150mm的立方体试件在35d时切割成2等份，再用钢丝刷刷洗干净备用。混凝土龄期为90d。

直接拉伸试件：采用砂浆制作试件，砂浆配比为：灰:砂:水＝1:1.86:0.42；用极限抗拉试模成型，养护到45d后从中间劈开，选取断面平整、粗糙度一致的砂浆试块备用。砂浆龄期为60d。

（2）新混凝土试件。采用中热42.5水泥，$W/C=0.40$，砂率为40%。新混凝土龄期14d、28d。

2. 黏结试件制作

老混凝土试块在水中浸泡12h后取出，擦洗黏结面，放置30min至表面干燥，用毛刷涂刷界面黏结材料，除环氧胶外，其他界面黏结材料厚度均为1～3mm，然后晾置30min，再放入150mm的立方体试模（劈裂抗拉试验）和极限拉伸试模中的一侧，黏结面朝新浇混凝土，另一半装入新混凝土后在振动台上振动成型，龄期分别达到1d（劈拉试件）及5d（极拉试件）后脱模，放入混凝土养护间养护。劈裂抗拉试验每组4个试件、极限拉伸试件每组3个试件。

3. 试验方案

空白试件为水灰比 0.40 的普通 42.5 水泥净浆，对比试件为某改性环氧胶，选择研制的 HTC-1、HTC-2 两个型号的新型界面密合剂分别在两种工况下共 4 种型式做室内黏结试验进行优选。

试验编号 1：普通 42.5 水泥净浆，水灰比 0.40，用毛刷蘸浆体后，涂刷到老混凝土黏结面上。

试验编号 2：某改性环氧胶，按使用说明书配制，A:B＝3:1，将 A、B 液混合均匀后，涂刷到老混凝土黏结面上。

试验编号 3：HTC-2 型界面密合剂，按水胶比 0.27 调制成浆体后，涂刷到晾干的老混凝土黏结面上。

试验编号 4：HTC-2 型界面密合剂，按编号 3 涂刷 1 遍后，晾干后再涂刷 1 遍。

试验编号 5：HTC-1 型界面密合剂，按水胶比 0.16 调制成浆体后，涂刷到晾干的老混凝土黏结面上。

试验编号 6：HTC-1 型界面密合剂，按编号 5 涂刷 1 遍后，晾干后再涂刷 1 遍。

4. 黏结面劈裂抗拉试验

试验时，黏结面竖直，上下垫条均与黏结缝重合。试件劈开后测量断面尺寸计算面积，黏结劈拉强度按式（4.2）计算。试验结果见表 4.16，试验效果见试件破型后的断面情况图如图 4.22 所示。

表 4.16　黏结面劈裂抗拉试验成果

试验编号	界面剂种类	14d 劈拉强度/MPa		劈开后黏结面状况	28d 劈拉强度/MPa		劈开后黏结面状况
		单值	均值		单值	均值	
1	普通 42.5 水泥净浆	1.04、1.10、1.00、0.64	0.94	黏结面断开＋新老混凝土均未破坏	1.91、1.88、1.15、0.90	1.18	黏结面断开＋新老混凝土均未破坏
2	改性环氧胶	1.33、1.03、1.14、1.31	1.20	黏结面断开＋新老混凝土均有破坏	1.08、1.34、1.01、1.64	1.27	大面积黏结面断开＋小面积新混凝土破坏
3	HTC-2	1.54、1.48、1.84、1.59	1.60	黏结面断开＋新混凝土破坏	1.76、2.05、2.00	1.94	小面积黏结面断开＋大面积新混凝土破坏
4	HTC-2	1.64、1.74、2.05、1.72	1.79	黏结面断开＋新混凝土破坏	1.99、2.18、1.92、1.72	1.95	小面积黏结面断开＋大面积新混凝土破坏
5	HTC-1	1.77、2.11、2.38、2.31	2.14	小面积黏结面断开＋大面积新混凝土破坏	2.22、1.62、2.18	2.20	小面积黏结面断开＋大面积新混凝土破坏
6	HTC-1	2.11、2.17、1.93、1.77	2.00	小面积黏结面断开＋大面积新混凝土破坏	2.24、2.05、1.85、1.36	2.05	小面积黏结面断开＋大面积新混凝土破坏

图 4.22　劈拉试件破型后断面图

5. 黏结面直接拉伸试验

试验时，试件竖直，黏结面水平。试验结果见表 4.17，试件成型及试验破型后断口情况如图 4.23 所示。

表 4.17　黏结面直接拉伸试验成果

试件编号	界面剂种类	14d 轴拉强度/MPa			28d 轴拉强度/MPa		
		单值	均值	拉开后黏结面状况	单值	均值	拉开后黏结面状况
1	普通 42.5 水泥净浆	2.08、1.91、1.95	1.98	界面断开	1.94、1.83、2.84	2.20	界面断开
2	改性环氧胶	2.23、2.34、2.21	2.26	50%界面+50%新混凝土破坏	2.18、2.91、2.11	2.40	50%界面+50%新混凝土破坏
3	HTC-2	2.40、2.55、2.58	2.51	50%老混凝土+50%新混凝土破坏	2.96、2.63、2.39	2.66	50%老混凝土+50%新混凝土破坏
4	HTC-2	2.55、2.68、2.50	2.58	50%界面+50%新混凝土破坏	2.90、3.39、1.80	3.14	50%界面+50%新混凝土破坏
5	HTC-1	2.68、2.78、2.66	2.71	40%界面+60%新混凝土破坏	3.35、1.46、3.18	3.26	40%界面+60%新混凝土破坏
6	HTC-1	2.31、2.37、2.46	2.38	50%老混凝土+50%新混凝土破坏	2.91、2.19	2.55	50%老混凝土+50%新混凝土破坏

4.6.3.6　试验成果分析

从劈拉及直接拉伸试验成果可知，在本试验条件下，HTC-1 型（编号 5）界面密合剂涂刷一遍对于提高新老混凝土结合面的黏结强度效果最好。

（1）其 14d 劈拉强度与普通 42.5 水泥净浆（W/C=0.4）相比提高了 128%，与改性环氧胶相比提高了 78%。

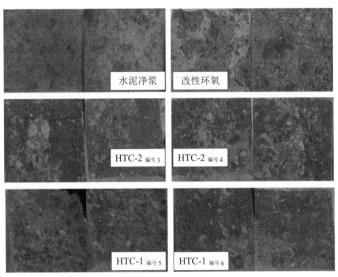

图 4.23　直接拉伸试验后试件断面图

（2）其 28d 劈拉强度与普通 42.5 水泥净浆（W/C=0.4）相比提高了 86%，与改性环氧胶相比提高了 73%。

（3）其 14d 轴心抗拉强度与普通 42.5 水泥净浆（W/C=0.4）相比，提高了 36.9%，与改性环氧胶相比提高了 19.9%。

（4）其 28d 轴心抗拉强度与普通 42.5 水泥净浆（W/C=0.4）相比，提高了 48%，与改性环氧胶相比提高了 35.8%。

从劈拉试验后试件断面性状可知，界面密合剂试件的断面完全看不到原光滑的切割面，说明破坏面不在界面；参与比较的其他界面剂试件的断面光滑平整，破坏面基本都是原界面。

从材料组成分析可知，HTC 型界面密合剂属于水泥基界面剂，其结石体的弹模、线胀系数与混凝土的弹模、线胀系数接近。随着龄期增长其黏结性能会更进一步提高，其中部分材料为延滞性胶凝材料，后期强度增长会更大一些。

4.6.4　密合剂的技术创新

根据研究总体思路及目标，在重新认识新老混凝土结合机理的基础上，采取既提高其内在力、同时削减外在力中有害应力的"双管齐下"设计路线，在近万组试验基础上，最终研制出了新型的新老混凝土结合界面密合剂。

1. 设计思路创新

突破常规混凝土界面剂单纯"增加强度"设计思想的束缚，将界面层的密合剂设计成超缓凝，利用新浇混凝土与密合剂层在凝结固化上的时间差，在新浇混凝土急剧变形的初期，密合剂组成的界面层仍具有相当的塑性，可吸收其大部分变形，从而消减新老混凝土之间的相互约束，使界面结合方式从"硬碰硬"转为"软着陆"，从根本上解决了一直以来新老混凝土性质差异导致的结合难题。

众所周知，混凝土的特性是时间的函数，其变化速率也是时间的函数，假设新浇混凝土的性能指标设计得与老混凝土一致或接近，随着龄期的增长，老混凝土性能变化不大，而新浇混凝土的变化就显得很大，这样新老混凝土的性能差异总是很难全部消除。以往设计的界面结合材料，尽管结合强度再高，也无法抵抗由于新、老混凝土性能差异产生的有害应力而在结合部位或附近破坏。为了解决这个关键技术问题，大胆尝试一种全新的混凝土设计方法，即承认新老混凝土性能差异这个客观事实，在新老混凝土结合处设置一个过渡层，通过过渡层的特殊设计使得新混凝土在浇筑初期性能急剧变化时在界面形成一个过渡缓冲区，来减弱老混凝土对新浇混凝土的约束，从而达到良好结合的目的。本研究的界面密合剂在新老混凝土之间形成界面过渡层，在新浇混凝土成型后发生剧烈收缩变形的初期阶段，界面材料一直处于塑性状态，新混凝土的收缩变形将不再受到老混凝土的刚性约束，消除了新混凝土初期收缩时受老混凝土刚性约束而造成的结合面的剪切损伤和应力集中；在界面材料凝结之后，其收缩变形相当于新混凝土后期收缩变形的一半，从而使新老混凝土之间的变形差异呈梯级下降，进一步降低了新老混凝土结合面的应力集中程度，最大限度地降低了新混凝土收缩变形对黏结效果的危害。

2. 选材设计创新

从与新、老混凝土性能相适配的角度出发，选择水泥基材料作为界面密合剂的主要胶凝成分，选择一定级配的氧化硅颗粒作为主要填料，与新老混凝土所用材料同属无机硅酸盐类，其弹性模量和线胀系数等特性相近，与新、老混凝土的协调性好且耐久性高，而且这些组分材料均是目前成熟的工业产品或副产品，容易获得且质量稳定可靠，材料本身及反应产物环保无毒害；组分中较多的利用了工业废渣，有利于减少工业废渣对环境的污染和危害，是真正意义的绿色建材。

3. 配方组分创新

本研究的界面密合剂，选用的组分材料可与水泥水化产物中对黏结不利的矿物成分发生反应，生成更加密实、强度更高的矿物，做到变害为利，界面材料与新、老混凝土相互作用渗透，形成耦合，使新混凝土、老混凝土、界面材料三者成为一个整体，极大地提高了黏结能力；同时在界面密合剂中添加了某种活性组分，会持续地与其他组分的反应产物发生反应，弥合界面层内因老混凝土的刚性约束产生的微裂隙、裂纹，消除界面层收缩变形损伤对黏结的不利影响，使界面层混凝土具有一定的自愈能力。

在组分材料中研究了一种提高黏结性能的新材料——聚密，它的主要成分有：富硅玻璃体母料、硫铝酸盐矿物、纤维素醚等。聚密中的硫铝酸盐矿物反应可以调节密合剂的体积变形，使其后期的变形介于新老混凝土之间，减小了新老混凝土之间的变形梯度，有效降低结合面的有害应力水平；聚密与新、老混凝土接触面一定厚度范围内的水泥水化产物中对黏结不利的矿物成分 $Ca(OH)_2$ 等发生反应，降低体系的碱度，生成晶体更细、密实程度和强度更高的矿物，做到变害为利，提高了分子间范德华力和机械啮合力。聚密中所含的富硅玻璃体材料，可以降低本体的泌水性能并吸收新浇混凝土的泌水，从而降低薄弱界面区的厚度、改善薄弱界面区性能。此外，聚密能增加密合剂与混凝土的粘附性，使之对干燥或潮湿的老混凝土面均有良好的适应性。

4.7　本　章　小　结

新老混凝土结合施工技术是大坝加高混凝土结构工程施工的主要内容与关键所在，施工的效率与效果对新老混凝土结合工程的施工成本、施工进度和施工质量具有显著的影响，更是影响加高后坝体安全稳定运行的关键因素。

本章内容从新老混凝土结合机理研究出发，提出并建立了新老混凝土结合面之间的增强结合措施，包括结构措施、材料措施和综合措施。通过对这些措施的综合研究与工程应用，有效地促进了新老混凝土结合施工技术的进步与发展，并在工程实践中取得了理想的效果。本章研究工作的主要成果如下。

1. 新老混凝土结合机理研究

通过对新老混凝土结合的抗折、抗拉、复合受力、剪切强度的塑性极限、收缩、断裂等各项性能的试验研究，得出了新老混凝土结合的一系列特征规律及各相关因素的影响作用，建立了新老混凝土结合的"双界面—多层区"模型。

试验研究结果表明：结合面粗糙度、界面黏结材料、新老混凝土性能匹配、新老混凝土温度场协调是影响新老混凝土结合能力的主要因素，新老混凝土结合效果不佳的实质是新老混凝土的性能差异所致，纠正了原来单纯强调增强其内在力来提高新老混凝土结合效果而忽视减小有害约束应力的片面认识，强调结合措施"双管齐下"，即在提高其内在力的同时，采取措施削减外在力中的有害应力。一方面，为了获得较大的界面结合机械啮合力，需要从结构形态上突破，改变结合面结构形态，增设人工键槽；另一方面，研发全新界面黏结材料，既能获得较高的化学结合力和分子间范德华力，还同时具有协调消化新老混凝土性能差异的功能，以减小新老混凝土相互约束产生的有害应力，从而保证良好结合。

2. 新增人工键槽施工方法研究

在广泛收集、获取现有混凝土外形改换各种施工方法的基础上，通过综合分析和比较各种方法的优缺点，充分吸纳之所长，随之进行多种工况组合试验和集成创新，研发出了优质、高效率、低成本的新增人工键槽施工方法。本方法采用大功率液压圆盘锯切割和静态爆破相结合的"锯割静裂法"，即首先对键槽的下部轮廓面采用液压圆盘锯切割，然后对键槽的上部轮廓面采用钻孔后灌注静态膨胀剂将键槽混凝土同坝体混凝土分离，最后形成完整键槽。经过南水北调丹江口大坝加高工程施工实践表明，采用本方法成型人工键槽，不仅工效高、适合大规模施工，而且成型质量好、成本低，综合效益显著。

3. 多重组合锚固方法研究

基于新老混凝土结合机理研究成果，在全面分析研究新老混凝土结合界面实施传统的锚固方法及其应用成效的基础上，结合南水北调丹江口大坝加高等工程的施工实际，创新提出了结合面多重组合锚固方法。本方法从单一锚固构件杆体沿程、多种锚固构件平面布阵、锚固与其他增强结合技术立体组合等多个层面加以综合集成，形成了一个针对性强、作用功效高的结合面锚固系统。通过工程实践应用证明，复合锚固方法能充分发挥锚固系统的多重组合效应和复合倍增作用，有效地增强了新老混凝土结合性能。

4. 新型环保界面密合材料研究

从界面结合黏结材料入手，通过对现行各种界面胶结材料包括水泥浆、砂浆、改性富浆混凝土以及有机型环氧基胶结材料等进行研究和分析，在此基础上开展了大量的新老混凝土结合面黏结性能对比试验研究，研制出一种新型的高效环保型界面密合剂。本密合剂采用无机材料配方，通过交叉试验筛选出界面密合主材料——聚密，由硅酸盐矿物、"聚密"和氧化硅颗粒为主体组份复合而成。具有黏结性能好、抗侵蚀性强、耐久性高、结石体的弹模、线胀性能与混凝土接近，对人体和环境没有毒害，施工方便、成本低廉等突出优点。经工程应用后检测结果表明，新型界面密合剂的界面黏接强度超过新、老混凝土的本体强度，尤其适用于大坝加高混凝土界面结合的施工。

第5章 新浇混凝土施工技术

5.1 概　述

通过在老坝体上新浇混凝土可以实现大坝加高。由于结构设计的需要，加高坝体不仅需要在高度方向进行加高，可能需要在厚度方向进行培厚和轴线方向需要加长，这些加高、培厚和加长的混凝土都有一个共同的特性，就是都需要与老坝体接触，并与老坝体能紧密结合在一起，达到联合受力、共同作用的效果。这部分加高、培厚和加长的混凝土通称为新浇混凝土。根据新老混凝土结合机理研究成果可知，新浇混凝土性能以及新老混凝土结合层区的设计和处理对增强新老混凝土结合能力、保障加高工程的耐久性等具有重要意义。

5.1.1 总体思路及目标

大坝加高工程中的新浇混凝土不同于其他混凝土的地方是：除本身满足设计要求的强度、耐久性等要求外，还需要与老混凝土良好结合，从新老混凝土结合机理研究可知，新老混凝土性能差异是导致结合问题的主要原因。

众所周知，混凝土是一种可塑性较好并随时间不断硬化可达自然界岩石性能的一种"人造石"，尤其是现代混凝土中掺入较多掺合料和外加剂后，其硬化周期变得更长且可调。这样一来，新老混凝土性能差异的矛盾就显得不可调和，使新老混凝土结合这个难题更显突出。相对新浇混凝土而言，老混凝土的性能变化速率很小甚至不变，而新浇混凝土性能在施工后一定时期内持续变化，伴随着水化反应，混凝土的强度、体积变形、温度、徐变等性能都在不断变化，尤其在浇筑初期变化剧烈。即使将新混凝土按老混凝土实际性能指标进行设计，但由于新老混凝土性能变化速率的较大差异，新老混凝土性能差异很快就显现出来，如果考虑这个变化差异进行新混凝土设计，则势必在早期产生很大差异。

我们知道新浇混凝土在硬化过程中体积变化剧烈，老混凝土体积稳定对新混凝土产生较大约束，使新混凝土或者老混凝土内部产生较大拉应力，当拉应力大于混凝土抗拉强度时即产生混凝土裂缝，破坏混凝土的整体性，导致混凝土的耐久性降低，出现病害，从而直接影响加高工程的质量和使用寿命。

由上可知，新老混凝土性能差异是导致新老混凝土结合难题的根源，针对新老混凝土性能差异的客观事实，仅采用增强的手段是无法从根本上解决新老混凝土结合难题的，需要在新老混凝土结合机理研究的基础上，研究新老混凝土匹配的设计方法与新浇混凝土配合比设计，研究新浇混凝土智能通水冷却等综合温控技术与措施。

通过对新老混凝土结合工程进行大量调查，从宏观到细观研究其结合机理和增进措施，提出了"过渡层"耦合设计理念，即将新浇混凝土分两部分进行设计，把紧邻老混凝土一定厚度区域的混凝土，作为界面混凝土进行设计，通过界面混凝土这个过渡缓冲区（Z3-1）来减弱老混凝土对新浇混凝土（Z3-2）的约束，实现新浇混凝土在老混凝土上的"软着陆"，从而达到良好结合的目的。研究大体积混凝土智能通水冷却技术，建立混凝土温度场仿真可变边界条件计算模型，应用传感器技术、物联网技术、信息化技术、自动测控技术等实现混凝土仓内的智能温控，以保证新浇混凝土温度场均匀变化，避免有害温度裂缝的产生和发展。

5.1.2 研究内容

新浇混凝土施工技术的主要内容包括：界面混凝土研制、新浇混凝土配合比设计、新浇混凝土施工以及温控技术研究等。

1. 界面混凝土研制

在界面混凝土的研制方面，基于新老混凝土结合"双界面—多层区"结合模型，建立结合层区性能匹配的耦合设计理念，通过结合层区混凝土性能参数的分析、计算、试验、设计和优选，研发出适应于在新老混凝土之间具有较强"协调能力"的一种新的混凝土即界面混凝土，并进一步提出其设计参数。

2. 新浇混凝土设计

在新浇混凝土的设计方面，重点考虑以新浇混凝土的设计性能去接近老混凝土的实际性能，即依据老混凝土实际的力学变形性能适当提高新混凝土性能指标，使新老混凝土尽可能的协调变形，通过研究，创建在这一设计思路下的混凝土配合比设计及配制方法。

3. 新浇混凝土施工

在新浇混凝土施工技术方面，根据大坝加高新浇混凝土的各项特点，重点研究狭窄空间条件下的混凝土入仓手段，该手段不但实现浇筑范围内无盲区，而且满足加高混凝土施工质量和施工强度的需求。同时，研究提出新浇混凝土在人工键槽部位、狭窄空间、钢筋密集区、埋件部位以及其他细部结构部位的施工要点。

4. 新浇混凝土温控

在新浇混凝土的温度控制方面，归纳分析适用于大坝加高混凝土施工温度控制的各项综合技术措施，在此基础上，研发新浇混凝土温度控制的个性化、自动化、智能化通水冷却系统，以实现加高坝体新浇混凝土温度变化过程的实时监测与控制，保障新浇混凝土的施工质量。

5.2　界面混凝土

5.2.1　界面混凝土的作用

国内外学者在研究新老混凝土结合问题时，注意到了界面区域的矿物成分、矿物晶体特性、厚度对新老混凝土黏结性能的影响，并采取了相应的技术措施如提高界面材料的强度、消除界面区有害的矿物等来解决，但实际效果均不理想。究其原因还是由于新老混凝土性能的差异不能调和，导致新老混凝土相互约束在结合界面区产生细微损伤和有害应力集中，以往的研究与实践均是侧重于增强界面结合能力和增强新浇混凝土抗裂能力等措施，即所谓的"硬碰硬"，既然这种"硬碰硬"的增强措施不能很好解决这个问题，也不经济，则有必要更换思路来进行研究。

为此，在广泛调研和深化研究的基础上，全面揭示出新老混凝土结合机理，采用性能匹配的设计思想进行新浇混凝土设计，即在新老混凝土结合处设置一个过渡层区，通过过渡层区的特殊设计，使得新混凝土在浇筑初期性能急剧变化时在界面形成一个过渡缓冲区，以减弱老混凝土对新浇混凝土的约束，从而达到良好结合的目的。

按照新老混凝土结合"双界面—多层区"结合模型理论，新老混凝土之间的结合层区包括老混凝土侧影响区 Z2-1、结合面黏结区 Z2-2，结合层区主要采用界面剂来增强黏结，前面描述的新型界面密合剂除了增强黏结，还具有协调新老混凝土变形的作用，但是密合剂层厚度较薄，在变形协调方面的能力有限，所以很自然的想到增加一个功能层厚度，即在老混凝土面和新混凝土之间涂刷新老混凝土结合界面密合剂之后，再浇筑一个层区的功能性混凝土，这层混凝土对新老混凝土结合影响很大，其性能介于新老混凝土之间，可有效吸收消纳新老混凝土之间的相互约束，实现新浇混凝土在老混凝土上的"软着陆"，这层具有特殊功能要求的混凝土即界面混凝土 Z3-1。

5.2.2　界面混凝土设计

5.2.2.1　设计技术原理

界面混凝土作为一种功能混凝土，其主要作用是协调新老混凝土的性能差异、实现新老混凝土应力场的耦合。大量试验与研究表明，界面混凝土功能可通过下面两个方面的技术措施得以实现。

1. 通过超缓凝性能协调变形

在界面混凝土中，通过掺加缓凝剂、调整混凝土胶凝材料及掺合料品种与用量，可以延缓水泥水化过程，以增加混凝土凝结时间、延长界面混凝土塑性阶段，这样设计出的界面混凝土具有比 Z3-2 区新浇混凝土更长的凝结时间。在 Z3-2 混凝土固化过程中，界面混凝土 Z3-1 仍处于塑性阶段，可大量吸收 Z3-2 凝固过程产生的体积形变，释放老混凝土约束产生的有害应力。研究表明：为充分发挥界面混凝土的变形协调性能，凝结时间宜在 35h 以上，主要通过掺超缓凝剂实现，也可选用特定组分的胶凝材料进行配合比设计实现。

2. 通过低收缩性能协调变形

通过掺用微膨胀剂调整界面混凝土自生体积变形，力求达到弱收缩或微膨胀，尽量减小与老混凝土的体积变形梯度，以减弱老混凝土的约束，降低结合层区应力梯度，达到保护黏结区并降低结合层区混凝土开裂风险。

由上可知，界面混凝土设计不仅在凝结时间、自生体积变形等设计指标有别于 Z3-2，在胶凝材料与外加剂选择方面也有特定要求。除此以外，可按 DL/T 5330《水工混凝土配合比设计规程》通过试验选定施工配合比。

界面混凝土的性能发挥，在新混凝土浇筑后的初期体积急剧变化阶段，利用其呈塑性状态来消除新混凝土变形对黏结效果的危害；同时利用其性能介于新老混凝土之间的特性在新老混凝土之间形成一个结合层区，减小了新老混凝土之间的变形约束，降低了新老混凝土结合部位应力梯度，改善了新老混凝土结合效果。而在新浇混凝土后期，界面混凝土层凝结后的变形约等于新混凝土后期变形的一半，在新混凝土剩余变形期间通过界面混凝土层使新老混凝土之间的变形呈梯级下降。由于界面混凝土层的设置，新混凝土、界面混凝土、老混凝土之间的力学性能差异成梯级缓慢过渡，可以大幅度降低甚至避免混凝土结构承受荷载时应力集中及受力变形差异大带来的危害。

5.2.2.2 设计配制方法

界面混凝土的配制，首先需确定胶凝材料。鉴于已研制出的新老混凝土结合界面密合剂具有黏结能力强、可吸收新混凝土变形、与界面区混凝土水化产物持续反应等特性，是性能良好的胶凝材料。所以，在界面混凝土的研究试验中，采用界面密合剂替代水泥等被用作胶凝材料。

按照水工混凝土配合比设计方法配制界面混凝土，研究试验表明：界面混凝土的组分（重量计）如下：水 1～1.5 份，新老混凝土结合界面密合剂 7～9 份，细骨料 2～3 份，粗骨料 10～14 份。其中粗骨料最大粒径为 40mm，细骨料为中砂，粗骨料中小石与中石的比值为 1:1，用水为 120～135kg/m³。水胶比根据密合剂型号不同而不同，丹江口大坝加高界面混凝土研究中采用的水胶比为 0.16，主要配合比设计参数见表 5.1。

表 5.1 界面混凝土设计参数表

界面密合剂（胶材）/kg	水胶比	级配	砂率	用水量/kg
812.5	0.16	二	32%	130

按上述方法设计的界面混凝土配合比与试验成果见表 5.2。

表 5.2 界面混凝土配合比与试验成果表

检测项目		检测值
凝结时间/min	初凝	1815
	终凝	2259
抗压强度/MPa		54.5
劈拉强度/MPa		4.27
弹模/10^4MPa		4.11
极拉/10^{-6}		118
抗渗性		>W14
抗冻		>F300
自生体积变形/10^{-6}		-10
黏结强度/MPa		4.6

注 1. 表中试件龄期均为 90d。
2. 配合比：水 130kg，界面密合剂 813 kg，砂 141 kg，小石 673 kg，中石 673kg。

研究证明，采用上述设计思路和方法设计的界面混凝土，能使新浇混凝土性能在浇筑初期急剧变化时，界面混凝土尚未硬化，具备良好的变形适应能力，使新浇混凝土自由变形，待新浇混凝土变形大部分完成后，界面混凝土开始硬化，将新老混凝土结合在一起，可有效降低结合层应力集中，增进密合。

5.3 新浇混凝土设计

5.3.1 新浇混凝土技术要求

众所周知，混凝土材料的工程特性不仅与混凝土强度等级、配合比、施工条件、工作环境等因素有关，浇筑完成的混凝土在不同龄期的工程特性仍处在变化中，而且变化速率与龄期有关。新老坝体混凝土龄期相差很大，以南水北调中线丹江口加高工程为例，新老混凝土龄期相差近 30 年，就现行的工程技术水平而言，新老混凝土的强度、弹性模量的发展过程难以做到协调一致。此外，新浇混凝土的收缩变形同样在新老坝体内产生应力，特别是在新老混凝土结合界面处，由于弹性模量突变，使得温度场应力变化梯度局部加大。

总之，由于混凝土材料的主要性质是时间的函数，当两种混凝土黏结在一起时，只要存在时间的差异，少则十几天，多则几十年，都不可避免地会遇到新老混凝土性能不协调的问题，要么早期差异大而后期差异逐渐减小，要么早期差异小而后期差异不断加大，如何寻找最佳结合点正是新混凝土设计的关键所在。类似于坝工混凝土基础部位的约束区，新混凝土越接近界面，新老混凝土相互约束越强，反之越弱。所以，在大坝加高混凝土施工中，需要对这个约束区的混凝土进行专项设计。

由以上分析可知，新浇混凝土的性能除了需满足结构安全要求外，还需要考虑与老混凝土性能协调的问题，根据性能匹配的设计原则，新浇混凝土性能尽量接近老混凝土，包括以下一些具体要求：混凝土弹性模量和极拉值增大，自生体积变形较小，发热量减小，早期徐变增大等。在这些要求中，很难做到全面兼顾，但总的设计原则是尽量缩小结合层区的约束。

徐变可以降低混凝土因湿度和温度变化而产生拉应力，试验中受约束的混凝土条形试件表明：水化慢的水泥通过徐变避免了很大临界拉应力的发展。徐变通常与强度相反，强度越高，徐变越小。凡影响强度的因素如组分、水泥细度或水化程度等也影响徐变：在一定荷载下，水泥浆体强度越低，徐变能力越大。老混凝土的徐变在经过数十年的运行后已基本结束，在新老混凝土结合部位，最担心的就是其结合能力，如何使新老混凝土结合紧密而不产生裂缝，除了结构措施外，最主要的就是新混凝土的性能设计。

为此所采取的解决方案是：依据老混凝土实际的力学变形性能适当提高新混凝土性能指标进行新浇混凝土设计，使新老混凝土尽可能的协调变形，减小因变形约束而产生的拉应力，同时提高混凝土抗裂性能，使混凝土本体抗裂能力提高。

5.3.2　设计配制方法

1. 设计方案

由于老混凝土龄期长，一般来说其实际强度要比原设计强度高出许多，设计新混凝土时，可以钻取老混凝土芯样做强度试验，并以实际取芯强度作为设计强度等级参考，这样一来，新混凝土强度一般都会比原等级要略高，这样可保证新浇混凝土的强度和弹性模量更加接近老混凝土，但同时也会增加工程造价，所以从经济性原则考虑，可以增加一些混凝土分区。

另外一项研究成果就是通过材料和配比优化增加混凝土的徐变度，通过混凝土徐变产生应力松弛效应，减小界面区的应力集中。主要措施是加大粉煤灰掺量、选用矿渣掺量高的水泥、选用细度偏大的水泥，尽可能延缓水化反应时间，既保证混凝土早期强度满足施工和设计要求，又保证混凝土后期强度有较大增长，以这种设计思路所设计的混凝土具有早期强度低，后期强度发展空间大，混凝土徐变较大等特性，可以降低混凝土拉应力，减少混凝土裂缝产生。

2．方案解决措施

（1）通过减少水泥用量以及具有减水、缓凝及引气效果的复合型高效外加剂的使用，改善混凝土和易性，提高混凝土耐久性、抗渗性和抗裂能力，延缓水化热发散速率。

（2）选择发热量较低的中、低热水泥、较优骨料级配和Ⅰ级粉煤灰，优选复合外加剂（减水剂和引气剂），降低混凝土单位水泥用量，以减少混凝土水化热温升和延缓水化热发散速率，提高混凝土抗裂能力。

（3）通过配比试验优化混凝土配合比，保证混凝土所必须的抗拉强度、施工匀质性指标及强度保证率，改善混凝土抗裂性能，提高混凝土抗裂能力。

（4）选用较低的水灰比，采用高掺粉煤灰，以提高其极限拉伸值和弹性模量。

3．设计实例

以丹江口大坝加高工程为例，通过配合比优化设计措施，设计的新浇混凝土主要参数与性能见表 5.3 和表 5.4。

表 5.3　新浇混凝土设计参数

水泥种类	粉煤灰掺量	减水剂	引气剂	水胶比	级配	砂率	用水量/kg
低热 42.5	30%	0.7%	1.5×10^4	0.35	三	27%	100

表 5.4　新浇混凝土主要性能

抗压强度 (90d) /MPa	劈裂抗拉强度(90d) /MPa	凝结时间/min		弹模 (90d) /GPa	极限拉伸 (90d)	自生体积变形(90d)	抗渗等级 (90d)	抗冻等级 (90d)
		初凝	终凝					
42.3	3.42	834	1187	33.4	113×10^{-6}	-18×10^{-6}	>W14	>F300

从对比设计的混凝土徐变试验可知，优化设计后混凝土徐变度增大约 50%左右，90d 龄期徐变度增加约 10×10^{-6}/MPa。徐变试验成果曲线如图 5.1。优化设计前的混凝土徐变度曲线如图 5.2 所示。

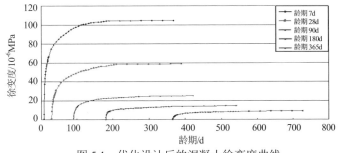

图 5.1　优化设计后的混凝土徐变度曲线

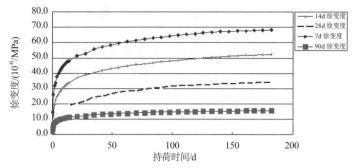

图 5.2　优化设计前的混凝土徐变度曲线

5.4　新浇混凝土施工

与通常的大坝混凝土浇筑施工相比，加高大坝新浇混凝土施工具有设计结构相对复杂，技术要求高，作业面分散，空间相对狭窄，手段布置困难，细部结构如界面混凝土、人工键槽、仪器埋设等特殊部位较多，施工难度较大等特点，以下针对在这些特点下的新浇混凝土施工从入仓手段、特殊部位浇筑及混凝土养护几方面进行叙述。

除此之外，用于常规混凝土施工过程中如混凝土生产、运输，结构分层、分块，仓面设计，入仓手段配置，混凝土入仓、平仓、振捣、收仓等其他环节的施工规划、施工程序与方法等，均可用于大坝加高的新浇混凝土施工。

5.4.1　新浇混凝土入仓手段

在大坝加高混凝土施工中，只要施工作业空间允许，通常的浇筑手段如塔带机、胎带机、履带式起重机、轮胎式起重机、门式起重机、塔式起重机、揽式起重机、混凝土泵车、真空溜管、溜槽等都可选用。但多数情况下，大坝加高施工空间都会受到不同程度的限制，因此，采用通常的混凝土浇筑手段很难正常发挥设备效能，造成有效的入仓手段缺乏，尤其是大型工程施工中，混凝土输送不及时会导致施工不均衡而影响工程质量，甚至产生冷缝，最终引发结合部开裂。这时，就需要根据现场实际条件重新选择和布置手段，或者采取"量身订制"浇筑入仓手段的措施。

国内外已有的大坝加高混凝土施工实践表明，采用以下两种研制的专用入仓设备能够较好满足施工的需要：一种是狭窄空间无盲区高速布料系统——拐臂布料机；另一种是真空溜槽与带式输送机或布料机组成的混凝土入仓联合供料线。

5.4.1.1　拐臂布料机

1. 工程需求背景

在巨型或大型水利水电工程混凝土施工中，经常遇到诸如大坝加高、地下厂房等空间位置狭窄、不利于门塔机、缆机等混凝土运输通用设备布置的状况。在这种情况下，往往会选择混凝土泵（车）、吊车（桥机）配卧罐等运送入仓的施工方法，但这些方法又存在速度慢、效率低，而且水泥用量大、温控与专用机械成本费用高等许多不足，为解决在狭窄空间环境下，且混凝土工程量较大，混凝土施工期长的浇筑手段难题，迫切需要研发一种新型无盲区高速入仓设备，为此，自主研制出了符合上述要求的拐臂布料机。

2. 原理及布置

拐臂布料机是由设于前端的桁架式出料输送机（通常称之为1号输送机）和设于后端的桁架式上料输送机（通常称之为2号输送机）通过1号输送机尾上部与2号输送机头下部的回转支撑连接盘铰接，形成可以左右水平回转和上下仰俯升降的带式输送系统。角度传感器与PLC控制器根据2号输送机运行角度，控制液压自动调平系统动作，保证液压自动调平的回转支撑装置始终处于水平状态，形成仰俯回转动态调平系统（简称液控回转支撑）。1号输送机可以绕液控回转支撑中心回转，同时可以绕铰接点上下仰俯摆动。

在拐臂布料机布置上，2号输送机前端上部用锚挂卷扬升降系统斜拉于坝身的混凝土壁上，输送机的尾端与回转连接盘铰接，连接盘安装于经优选的坝体部位的锚架上，该坝体部位应位于需浇筑混凝土区域的最佳部位，即满足拐臂布料机的2号输送机尾部受料点能方便地接收拌和楼转运过来的混凝土，以及拐臂布料机可最大覆盖需浇筑混凝土区域的部位。2号输送机可以绕回转连接盘中心水平转动，也可绕回转连接盘铰接点上下仰俯运动。1号输送机前端用悬索挂于场区内已有起吊设备或锚挂于坝身的另一处混凝土壁上。进料输送机前端伸至2号输送机尾部，尾端连接料斗设置在坝体之外，如图5.3所示。

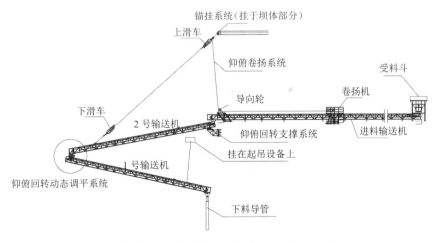

图5.3 大坝加高拐臂布料机结构示意图

拐臂布料机采用 1 号与 2 号输送机输送混凝土，1 号与 2 号输送机可以上下仰俯运动，可以水平转动，具备运动至其覆盖范围内任意一点，实现无盲区布料。2 条输送机展开可以扩大浇筑区域，折叠可以减少空间位置占用，有利与狭窄空间施工设备的布置以及避免各工序间施工干扰，保障安全施工。对于大坝加高施工可以利用老坝体混凝土壁布设，以最大限度地避免施工区域的占用。布置中，可根据需要调整拐臂布料机高度，便于避让工程结构等，以保障设备安全运行。

3. 输送流程

拐臂布料机的混凝土输送流程：拌和楼拌制的混凝土→进料输送机尾部受料斗→进料输送机→2 号输送机尾→2 号输送机→2 号输送机头→液控回转调平系统→1 号输送机尾→1 号输送机→1 和输送机头→下料导管→浇筑仓位。

4. 操作要点

（1）拐臂布料机规划与技术参数的确定。大坝加高工程的结构尺寸与特征各不相同，所配备的混凝土运输设备也各不相同。因此，应根据工程结构与既有设备情况，确定具体的混凝土运输工艺流程，同时确定布料机系统的组成与技术参数。

（2）操作前的准备。

1）配备固定的拐臂布料机运行操作人员，运行操作人员具备输送机运行使用及混凝土施工的专业经验，总控与指挥人员应熟悉输送机操作使用技术及混凝土施工的专业工艺要求。

2）对操作人员与相关指挥协调人员进行培训，使其熟悉设备工作原理、操作方法、注意事项、维护要求。

3）操作人员应参与设备的安装调试，熟悉设备状况与功能，在技术人员的指导下进行空载及初次运行操作。

4）按照拐臂布料机使用说明书对设备进行检验与维护。

5）根据具体浇筑情况，制定指挥协调联络方法、程序及运行管理组织结构，保证系统运行顺畅。

6）按照现场施工相关照度的标准规定做好照明布置，保证良好的运行监控视野。

7）操作人员了解并掌握浇筑要求、浇筑仓位区域相关结构、设备状况，做好布料程序、下料点运行轨迹的预先规划。

（3）拐臂布料机运行。

1）混凝土开浇前，检测系统输送带、滚筒、刮刀、清扫器、挡料罩、导料槽、桁架（尤其焊接部位、铰接接头）等有无损伤或不正常状况。

2）检查混凝土浇筑部位及拐臂布料机系统内外通信联络状况，空载启停系统，确认系统正常。

3）拐臂布料机运行的关键是布料操作，其空间运动由 1 号输送机的牵引决定，操作人员应时刻注意设备空间运动状况，保证布料准确，防止设备与钢筋、上下游岩壁及其他结构等碰撞。按照仓面指挥人员要求布料，布料动作要稳、准、慢。

4）控制放料速度，保证混凝土下料均匀。

5）总控人员应注意下料导管状况，防止堵料；根据仓面浇筑情况及仓面指挥的要求，协调系统的操作。

6）各部位操作人员，注意监控系统运行状况，发现异常，立即拉动或操作急停装置，停止设备运行。

7）混凝土浇筑运输过程中一般不进行 2 号输送机仰俯操作，仅升降牵引吊钩改变 1 号输送机的仰俯角度，从而改变布料高程。

8）拐臂布料机 1 号、2 号输送机的仰俯角度有一定的范围，同时要注意 1 号、2 号输送机之间的相对角度，操作时注意仪表角度显示及限位开关等的报警提示，避免拐臂系统结构相互干涉及损坏设备结构，影响正常使用。

9）2 号输送机前端两侧安装防碰撞胶圈或缓冲软垫，减少碰撞时的冲击力，保证设备运行安全。

拐臂布料机操作流程如图 5.4 所示。

（4）仰俯操作要点。

1）在混凝土浇筑完后或不浇筑混凝土时，为避免施工干扰，将拐臂布料机平行靠边悬挂在坝体的一定高程处，以便检查清洗和检修维护。

2）混凝土浇筑前，将拐臂布料机从坝体悬挂处牵引至布料点并将布料高度调整到合适高程。首先轻轻提起 1 号输送机，再松开吊挂 1 号与 2 号输送机的牵引固定绳，使拐臂布料机与坝身离开一定距离，并牵引至布料点，此时，根据布料高度要求，启动卷扬装置，改变 2 号输送机的仰俯角，同时注意调整 1 号输送机的仰俯角，防止设备结构间干涉，使拐臂布料机的下料高度符合规范要求。

3）改变布料位置时，拐臂布料机如受周边结构或设备障碍，需要改变拐臂布料机空间高程位置。

4）混凝土分层浇筑需改变浇筑高程时，提升拐臂布料机 1 号输送机。

（5）维护操作要点。

1）拐臂布料机输送完混凝土后，输送机系统靠边悬挂安放并进行清洗和维护。

2）对布料机系统任何黏附混凝土的部位及时进行清理。黏结的混凝土通常采用薄铲进行干状清除，然后采用清水冲洗。冲洗时应做好场地排水，避免废水流入仓面，影响刚浇筑的混凝土质量。

3）刮刀、桁架下层结构、回转支承、混凝土转料部位、输送带表面为重点维护清理对象。

4）刮刀是避免混凝土中砂浆流失，保证质量的重要部件。调节刮刀对输送带的压力时，从低到高逐级调节，直到将黏附输送带表面的砂浆刮净为最佳压力状态。布料机运行过程中，刮刀属易损件，应经常检查其磨损情况并及时更换。黏附在刮刀上的混凝土需在凝固前将其清理干净，防止其干结固化后划伤输送带，影响混凝土浇筑质量与输送带使用寿命。

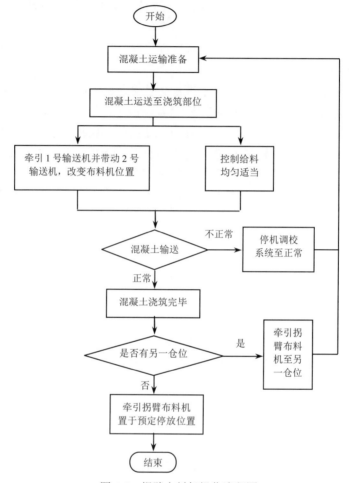

图 5.4　拐臂布料机操作流程图

　　5）导料槽、挡料罩、下料导管为输送过程混凝土冲击部位，易打坏磨穿，注意检查修补与更换。

　　6）各铰接、回转连接部位为设备布料转动关键部位，定期检查上油，保证转动运行正常。

　　7）桁架结构焊接部位、结构框架表面、吊点等受力及易疲劳破坏部位，应加密检查，避免结构破坏，影响安全运行。

　　8）锚挂卷扬提升钢丝绳等构件需经常检验，按照其破坏判定的标准和规定的使用寿命及时予以更换。

5. 性能特征

（1）输送覆盖范围大，无浇筑盲区与死角。两条桁架结构输送机等组成拐臂布料机，其中一条输送机的机尾与另一条输送机的机头通过回转支承连接盘铰接，形成可以曲折伸展、仰俯运动的带式输送系统，能最大限度地延展覆盖范围，同时铰接回转功能可以避免覆盖范围内的浇筑死角与盲区。

（2）输送速度快，生产率高。拐臂布料机与起重机（桥机）配卧罐、混凝土泵（车）等方法相比，生产率最大可提高 4 倍。

（3）可输送性好。可输送各种级配混凝土，有利于降低混凝土中的水泥用量，减小水化热和混凝土温升，提高混凝土质量；同时给大型工地混凝土生产组织带来方便。

（4）系统操作简便。布料均匀度高，减少平仓转料时间，降低工人劳动强度。

（5）占用空间小。非工作状态时，折叠悬挂，靠边停放，对大坝加高多工序同步作业工况，施工干扰小。

（6）成本低廉。如与大型泵送混凝土设备相比，其设备造价及运行费用均明显降低。

（7）节能环保。相对于泵送混凝土柱塞往复推送方式，连续带式输送滚动摩擦能量消耗远小于泵送往复运动滑动摩擦能量消耗；相关配套辅助设施如运送汽车等也都比泵送混凝土节能环保。

5.4.1.2　联合供料线

1. 系统构成及布置

大坝加高混凝土入仓联合供料线主要由真空溜槽与带式输送机或布料机组合而成。其前端可延伸配置仓面布料机，后端可配置门塔机、混凝土搅拌车、汽车等混凝土运输设施。

联合供料线的布置主要在考虑下列因素的基础上综合比较确定：混凝土浇筑部位的分布情况；进入混凝土浇筑部位的线路走向及沿程地形地貌；混凝土供料受料点的选点；混凝土设计最大入仓强度；真空溜槽的供料条件；相关配套设施的能力等。对于大坝加高贴坡等大范围施工部位，采用联合供料线浇筑混凝土可实现灵活布局、方便转安，具有很强的适应性。由于真空溜槽的结构设计、设备制作、使用条件等已基本固化，故这里不再赘述。下面针对供料输送机加以叙述。

2. 输送机结构及功能

以丹江口大坝加高工程左联坝段混凝土施工中入仓联合供料线所采用的输送机为例进行说明。

（1）输送带。输送带是牵引和承载的主要部件，选用耐磨 3 层尼龙芯输送带。主要技术参数为：带宽 B=800mm，带芯型号为 NN-200 型，上下胶面硬度为邵氏

$65\sim68$，磨耗不大于 $0.2cm^3/1.61km$。同时应耐腐蚀，其他技术参数应符合国家有关标准的要求。输送带的断面图如图 5.5 所示。

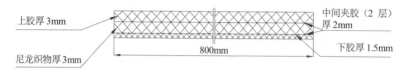

上胶厚 3mm
中间夹胶（2 层）厚 2mm
800mm
下胶厚 1.5mm
尼龙织物厚 3mm

图 5.5　输送带断面图

（2）驱动机构。输送机采用电动滚筒驱动，电机为油浸直接冷却，配用先进的行星齿轮减速器，扭矩大、精度高、噪音低、滚筒全密封、无渗漏，可用于粉尘大、潮湿等恶劣环境，电机功率根据需要选配。

（3）改向滚筒。输送机所选用的滚筒有驱动滚筒、改向滚筒。改向滚筒用来改变输送带运行方向，表面为光面，采用 TD-75 型，外径为 $\phi500mm$。

（4）托辊。托辊有上托辊组、下托辊组两类。上托辊组用来支承输送带和带上的物料，并使其稳定运行。上托辊组由 3 支外径为 $\phi108mm$ 辊轴组成，相邻两托辊用托辊连接板、筋板及螺栓联接。侧边托辊轴线与水平面的夹角为 $50°$，相邻两组上托辊的间距为 1.1m。

下托辊组采用标准的平形下托，外径为 $\phi108mm$，长度 $L=950mm$，用于支承下输送带分支，相邻两组下托辊的间距为 2.2m。

所有托辊均采用大游隙单列向心球轴承，7 件套尼龙迷宫型密封圈，冲压型轴承座。这样，轴承径向间隙大，高速运转时不易因发热卡死，可延长轴承使用寿命。采用 DT 2 型托辊结构可有效提高托辊的密封性能，降低其运行阻力，有利于节能降耗。

（5）张紧装置。输送机采用螺旋张紧装置，最大张紧行程为 1.2m，其结构采用 DT 2 型标准输送带螺旋张紧装置标准产品。

（6）清扫器。连接输送机选用空段清扫器和头部清扫器两种。空段清扫器设置在输送机的机尾，用来清扫落在输送带非承载面上的物料，防止物料卡在尾部滚筒与输送带之间损坏输送带。采用 DT 2 型标准输送带空段清扫装置标准产品。

头部清扫器用来清扫黏结在输送带承载面上的砂浆，防止砂浆损失、污染环境或引起输送带跑偏。清扫器主要工作部件为合金刮刀，合金刮刀系高硬质合金，硬度≥HRA85，抗弯强度超过 1800MPa，冲击韧性 $6(N·m)/cm^2$。合金刮刀在清扫器弹簧的作用下与输送带紧密接触，压紧力通过调节手柄调节，结构形式如图 5.6 所示。

（7）机架、导料槽、挡料罩。输送机机架属整体式桁架结构，大部分部件与机架采取螺栓连接，组装、拆卸方便。单侧人行走道与桁架间用螺栓连接，并设

置有斜撑杆。导料槽长 1.5m，起转载
防止撒料作用。挡料罩主要用于减少
骨料在转载过程中分离。

（8）紧急停车装置。一旦发现故
障，需紧急停车，拉双向拉绳开关的
钢丝绳即可实现紧急停车。但该装置
不能作为日常停车使用。

3．输送机安装

（1）安装前准备。

1）安装前根据现有的起重设备制
定安装方案，并做好各结构件和设备
的清点及检查工作。

2）在起重设备条件允许时，尽量
采取地面拼装后起吊，以加快安装速
度，减少高空作业。

3）吊装时正确选择吊点和吊具。

4）联接件的联接螺栓、销轴根据
设计图纸正确选用。

（2）安装要求及要点。

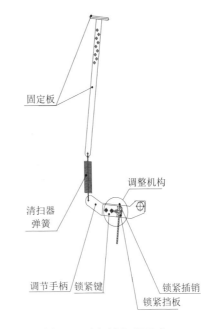

图 5.6　头部清扫器示意

1）出厂前，对连接输送机进行预装，并做空载运转，有条件情况下，可兼做
负载运行。

2）现场安装前，安装人员应熟悉带式输送机图纸及安装技术要求。

3）各部件的装配、油漆应符合 GB10595《带式输送机技术条件》及 SDZ018
《装配通用技术条件》的有关规定。

4）导料槽的橡胶块与输送带间压力应适当，挡边稍微朝输送带中心弯曲。

5）所有托辊、滚筒定位后应能自由转动。

6）清扫器正确定位，并与输送带面均匀接触。

（3）输送带的安装。

1）安装时，输送带上胶面在外面且接
头方向符合图 5.7 的要求。

2）安装、更换环行输送带时，厚橡胶
层位于输送带的外侧或承载面，接头方向
按图 5.7 所示方向安装。

（4）臂架输送机的连接。

1）臂架输送机出厂安装调试完成后，

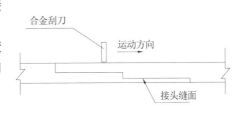

图 5.7　胶带接头方向示意图

拆成单元运输。运输到现场后，在拼装现场将 2 节桁架对接，使桁架端部的铰耳孔对齐，分别穿入 4 个联接销轴，并将专用的卡销插入联接销轴端部的孔内，防止联接销轴在使用过程中松落。

2）将放在前部桁架内的环行输送带拉到尾部桁架内，装上尾部改向滚筒和驱动滚筒，然后，装上尾部桁架里的输送带上下托辊，这时可以用扳手顺时针方向转动尾部桁架里的张紧螺杆张紧输送带。

（5）电气系统的安装。将电气柜和控制柜安装到位，敷设电缆，按电气控制图连接动力和控制电缆。

4. 输送机试运转

（1）在下列情况下，需要进行输送机试运转：

1）出厂首次安装。

2）转移施工地点重新安装后。

3）定期检验时。

（2）一般技术检查。一般技术检查是试运转的一部分，应对钢结构、各机构、电气设备、各安全装置等进行详细检查，并按照图纸及技术要求验收。

（3）空负荷试验。在一般技术检查符合要求后，方可进行空负荷试验；

（4）单机空载运转准备。

1）新安装的带式输送机在正式投入使用前，进行空载运转。试运转前先进行以下检查：制动器安装是否与要求相符；电气信号及控制装置布置和接线是否正确；输送带是否有损伤，安装方向是否正确；电机启动后的旋转方向是否正确等。

2）空载运转要求：各回转类部件之轴承无异常温升；托辊、滚筒的转动及紧固正常；输送带张紧合适、无跑偏现象；各电气设备、按钮灵敏可靠；测定空载功率及带速。系统开机试验，先试用系统输送清水，要求系统不出现泄漏现象。

（5）满载负荷试验。除满足上述空载运转要求外，满载负荷试验要求：各清扫器清扫效果符合要求，尤其是头部清扫器，回程输送带表面无砂浆黏结；物料在挡料罩内轨迹及冲击在挡板上正常；卸料基本无分离现象；各机测定满载功率值符合设计要求。

（6）调整。

1）调整输送带跑偏。输送带在输送机头部跑偏时，旋松头部滚筒轴承座上的螺栓，将跑偏端轴承座前移，另一端轴承座后移，按此调整至输送带不再在此跑偏。

输送带在尾部跑偏时，输送机可拉紧跑偏端的螺旋拉紧装置，直至输送带不再在此跑偏。

输送带在中部跑偏，可将跑偏端上托辊前移，另一端后移，直至输送带不再在此跑偏。

上述调整，应在输送机空载和满负载时反复进行；直至输送带到左右侧辊外边缘均有 40mm 左右的余量为止。

2）调整输送带预拉力，使输送机在满载启动及正常运行时输送带与传动滚筒间不打滑，并且使输送带在托辊间的下垂度小于托辊间距的 1%。

3）调整导料槽的出口，要求其不堵料但又不撒料。

4）调整导料槽及各清扫器的刮板，使其与输送带间不产生过大的摩擦。

5. 使用及维修

（1）操作安全规定。

1）所有操作及工作人员在首次操作前应认真阅读使用说明书，了解设备性能、构造及有关要求，尤其是主控制台的操作人员，应经过必要的专业培训，具有相应操作经验的人员。

2）在运转过程中，系统全线安排人员巡查，尤其是各单机转料点，以防意外原因产生堵料。

3）控制点操作人员应集中精力，操作前先响警铃。

4）除紧急情况外，不得使用各安全保护装置来停车。

5）桁架走道设计按跨中集中有限荷载考虑，应控制输送机走道上的人数及负载。

（2）启动准备。

1）检查各操作按钮及手柄是否处于零位。

2）检查各润滑处是否符合要求，如有不足及时补充。

（3）操作运行。

1）系统运行过程中，操作人员及巡查人员随时注意各机构、电机及电气设备的不正常响声，电机及各轴承异常噪音和发热，各输送带跑偏等情况，一旦发现，及时排除或停机调整。

2）输送机转载时，尽量降低下料高度以减少物料对输送带表面的冲击，防止受料点集料。

3）头部清扫器硬质合金刮刀与输送带表面接触应均匀，压力适中，可根据需要调节弹簧，以防清扫部位渗漏或输送带表面过热。

4）不允许在运转时进行清理或更换输送机零、部件。

5）力求避免输送机空载运行时间过长，以减少头部清扫器对输送带的磨损，必要时可向刮刀处喷水加以润滑及降温。

6）整个系统应在输送带上的物料卸净后停车，并以空载启动为宜。

7）遇到突发事故停机，故障处理时间超过 1.5h 时，停留在输送带表面上和斗体内的混凝土应清理干净。

（4）停机。

1）当浇筑完毕或停机时间超过 1.5h 时，输送带表面及斗体内混凝土应清理干净，完毕后输送清水冲洗各转料点、斗体、输送带表面及整机。

2）非工作期间，各电机加盖遮雨设施，以防电机受潮。

3）切断总电源。

4）做好运转保养工作，运行记录和交接班工作。

（5）维修保养。

1）系统运行时，检查各输送机驱动单元之减速器润滑油标尺所示油面是否在正常范围，换油时间是否超过规定期限，制动器各构件是否正常。

2）及时清除黏结在托辊、滚筒表面的混凝土浆。

3）及时修补或更换损坏的漏斗等。

4）清扫器的刮刀、导料槽的橡胶板磨损后及时调整或更换。

5）每周对滚筒轴承座加锂基润滑脂 1 次。

6）检查各托辊，及时更换不旋转的托辊，防止输送带过早的磨损；卸下的托辊取下轴承，清洗密封圈，更换新轴承后重新装配，检查合格后可再次使用。

7）观察输送带表面的剥落情况，及时修补或更换。

5.4.2 新浇混凝土施工要点

1. 一般技术要点

（1）新浇混凝土施工前，根据设计图纸、技术文件、DL/T5144《水工混凝土施工规范》等各技术要求和现场实际情况，编制混凝土浇筑专项施工组织设计。

（2）浇筑混凝土前，详细检查有关准备工作，包括地基处理（或缝面处理）情况，混凝土浇筑的准备工作，模板、钢筋、预埋件等是否符合设计要求。

（3）混凝土和新老混凝土施工缝面在浇筑第一层混凝土前，可铺水泥砂浆、小级配混凝土或同强度等级的富砂浆混凝土，保证新混凝土层间或新老混凝土施工缝面结合良好。

（4）混凝土浇筑优先采用平铺法施工。应按一定厚度、次序、方向，分层进行，且浇筑层面平整。若采用台阶法施工，台阶宽度不小于 2m。在压力钢管、竖井、孔道、廊道等周边及顶板浇筑混凝土时，混凝土对称均匀上升。

（5）混凝土浇筑坯层厚度，根据拌和能力、运输能力、浇筑速度、气温及振捣能力等因素确定，一般为 30～50cm。

（6）混凝土浇筑振捣时，应先平仓后振捣，严禁以振捣代替平仓。振捣时间以混凝土粗骨料不再显著下沉，并开始泛浆为准，应避免欠振或过振。振捣器的插入应整齐排列，插入间距为振捣器作用半径的 1.5 倍，并插入下层混凝土 5～10cm。

（7）振捣设备的振捣能力应与浇筑机械和实际仓位条件相适应，当在狭窄空间进行小仓位浇筑时，宜配置小型低功率振捣器。

（8）混凝土浇筑过程中，严禁在仓内加水；混凝土和易性较差时，采取加强振捣等措施；仓内的泌水必须及时排除；避免外来水进入仓内，严禁在模板上开孔赶水，带走灰浆；随时清除黏附在模板、钢筋和预埋件表面的砂浆；安排专人做好模板维护，防止模板位移、变形。

（9）混凝土浇筑保持连续性，允许间歇时间通过试验确定。如因故超过允许间歇时间，但混凝土能重塑者，可继续浇筑。如局部初凝，但未超过允许面积，则在初凝部位铺水泥砂浆或小级配混凝土后可继续浇筑。如混凝土初凝并超过允许面积，或混凝土平均浇筑温度超过允许偏差值，并在 1h 内无法调整至允许温度范围内，则停止浇筑。

（10）当浇筑仓面混凝土料出现不合格料；下到高等级混凝土浇筑部位的低等级混凝土料；不能保证混凝土振捣密实或对建筑物带来不利影响的级配错误的混凝土料；长时间不凝固超过规定时间的混凝土料时，以予挖除。

2．人工键槽部位浇筑要点

（1）人工键槽部位浇筑前，仔细检查仓位准备情况，包括水平垂直运输手段、混凝土振捣机具到位，仓面钢筋模板、止水片埋设，止浆系统设置，混凝土表层冲毛，有观测仪器的坝段提前准备和埋设观测仪器等。然后保持人工键槽部位混凝土表面一直处于湿润状态，直至其上涂覆混凝土界面密合剂，以保证键槽部位结合面黏结质量。

（2）界面密合剂的涂刷。在界面胶涂刷前，键槽混凝土表面应无油脂、尘土和松散物，呈自然干爽或略带潮湿。界面密合剂使用时，按要求加水拌制成浆体，涂刷可采用滚轮或涂刷方法进行，涂刷厚度 1～3 mm 即可；拌制好的浆体尽量在 45min 内涂刷完，若超过 45min 浆体流动性稍有降低，可加入少量水后搅拌使用，不会对界面剂效果产生影响；界面密合剂浆体涂刷后，在无风、无阳光照射的条件下，在 1h 内覆盖新混凝土即可；浆体涂刷区域及速度与混凝土浇筑速度相适应。

（3）混凝土下料、铺料。键槽表面界面密合剂涂刷完成后，及时采用界面混凝土下料覆盖。由于人工键槽设于老混凝土体上，年久的老混凝土易于损伤，故控制下料高度在 1m 以内，当采用的入仓手段不能保证下料高度的要求时，可采用下料导管等辅助设施。混凝土铺料对于小仓位（面积小于 150m^2）可采用平铺法，铺料厚度 40cm；对于大仓位可采用台阶法，铺料厚度不大于 50cm，铺料方向为平行坝轴线方向，台阶从上（下）游往下（上）游方向推进。当多个不同种类混凝土同时浇筑时，在仓内两侧横缝模板上用醒目标识划出分界区域，强度等级低的混凝土不得挤占强度等级高的混凝土区域。

（4）混凝土平仓振捣。混凝土采用 ϕ100mm 和 ϕ80mm 电机直连式高频振捣器振捣，振捣作业依次进行，插入方向、角度一致，防止漏振；振捣棒应尽可能垂直插入混凝土中，快插慢拔；振捣中的泌水及时吸除，不得在模板上开洞引水自流；振捣时间、振捣器插入距离和深度应满足施工规范要求；在模板、预埋件、观测电缆电线电缆周围振捣时，振捣棒不得直接接触且不得使模板、预埋件等产生变形、移位及损坏。

3. 界面混凝土浇筑要点

界面混凝土浇筑是大坝加高混凝土施工中最为关键、施工仓面环境最为复杂、技术要求最高、工艺要求最细致的一道工序，施工全过程必须精细掌控。

（1）界面混凝土设计。在满足设计各项技术参数的条件下，选用较低的水灰比，以提高其极限拉伸值；采用高效复合型外加剂，增强混凝土的耐久性、抗渗性和抗裂性；通过各种组分组合试验和优选，使混凝土配合比得到最大限度地优化。

（2）界面混凝土拌和。

1）严格按通过试验确定的混凝土配料单配料。

2）安排专职试验、质检人员在拌和系统监督，根据砂石料含水量、气温变化、混凝土运输距离等因素的变化，及时调整用水量，以确保混凝土拌和物质量满足设计要求。

3）保证混凝土拌和时间满足规范要求。

4）在拌和楼同时生产几种强度等级混凝土的情况下，采取计算机识别标志，防止错料，对运输车辆挂牌标识。

5）所有混凝土拌和采用计算机自动记录，做到真实、完整，以便追溯。

（3）界面混凝土下料、铺料。

1）由于界面混凝土是在刚刚涂刷完成的界面密合剂上下料的，故需控制下料高度，以免因高度过大冲击已铺好的界面密合剂涂层，造成黏结层面受损。

2）按上述要求设计的界面混凝土会比较黏稠，应加强仓面平仓工作，坯层铺料厚度宜为 30～50cm。

3）界面混凝土的浇筑厚度，以一个浇筑层为宜，层厚在 30～100cm 之间，通常采用 50cm。

（4）界面混凝土振捣、浇筑。

1）相比于普通混凝土拌和物，界面混凝土的黏稠度较大，因此，需要适当延长界面混凝土的浇筑振捣时间，以确保振捣密实。具体延长的时间可通过现场试验确定。

2）界面混凝土的浇筑时间应加以控制，浇筑后应及时覆盖新浇混凝土，一般在 4h 内为宜。如不能及时覆盖新浇混凝土，则应相应调整界面混凝土凝结时间，或再浇筑一个薄层的界面混凝土，确保其变形吸收功能的充分发挥。

3）养护与拆模。混凝土浇筑完成后，应加强养护；界面混凝土的拆模时间应适当延长，延长时间通过现场同条件养护试件强度－时间曲线试验确定；拆模时，先拆周围模板，然后放松螺栓等固定装置，轻击预埋件处模板，待其松懈后拆除。

（5）钢筋、埋件部位混凝土浇筑。

1）对狭窄空间、钢筋密集、金属结构及机电埋件安装精度高的部位要求：①选择便于控制、冲击力小的混凝土入仓下料方式；②下料时注意对称下料、多点下料；③宜采用小级配混凝土，选用小型低功率振捣器或模板附着式振捣器。

2）浇筑振捣。①浇筑混凝土前，检查埋件位置是否正确，在混凝土浇筑过程中，预埋件周围必须振捣密实，无法使用振捣器的部位，辅以人工捣固，但不得随意移位或松动；②振捣混凝土时，防止碰撞钢筋和预埋件，在混凝土浇筑中和浇筑后凝固过程中，不得晃动或使埋件受力。

3）混凝土拆膜后，对埋件进行复测，并做好记录，同时检查混凝土表面尺寸，清除遗留的杂物。

（6）止水片部位混凝土浇筑。

1）止水片周围不宜设置水平施工缝，如无法避免，则需要按照专门设计的接头型式处理。

2）混凝土入仓铺料时，如遇坯层顶面和水平止水相交，应先铺料与止水片底部齐平，振捣密实后，再铺止水片上层的混凝土。

3）对于竖向的止水片，下料时宜采用人工在止水片两侧对称下料，不得采用振捣器平仓的方式，从止水片单侧下料。

5.4.3　新浇混凝土养护与保护

大坝加高混凝土浇筑完毕后，按照不同部位重要性的要求及时进行养护，保持仓面湿润，以利混凝土充分散热。

5.4.3.1　养护方法与要求

1. 养护方法

水工混凝土的养护方法主要有：洒水（喷雾）养护、覆盖浇水养护、围水养护、铺膜养护、喷膜养护、蒸汽养护、热水养护、电热养护、太阳能养护等，各种方法都有相应的应用范围，这些方法对于大坝加高混凝土而言都是适用的。最为常用的方法有以下几种。

（1）花管自流养护。利用在塑料管或钢管上布设有小孔的喷淋管（花管），可实现自流养护。其方法是：在直径 $\phi25mm$ 的塑料管或钢管上，每隔 $150\sim300mm$ 钻 $\phi1\sim5mm$ 的小孔，制成花管；将花管悬挂安装在模板或外露拉条上，给花管通水进行流水养护。从小孔中流出的微量水流，洒在养护面上，在混凝土表面形成"水膜"。给花管不停地通水，便可保持长流水养护。

（2）掺气管喷雾养护。掺气管喷雾是在仓面上空形成一层雾状隔热层，使仓面混凝土在浇筑过程中减少阳光直射强度，降低仓面环境温度，对减少混凝土在浇筑振捣过程中温度回升有较好效果。其方法是：选取 $DN25$ 钢管，沿管长每 $50cm$ 钻一个 $2mm$ 小孔，制成掺气管；将掺气管固定在仓面两侧模板上，将有孔方向对向仓面上方，仰角 20°～30°；掺气管外接 0.4～0.6MPa 高压水及 0.6～0.8MPa 高压风，风、水在管内混合后由掺气管小孔喷出。这种装置喷射距离一般可达 8～10m，并产生雾化效果。

（3）蓄水养护。蓄水养护方法适用于短期不再上升和已浇到顶的部位，简单方便、效果稳定，且具有散热保湿及降低大体积混凝土内外温差的效果。但蓄水养护要求混凝土收仓面基本水平，以保证全面浸润，养护过程中需要经常补充水量。

（4）聚乙烯高发泡材料覆盖养护。聚乙烯高发泡材料是一种具有保温和保湿两种养护功能的覆盖养护材料，具有良好的保温性能。按照养护功效的不同，可分为闭孔和开孔结构材料。开孔结构的材料在使用时，采用外挂的方式，混凝土浇筑完毕拆模后，挂贴在混凝土表面，用水淋湿，在混凝土表面营造一个湿润的小环境，及时补充混凝土表面水分；闭孔材料在使用时，采用内贴方式，混凝土浇筑前，贴压在模板内侧，拆模后片材留在混凝土表面，和混凝土紧密相贴，可有效防止混凝土水分蒸发。聚乙烯高发泡材料因成本较高，主要用于混凝土保温兼作混凝土养护的需要。

（5）养护剂养护。混凝土养护剂可分为成膜型和非成膜型两类，前者在混凝土表面形成不透水的薄膜，阻止水分蒸发，达到养护的目的；后者通过渗透、毛细管作用，达到养护混凝土的目的。

养护剂喷涂在混凝土表面，不仅可在混凝土表面迅速形成覆盖薄膜，同时可与混凝土浅层游离氢氧化钙作用，在渗透层内形成致密、坚硬表层，阻止混凝土中水分蒸发，使水泥充分水化。

混凝土在硬化过程中表面失水，会产生收缩，导致塑性收缩裂缝。在混凝土终凝前，无法洒水养护，使用养护剂是较好的选择。对于洒水保湿比较困难的混凝土结构，也可以采用养护剂保护和养护。

2. 养护要求

养护时需注意以下要点：

（1）方法针对性。对于大坝加高混凝土的养护，应根据其部位的特殊性采取相应的养护方法。通常，加高、培厚混凝土仓面内采用洒水养护并覆盖保温被的方法；加高侧面、贴坡坡面采用花管自流方法对已形成的混凝土表面进行不间断养护；结构物顶面等高空作业部位，可采取蓄水养护的方法；界面混凝土等重要部位采用养护剂养护；低温季节和浇筑、安装等多项作业相互干扰较大的部位采用洒水养护的方法。

（2）养护及时性。在 DL/T5144《水工混凝土施工规范》中对混凝土养护的时机作出了规定："塑性混凝土应在浇筑完毕 6～18h 内开始洒水养护，低塑性混凝土宜在浇筑完毕后立即喷雾养护，并及早开始洒水养护。"对于加高工程新浇混凝土，要求更加主动地把握养护时机，保障养护的及时性。

（3）养护充分性。对于混凝土养护时间的长度，DL/T5144《水工混凝土施工规范》中也有明确规定："混凝土养护时间，不宜少于28d，有特殊要求的部位宜适当延长养护时间。"混凝土养护时间的长短，取决于混凝土强度增长和所在结构部位的重要性，不同水泥品种的混凝土强度增长率可参考有关资料。鉴于大坝加高新浇混凝土与老混凝土结合所需协调期较长的特殊性，养护时间应适当延长，具体延长时间可通过试验确定。

3. 混凝土养护安全技术措施

混凝土养护安全技术措施有以下几点：

（1）在养护仓面或周围物体上，遇有沟、坑、洞、通道时，应设明显的安全标志。必要时，铺设安全网或设置安全栏杆。

（2）养护用水不得喷射到电线和各种带电设备上。养护人员应戴防护手套或绝缘手套，不得用湿手移动电线。养护水管要随用随关，不得使养护水流淌至交通道转梯、仓面出入口、脚手架平台等部位。

（3）站在高处向低处混凝土面上直接洒水养护时，洒水装置必须固定牢靠，操作人员必须站立稳妥。不得随意向非养护的部位洒水。

5.4.3.2　养护剂养护

1. 养护剂养护机理

在混凝土强度增长期，为避免表面蒸发和其他原因造成的水分损失，使混凝土水化作用得到充分的进行，保证混凝土的强度、耐久性等技术指标，同时为防止由于干燥而产生裂缝，对其进行养护至关重要。

研究表明，混凝土在硬化过程中，水泥完全水化需要的水量仅约为水泥量22%～27%，多余的水量是为了满足混凝土施工和易性的要求，因此只要采取有效措施，保持住混凝土中未凝水分绝大部分不散失，混凝土凝固过程中所需水量就有保证。

常用的成膜型混凝土养护剂是一种涂膜材料，喷洒在混凝土表面后固化，形成一层致密的薄膜，使混凝土表面与空气隔绝，大幅度降低水分从混凝土表面蒸发损失。从而利用混凝土中自身的水分最大限度地完成水化作用，达到养护的目的。成膜型养护剂主要类别有水玻璃类、乳液类、溶剂类和复合类等几种。

（1）水玻璃类。水玻璃（即硅酸钠）喷洒在混凝土表面，在表面1～3mm与氢氧化钙作用生成氢氧化物和不溶性的硅酸钙。氢氧化物可活化砂子的表面膜，有利于混凝土表面强度的提高，而硅酸钙是不溶物，能封闭混凝土表面的各种孔隙，并形成一层坚实的薄膜，阻止混凝土中自由水的过早过多蒸发，从而保证水泥充分水化，达到养护的目的。

（2）乳液类。乳液包括石蜡、沥青乳液和高分子乳液，喷涂在混凝土表面，当水分蒸发或被混凝土吸收后，乳液颗粒聚拢形成不透明薄膜，阻止混凝土中水分蒸发而达到自养的目的。

（3）溶剂类。采用溶剂如过氯乙烯的溶液，用水稀释、中和、喷涂于混凝土表面，养护机理与乳液类同。

（4）复合类。这类产品由有机高分子材料与无机材料及表面活性剂渗透剂等多种助剂配制而成，综合了乳液类和溶剂类两类产品的优点，依靠双重作用机理起到养护效果。

2. 养护剂的选择

与非成膜型养护剂相比，成膜型养护剂效具有较多优势，因此国内大多使用成膜型养护剂。

在上述养护剂中，水玻璃类养护剂对混凝土表面的后期处理和防护无任何影响，但该养护剂保水性能不够好；乳液型养护剂主要有矿物油乳液和石蜡乳液等，由于油脂膜留在混凝土表面，对混凝土后期处理和防护有不利影响。

选择混凝土养护剂时，应对混凝土的结构、施工现场条件、贮存稳定性等各方面进行综合考虑。低温下施工不能选用水玻璃类产品；强日晒下，不宜选用透明养护剂；垂直面施工宜选择附着力强的养护剂。

国内生产的养护剂品种繁多，功能各异。如许多产品在无毒、阻燃、无异味，便于施工，防止混凝土收缩与龟裂，适用于干旱、无水、炎热及多风、日照强等各种恶劣气候条件等方面具有明显优势，选用时可根据需要综合比较确定。

3. 养护剂的操作方法与工艺

（1）施工机具。采用工程中常用的喷浆泵（如手压泵等）即可喷涂作业，养护剂直接喷涂在混凝土表面，喷1～2遍，至混凝土表面均匀为止。

（2）喷涂时间。为防止混凝土表面早期水分损失，在新浇筑混凝土表面经过压面后，当无自由水存留时，即可喷涂。

（3）成膜时间。喷后30min内成密封膜，成膜后在风吹、雨淋、日晒等各种外界条件下均不会受到破坏，该膜可长期对混凝土起养护作用，半年后自行脱落，不留任何污斑或痕迹。

（4）用量。养护剂的喷涂耗量为1kg/(8～10)m²。

5.4.3.3 表面保护

为了防止因冬天温度较低，特别是寒潮的袭击，减少或避免大坝加高新浇混凝土出现裂缝，需加强混凝土表面及孔洞等部位的保温保护工作。

1. 保温材料

保温材料应根据混凝土表面保护的设计要求、工程所在地气候特征、保温材料性能等因素综合选取。以丹江口大坝加高混凝土工程为例，保温材料选用聚苯乙烯板及聚乙烯卷材。闸墩曲面、顶面和堰面表面采用2cm厚聚乙烯卷材，保温后混凝土表面等效放热系数为1.97～3.0W/(m²·℃)；贴坡混凝土坡面和加高混凝土立面保温采用 3cm 厚聚苯乙烯板材，保温后混凝土表面等效放热系数为 1.5～2.0W/(m²·℃)，聚苯乙烯板材导热系数不大于 0.42W/(m·k)；孔口封堵保温被采用 2cm 厚聚乙烯卷材。

2．保温措施

根据结构部位、气候条件等的不同，所采取的保温措施主要如下：

（1）对于坝体结构混凝土永久暴露面，浇筑完成拆模后立即覆盖保温层。

（2）每年 9 月底，采用 1.5cm 厚高发泡聚乙烯卷材外包编织布对廊道及其他所有孔洞进出口进行封堵保护，以防冷风贯通产生混凝土表面裂缝。

（3）当日平均气温在 2～3d 内连续下降达到或超过 6℃时，对 28d 龄期内混凝土表面（顶、侧面）进行保温。

（4）低温季节（如拆模后混凝土表面温降可能超过 6～9℃）以及气温骤降期间，则适当推迟拆模时间，尤其防止在傍晚气温下降时拆模。拆模后立即采取表面保温被保护措施。

（5）当气温降到冰点以下时，龄期短于 7d 的混凝土覆盖高发泡聚乙烯泡沫塑料保温被作为临时保护层。仓内浇筑时，边浇筑边覆盖。

（6）冬季浇筑时，所有混凝土浇筑温度不得低于 5℃。在任何部位混凝土浇筑时，如果已入仓的混凝土浇筑温度不能满足技术要求时，应及时采取有效措施控制混凝土浇筑温度。

3．表面保护施工方法

根据保护材料的不同特性，混凝土表面保护覆盖的施工方法一般采用平铺法、外挂法、外贴法和喷涂法。

（1）平铺法。平铺法用于建筑物的平面部位，如各种厢室、孔道底板、建筑物顶平面和需要临时保护的浇筑仓面及水平施工缝等。平铺法可选用粒状材料，也可用片状材料或卷材等。

（2）外挂法。外挂法主要适用于建筑物的侧立面，如坝体的上下游立面、井筒侧墙、竖直施工缝等。外挂法一般选用片状材料，如尼龙编织布、聚乙烯片材、复合保温被等。

（3）外贴法。对于混凝土保护要求较高和需长期保护的部位，可采用外贴法进行表面保护。外贴法分为两种：一种是在模板内侧安装保护材料，待混凝土浇完拆模后，保护材料即留置在混凝土外表面；另一种是在混凝土浇筑并拆模后，再在其外表面直接粘贴保护材料。外贴法一般以板状保温材料为主，如刨花板、泡沫聚乙烯板、聚苯乙烯板等，也可用片状材料。

（4）喷涂法。即采用喷枪将保护材料如发泡聚氨脂等喷射在混凝土表面而形成保护层，适用于需长期保护的混凝土表面，或无法使用其他方法的部位，如建筑物内部形状特殊的空腔、排架、大梁等截面尺寸较小的构筑物表面。

5.5　新浇混凝土温度控制

5.5.1　温控防裂的要求

温控防裂是混凝土施工的重大难题之一。新老混凝土结合受老混凝土约束较大，新浇混凝土产生的温度应力在结合区产生突变和集中，过大的应力将导致结合面这个薄弱部位开裂，并对新老混凝土产生不利影响，甚至开裂，所以新老混凝土结合施工中的新浇混凝土的温控显得尤为重要。

新老混凝土结合施工一般对施工工期控制很严，既要保证老混凝土工程和相应建筑物的正常运行，又要保证新浇混凝土的最佳施工时段，往往不宜采取全面系统的温控措施。如何在新老混凝土结合施工这个特定环境条件下采取切合实际的温控措施并进行创新，是保证新老混凝土结合质量的关键。

针对新老混凝土结合施工的需要和要求，本研究从两个方面进行新浇混凝土的温控工作：一方面总结形成系统完善的综合温控技术；另一方面开发个性化通水智能控制系统并在工程实践中加以应用。

5.5.2　综合温控技术

在总结以往混凝土工程温控措施的基础上，结合工程具体情况进行温控系统设计规划，研究完善的针对新老混凝土结合施工的综合温控技术，包括混凝土原材料和配合比优化、采用预冷骨料进行混凝土拌制、加强混凝土运输保温降温、做好仓面降温和保温、加强养护和保温措施等。然后，针对新老混凝土结合施工的温度控制特点进行技术和管理措施创新。

1. 综合温控技术措施

（1）优化混凝土配合比，选用优质高效新型聚羧酸类减水剂，减少用水量；优化骨料级配比例，高掺粉煤灰，以减少水泥用量，降低水胶比，充分利用粉煤灰的减水作用和后期强度增长大的特点，尽量增大粉煤灰掺量，以提高混凝土本身密实性和抗裂能力。

（2）控制出机口温度，在混凝土生产中采用二次风冷骨料、加片冰及加冷水拌和混凝土的施工工艺。用于生产混凝土的骨料经过二次风冷后，特大石、大石和中石的内部温度达到$-1.5 \sim -3℃$，小石表面温度达到$6 \sim 8℃$。同时控制水泥进罐温度在60℃以内。混凝土拌和中的片冰和冷水掺量根据二次风冷后骨料的温度和砂子含水率来确定，加冰量一般为$30 \sim 60kg/m^3$。

（3）在混凝土运输、入仓过程中，重点防止拌和料沿程和浇筑仓面的温度回升，防止浇筑温度超标，为此采取沿程遮阳、仓面盖保温被（板）、喷雾降温等措施。供料线沿程保温、降温。使用塔带机浇筑时，混凝土直接从拌和楼经供料线运输入仓。为减少预冷混凝土在运输途中的热量倒灌，采用封闭上部皮带进行保温和对下部皮带背面冲水进行降温的措施。具体方法是，一方面在供料线棚顶粘聚苯乙烯板，并在供料皮带上方两侧增设橡皮裙以达到封闭上部皮带隔热保温目的；另一方面在开仓前15min，用4℃制冷水冲洗皮带，然后空转带，在下部皮带反面冲水以降低皮带温度，并在供料过程中保持料流的连续。采取上述措施后，供料线上的混凝土温度回升可减少2℃以上。

（4）仓面降温、保温。仓面降温是通过仓位两侧布设的喷雾管喷雾，在浇筑仓面上方形成一定厚度的雾层，利用雾层阻挡阳光直射仓面及雾滴吸热蒸发，达到降低仓面上方环境温度的目的。为增强喷雾效果，将仓面每侧喷雾管分为两段，将雾化器装在管路中间，通过阀门控制只在浇筑仓面上方喷雾。每次开仓前先进行试喷，确定最佳风、水流量比例与喷射压力，确保达到最佳喷雾效果。通过喷雾，仓面小环境温度比气温低5～6℃。开仓前，配备不少于2/3～3/4仓面面积的保温被，浇筑坯层振捣完毕后立即覆盖保温被保温。保温被采用在1.0m×2.0m的高发泡聚乙烯塑料卷材外加套帆布，帆布套表面涂刷一层防水、防酸、防腐胶水，这样，保温被不仅整洁、耐用，保温效果更好，而且还可兼做防雨布。实践表明，对面积较大的钢筋或少钢筋坝块，仅在实施大面积或全仓隔热保温单项措施的情况下，即可保证浇筑温度不超温。

（5）对大坝混凝土采用"个性化通水冷却"，即根据不同强度等级混凝土的温度变化规律相应布设冷却水管间排距，根据实测混凝土体内温度动态、个性化地配置通水水温、流量和时间，提高通水质量和通水效率，更有效控制坝体内外温差和温度梯度。冷却水管埋设完后画出布置图并对每组水管编号，注明冷却范围，在进出水口做好标记，为"个性化通水冷却"提供依据。初期通水冷却主要是削减混凝土初期温峰，降低大体积混凝土内部最高温度，使其控制在设计允许范围内，通过10d左右的初期通水，混凝土温度一般降至24～28℃；中期通水则是降低混凝土内部温度的过程，混凝土温度一般降至20～22℃，减少冬季混凝土内外温差，使混凝土顺利过冬；后期通水则是对需进行接缝、接触灌浆的部位进行冷却，使之达到灌浆温度。

（6）通过保温控制和减小混凝土内外温差，使大体积混凝土内外形成一个稳定、均匀的温度场，是防止混凝土产生温度裂缝的关键。对于施工期临时保温采用聚乙烯塑料保温被，防渗层和长间歇面使用3cm厚保温被，其他部位临时保温采用2cm厚保温被；对于上下游永久外露面保温采用聚苯乙烯板粘贴后外刷防水涂料；对于进水孔周边由于体形不规则，保温被和聚苯板均很难贴紧混凝土面，难以保证保温效果，故采用喷涂2cm厚聚氨酯硬质泡沫保温；对于进水孔进出口等孔口部位采用帆布封闭以阻挡穿堂风。低温季节粘贴苯板时间控制在收仓后5d

以内;纵横缝在拆模后立即保温;进水口段聚氨酯喷涂时间控制在收仓后 5d 以内。

2. 综合温控管理措施

（1）根据气象预报，遇有恶劣天气时，加强混凝土浇筑调配管理，错开不利的天气时段浇筑混凝土。

（2）合理安排开仓时间。高温季节浇筑混凝土时，尽量安排在早晚和夜间施工，以避开白天高温时段浇筑和控制浇筑过程中的温度回升。

（3）在混凝土施工中，通过建立混凝土出机口温度与现场浇筑温度之间的关系，以便根据日照、气温、仓面实际情况，采取相应的控制措施，保证混凝土出机口温度满足设计要求。

（4）施工中加强运输管理。为降低混凝土在运输过程中的温度回升，尽量缩短水平运输与垂直吊运时间并减少混凝土倒运次数，加快混凝土的入仓速度;保证运输通道畅通，尽量避免混凝土运输过程中等车卸料现象。

（5）施工中加强仓面管理。混凝土入仓后及时平仓、振捣、覆盖，尽量缩短混凝土坯间暴露时间。

（6）混凝土浇筑完毕后及时进行养护。对已浇筑的混凝土进行洒水养护并覆盖保温层，保持仓面潮湿。

5.5.3 智能通水冷却技术

5.5.3.1 智能控制系统

采用上述综合温控措施进行控制管理，可以实现新混凝土最高温升控制在设计允许范围内，实现坝体温度场均衡，减小温差产生的不利应力影响。但大坝加高工程中新老混凝土结合部位非常薄弱，新老混凝土性能差异以及多面约束、施工管理复杂等诸多不利因素决定了该部位温控的更加重要，一般综合温控措施难以满足需求，需要对混凝土温控措施尤其是通水冷却措施进行进一步创新。

新浇混凝土的水化热温升使新老混凝土的温差加大，受老混凝土约束在混凝土内部产生较大有害温度应力，严重危害新老混凝土结合性能。此前对于大体积混凝土施工一般采取通水冷却方法以降低混凝土的水化热温升，采用人工方法进行测量和流量控制，测试的准确性和控制精度很难满足设计要求，往往易造成超冷和混凝土温度场的不均衡，而通水冷却同时也是一把"双刃剑"，如果控制不好，极易造成对混凝土的损伤。

研究开发的混凝土通水冷却智能控制系统，在通水管路布置智能传感器与电磁阀，采用仿人工智能的通水流量算法，通过计算单位流量实际降温系数作为经验值，推算预期控制目标温度条件下的流量值，对通水流量进行自动调节，动态调整经验值并配合滞后系数的辅助修正，实现大体积混凝土温度智能控制，使混凝土内部温度均匀平稳下降，并在预期时间内达到目标温度。其系统结构示意图如图 5.8 所示。

该系统在混凝土中安装温度传感器测量混凝土温度，在冷却水管上安装流量传感器、温度传感器和电动控制阀，在电动控制阀附近安装有测控装置，测控装置通过电缆与传感器和电动控制阀连接，多个测控装置通过工业总线与工控机连接，根据测控装置采集的温度、流量信号以及开度信息，工控机内的程序发出对电动控制阀的控制信号，由测控装置实施对电动控制阀的开度控制，调节通水流量和通水水温，从而实现降低温度梯度，降低混凝土温度拉应力，达到防止混凝土出现裂缝的效果。

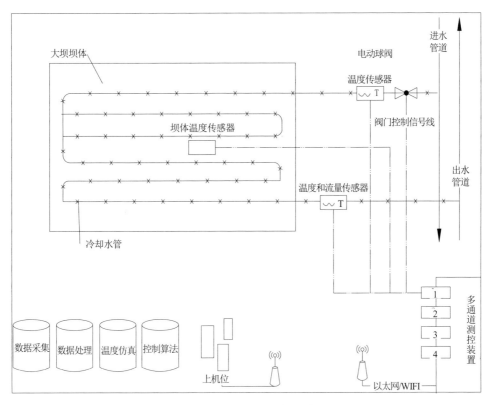

图 5.8 大坝智能通水冷却系统结构示意图

1. 控制算法

控制算法可以采用有限元方法通过建模计算混凝土限裂条件下的通水参数，直接反馈控制系统进行控制；也可采用仿人工智能的控制算法。具体算法如下：

（1）获取混凝土历史通水降温效率的值。

（2）根据混凝土历史通水降温效率值和未来需要的降温幅度和降温时段计算

需要的下一步流量控制值。

通过上述步骤使混凝土温度按照设计要求平稳均匀下降。

所述的混凝土历史通水降温效率在计算中以实际降温流量系数 α 表述，该系数是以追溯天数内的实际平均降温速率除以追溯天数内平均流量得到的。

所述的实际平均降温速率计算公式为

$$v_{\text{实}} = \frac{T_0 - T}{t_0} \tag{5.1}$$

式中　$v_{\text{实}}$——实际平均降温速率，℃/d；

　　　T_0——追溯天数开始时的混凝土温度，℃；

　　　T——当前混凝土温度，℃；

　　　t_0——追溯天数。

所述的追溯天数为 1～5d。

进一步优化的方案中，还增加以下步骤：瞬时降温速率修正，如果 $v_t > v_{\text{限}}$，则进行修正，否则不修正。

修正后的下一步流量控制值的计算公式为

$$Q'_{t+1} = \frac{v_{\text{限}}}{v_t} \times Q_{t+1} \tag{5.2}$$

式中　Q'_{t+1}——修正后的下一步流量控制值，m³/h；

　　　Q_{t+1}——实际下一步流量控制值，m³/h；

　　　$v_{\text{限}}$——降温速率限制，℃/d；

　　　v_t——当前实际降温速率，℃/d。

所述的下一步流量控制值是用理论目标降温速率除以实际降温流量系数 α 得到理论下一步流量控制值；再进行滞后效应修正，得到实际下一步流量控制值。

所述的下一步流量控制值以下式计算得到：

$$Q_{t+1} = Q_{\text{理}} - (Q_t - Q_{\text{理}})\,\xi \tag{5.3}$$

其中　　　　　　$Q_{\text{理}} = \frac{v_{\text{理}}}{\alpha}$；　$v_{\text{理}} = \frac{T - T_c}{t_1 - t}$

式中　Q_{t+1}——实际下一步流量控制值，m³/h；

　　　$Q_{\text{理}}$——理论下一步流量控制值，m³/h；

　　　Q_t——当前流量值，m³/h；

　　　ξ——滞后系数；

　　　$v_{\text{理}}$——理论目标降温速率，℃/d；

　　　α——实际降温流量系数；

　　　T——当前混凝土温度，℃；

　　　T_c——目标温度，℃；

t_1——预期冷却天数，d；

t——当前已冷却天数，d。

所述的滞后效应在计算中用滞后系数 ξ 表述，滞后系数 ξ 取值为 0.5～1.0。

2. 控制算法的技术原理

依据混凝土浇筑后各个阶段发热特点上的差异，采用不同的公式进行流量控制值的计算。控制算法的具体技术原理如下：

（1）一期冷却阶段处于混凝土浇筑初期，又分为控温阶段和降温阶段。控温阶段指混凝土浇筑时刻至混凝土最高温度出现后时刻，该阶段由于水泥水化放热，其内部会产生大量热量导致温度急剧升高，该阶段通水冷却主要起控制温度上升幅度的作用，一般根据设计参数按系统最大流量通水，通过采集混凝土温度分析是否满足技术要求，否则调整设计参数；降温阶段指从混凝土最高温度出现后时刻起至降至指定温度时刻止，该阶段冷却通水流量控制方法与中期、二期通水流量控制方法相同。

（2）中期冷却和二期冷却阶段中，假定混凝土发热是均匀的，短期内由于混凝土的边界条件一定，不考虑沿途水温的变化，则散热的变化主要与通水流量有关，这样混凝土温度变化就与流量有很强的相关性。通过计算前一阶段单位流量的降温系数，即实际降温流量系数 α，以此系数、当期混凝土温度、混凝土温度技术要求（温度限值和日降温幅度限值）、计划的降温时段等参数计算未来的通水流量。其中，计算前一阶段的单位流量的降温系数中追溯天数时段以短为好，通常为 1～3d。因此，对于边界条件变化较小的可选择追溯天数长些，变化较大的则选择追溯天数短些。

（3）实际工程中，由于边界条件总是变化的，假定条件也是有出入的，所以这个算法计算的结果可能与实际情况有差异，但是通过下一阶段混凝土温度的计算值与实测值的比较，即本算法中采用的实际降温流量系数 α 的自行动态调整，进行多次的逼近计算，使假定的条件、边界条件的变化以及滞后效应带来的误差得到较好的修正，最终即可与实际一致，达到控制混凝土的温度均匀下降的目的。

3. 系统测控效率

采用通水冷却智能控制系统对浇筑的混凝土进行控温，与人工控制方法相比，测控效率由 3min/组提高至 1s/组，温控保证率提高至 100%，大幅降低了由于温度约束产生的有害应力，增进新老混凝土界面密合。

5.5.3.2 实施流程与要点

如前所述，大坝智能通水冷却系统包括混凝土温度采集系统、冷却水温度与流量采集系统、流量控制系统、测控软件、服务器与监控终端、现场网络、电源系统等。此外，采用大坝智能通水冷却系统实施混凝土通水冷却，还需要在现场设置大功率制冷机组、通水管路（包括干管、主管、支管以及连接头）系统等。由于大坝施工现场环境条件复杂多变、多为露天作业，同时对混凝土温度测控要求又相对精细，加之智能测控系统布置也是点多面广，且设备精密度高，要保证系统稳定可靠工作和温度控制效果，经研究和现场试验总结，其实施要点如下：

（1）实施前全面掌握现场冷却水系统布置情况，包括机组参数、管路布设、水压力、管径、管材及其热学参数；了解设计温控技术要求，尤其是混凝土温度控制标准曲线，若某些工程没有详细要求，应根据混凝土材料基本参数和气象资料按照热交换理论计算混凝土温度控制标准和冷却通水参数。

（2）当混凝土内部已有温度测试系统时，应掌握其温度数据库接口，保证能即时获取其温度数据，当没有相应的温度数据库或数据量不满足控制要求时，可在大坝智能通水冷却系统增设混凝土温度采集系统。

（3）根据现场管路布置与参数选择适配的阀门与水温、流量测试传感器并及时进行现场安装，做到安装一组接入一组，接入即进行自动控制。

（4）由于阀门和测控设备需要供电，故施工现场应保障直流 24V 或交流 22V 供电，为保证系统用电不干扰施工现场其余设备用电，应在智能测控系统接入段安装独立配电柜，安装空气开关。

（5）智能测控系统通过有线电缆与水温、流量传感器以及阀门连接，多台测控设备之间通过无线路由接入工地局域以太网，该网络覆盖所有测控设备，如有条件，该局域网应接入互联网，以便于远程控制。

（6）可靠的保护措施是确保系统有效运行的保障，保护对象包括系统各组成部分，对设备与电源应做保护箱，对电缆加保护管，对安装在管路上的传感器与阀门外包保温材料加以保护。

（7）系统一旦接入，启动运行将进入全自动操作，但可能会收到外部环境变化而发生故障，如断电、设备损毁、电缆被砸断等，所以系统设置了自动监控程序，一旦出现问题会报警，此时监控人员应强制干预系统运行，对阀门进行暂时人工控制，以确保通水正常运转。如遇阀门全开仍不能按要求降温的部位，应采取局部增压加大流量解决。

（8）安装智能控制系统后，在管路中增加了传感器、阀门等，冷却水中粗颗粒状杂质会影响水流，颗粒大则会堵塞传感器或阀门，应在冷却水系统设置滤网，并严格管路焊接时焊渣的清理，防止焊渣进入循环水系统。

5.5.3.3　实施效果

采用通水冷却智能控制系统对浇筑的混凝土进行智能化控温，与人工控制方法相比，效率大为提高，控温更加精准，温控保证率全面提高，使新浇混凝土温度得到有效控制，更好地保证了新浇混凝土的质量。图 5.9 为该系统现场试验典型控制效果曲线图，表 5.5 为智能通水冷却控制系统试验控温效果统计表。

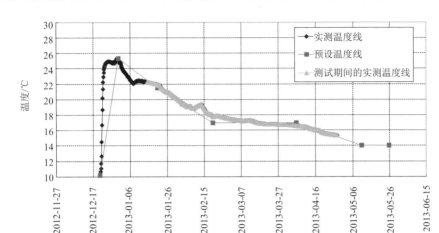

图 5.9　智能通水冷却控制系统试验典型控制效果曲线图

表 5.5　智能通水冷却控制系统试验控制效果统计表

冷却阶段	降温速率限值/(℃/d)	最大降温速率/(℃/d)	超限次数	单仓合格率/%	总合格率/%
一期	0.5	0.48	0	100	
		0.78	2	96	
中期	0.3	0.34	1	98	98.86
		0.19	0	100	
二期	0.3	0.37	1	98	
		0.17	0	100	

5.6　本　章　小　结

新浇混凝土施工技术是大坝加高施工技术体系中至关重要的组成部分。本章以保障和增强新老混凝土结合为目标，从新浇混凝土自身定位、作用以及功能要求出发，重新设计本体性能，最大限度地与老混凝土的性能相匹配，在界面混凝土、新浇混凝土设计与施工、智能通水冷却等多方面取得突破创新，其主要成果如下。

1. 提出了界面混凝土，优化了新浇混凝土原材料与配合比

基于新老混凝土耦合设计理念，通过系统的设计和试验，优化提出了利于与老混凝土结合的新浇混凝土原材料和配合比参数，提出了界面混凝土。从新老混

凝土结合的机理出发，根据新浇混凝土在抗裂强度、抗渗性能、温升特性、徐变性能等方面的特殊要求，对水泥类型与性能参数、外加剂、掺和料类型、配合比参数进行了系统优化，确立了最优参数。该参数下的新浇混凝土具有理想的极限拉伸值、耐久性、抗渗性和抗裂能力，保障了新老混凝土的有效结合。

2. 建立了新浇混凝土设计、施工技术体系

在性能匹配的耦合设计思路下，通过加大粉煤灰掺量、选用矿渣掺量高的水泥、选用细度偏大的水泥等，使新浇混凝土尽可能延缓水化反应时间，既保证混凝土早期强度，满足设计和施工技术要求，又保证混凝土后期强度有较大增长，以缩小结合层区的约束，据此形成了一套设计思路和方法。

在大坝加高混凝土浇筑入仓装备上，研究开发了适用于狭窄空间的高效无盲区输送设备——拐臂布料机和适合于大高差的高效灵活的输送设备——联合供料线。在获得此项突破的基础上，改进和完善了新浇混凝土施工中的一系列技术及工艺，相应形成了较完整的施工技术。该技术在丹江口大坝加高工程中得到了成功应用，可为今后更多类似工程提供借鉴和参考。

3. 研发了新浇混凝土智能通水冷却技术

研发并采用智能通水冷却技术将新浇混凝土温度控制在最优状态。该技术包括混凝土个性化通水冷却技术、原材料温控技术、运输过程温控技术、仓面温控技术，以及最优浇筑时段的选择等。其中，个性化通水冷却技术根据新浇混凝土体内部的实测温度，遵循混凝土散热和通水冷却过程规律，按照部位的不同温度，动态调整冷却水的水温、流量、流速，将混凝土温度控制在最优状态，防止坝体混凝土温差过大产生裂缝。

第6章 施工管理与决策技术

6.1 概　　述

6.1.1 总体思路及目标

1. 施工管理与决策的现状

大坝加高工程建设中的混凝土工程施工与新建工程相比，由于受作业场地、水电站运行、水库防洪与度汛等的影响与限制，施工场地布置、施工设备选择、施工方案制定的条件更为苛刻，施工进度控制、施工质量监控、施工安全措施、施工文明管理等要求也更为严格，其施工组织与管理是一项更加琐碎、更为复杂、更高难度的系统工程。因此，大坝加高混凝土工程施工管理与决策的科学化水平与效率对于混凝土原材料的制备、混凝土生产、运输、仓面作业以及混凝土养护等环节均有显著的影响。

而现有的施工管理现场工作模式主要以手工操作、人工计算与管理为主，或者辅以计算机手段和相关通用及专业管理软件。毫无疑问，对于千变万化的混凝土坝加高施工现场，人为的干预与人工决策是必不可少的。但是，对于大量的、重复性的、事务性的工作，以及部分问题的决策则需要借助于决策模型、施工模拟模型、施工管理系统等来实现。这样，一方面可以避免人工管理的低效、不准确、不全面等不足，另一方面则可以充分发挥计算机系统高效、准确、全面等优势。同时，通过优化决策模型和施工模拟模型的开发和应用，为施工现场诸多问题的决策提供参考和依据。

此外，现行的施工现场管理主要借助于二维的工程图纸和技术说明书，对于复杂的混凝土坝加高施工而言不够形象和直观，如能通过虚拟现实（Virtual Reality，VR）方式提高施工组织方案的可视化程度，建立虚拟现实环境下的施工管理与决策平台，将有效提高管理与决策的效率和效能。

2. 研究思路与目标

基于上述现状，本研究从服务大坝加高工程施工组织与管理出发，以满足施工现场管理与决策的各项要求为目标，通过对大坝加高混凝土工程浇筑施工系统的分析，以系统模拟、系统优化、软件工程、虚拟现实等领域的理论、方法与技术为基础，对混凝土坝加高施工管理与决策中的相关问题进行分析、建模和系统仿真研究。

研究的目标为：以大坝加高混凝土浇筑施工模拟为核心，通过施工模拟计算或确定仓位浇筑顺序、设备调度、施工进度、施工强度等方面的施工参数或施工方案，通过仓面数据采集系统自动采集相关数据，各项工作均在虚拟现实平台内集成，最终通过基于 VR 的施工管理与决策平台实现对其他相关工作的管理，并且通过计算机网络实现数据的实时交换与共享。通过该施工管理与决策平台的开发与使用，显著地削减或杜绝现场施工管理效率低下、不准确、不全面等现象，为施工现场的管理与决策提供高效、准确和全面的参考和依据。

6.1.2 研究内容

根据以上研究工作的总体思路和研究目标，主要研究及创新内容包括以下几个方面：

（1）模拟与优化模型建模。根据大坝加高工程施工中坝体混凝土浇筑的特点，对其进行系统分析，界定已知条件、假设条件、进度编制目标等相关因素，按照工程实际施工手段和各项资源的配置条件，最终建立混凝土坝加高工程施工的模拟模型与优化模型。

（2）虚拟现实平台开发技术。从建立混凝土坝加高工程施工管理与决策可视化、虚拟化平台出发，对 VR 技术在施工管理与决策进行系统研究，创建施工管理与决策的虚拟现实平台实现技术。

（3）系统集成与工程应用。综合以上两个方面的研究成果，集成并开发基于 VR 的混凝土坝加高施工管理与决策平台，并将现场施工中的规划布置、资源配置、施工进度、工程质量、成本控制、安全文明等均纳入管理与决策平台的应用中，取得显著的应用实效。

6.2 加高施工系统分析与模拟建模

6.2.1 已知条件和假定条件

1. 施工模拟已知条件

混凝土坝施工系统是一个离散事件系统，在模拟计算中，以仓位的选择与浇筑作为系统事件活动来推进模拟时钟。因此，仓位数量、浇筑速度以及其选择活动中的约束条件直接影响系统的运行速度，进而影响系统模拟结果的各方面参数与施工进度。模拟计算的主要工作在于在确定的整体施工方案下，通过模拟计算得出详细的施工参数与施工过程。故而，在进行系统模拟计算前，需要确定三个方面的内容，即施工模拟的已知条件。

（1）仓位数量与基本特征。仓位数量的产生是由某一具体坝型，根据其所处的地形环境，通过温控及应力等约束条件的计算，以及横缝、纵缝和施工缝的划分规则与类型来获取的，不同的划分标准将产生不同的仓位安排。

（2）浇筑设备性能与布置方案。浇筑设备性能与布置方案是直接影响浇筑进度的关键因素，其中设备性能主要是由其空间运行速度与装运能力来确定的，不同性能的浇筑设备以及不同的空间布置方式对于完成某一仓位或整个系统的浇筑时间是不同的。由于系统与仓位对其活动时间是有客观要求的，因此，如何在确保满足系统目标要求的前提下，进行设备的选型与设备的布置是模拟计算具备的方案优选功能。

（3）施工约束。仓位的选择标准十分复杂，受诸多因素影响，如时间约束、相邻仓位或仓面高差约束、设备浇筑范围约束、设备间相互干扰约束、降雨气温等气象条件约束等，还包括固结灌浆、接缝灌浆、孔洞结构、各种埋件以及特殊坝段与特殊要求处理活动等约束，只有在充分满足各约束条件下，才能判定该仓位是否可以作为当前仓位进行浇筑。

2. 施工模拟假定条件

混凝土坝施工模拟过程，实际上是借助模拟模型通过计算机程序系统，对大坝施工过程进行的预演与排练。在实际施工过程中，可以认为几乎所有施工因素都是不确定的，在施工过程中存在突发事件与偶然事件。施工模拟计算过程中，为减少计算工作量、缩短计算时间，在确保模拟计算结果反映主要工程实际情况以及满足工程使用精度和要求的前提下，对模拟环境和模型进行简化，并作如下假定：

（1）水平运输能力可以满足要求。假定浇筑设备浇筑混凝土时，不存在因为混凝土的水平运输能力不足等待混凝土供应问题。即认为有足够数量的自卸汽车从拌和楼运输混凝土至浇筑设备的受料平台。模拟中进度的安排主要是针对垂直运输，即以浇筑设备为主，实际处理中通常以其他非控制环节来进行校核，检验这些非控制环节是否转变为控制环节，来确保进度安排的可靠性。

（2）仓面作业时间、金结安装时间可以满足要求。即认为有足够的人力和物力用于备仓、仓面振捣等仓面作业以及金属结构安装作业，这些施工任务不占用直线工期。

（3）混凝土骨料的生产和供应能够满足拌和楼生产混凝土的需要，即在适当考虑混凝土原材料的供应、生产的基础上确定了设备的生产率之后，混凝土的生产能力满足要求。

（4）影响混凝土浇筑的多种因素，如门塔机运行参数、时间参数、坝体参数及其他施工参数等，一般都简化为确定型参数输入，不考虑它们的随机性。

（5）坝体浇筑仓位的分层厚度、分块尺寸根据不同分区的约束系数进行，不考虑在浇筑过程中出现混凝土冷缝而要求重新分层问题。

（6）一般情况，在同等条件下，仓位浇筑顺序按先低后高原则，对于有特殊要求作特殊处理。

以上假定，针对具体的模拟方案和模拟对象的不同略有不同，如泄洪坝段、电站厂房坝段、非溢流坝段（挡水坝段）以及整个枢纽的设计方案不同、施工方案不同等，应根据工程实际情况加以调整。

6.2.2 浇筑仓位的选择方式

1. 控制条件

（1）天气状况的约束。需要根据水文统计资料，考虑高温降雨环境等的影响，确定每年中的每月有效施工工日。从统计资料看，每月的施工天数一定，则产生一随机数，用随机数与本月总天数的乘积和本月施工天数进行比较，以判断该天是否可以施工。如果前者大，则该天不能施工；如果后者大，该天就可以施工。判断表达式如下：

$$Rnd \times MonthDays > CanWorkDays \quad 判断不能施工 \quad (6.1)$$

$$Rnd \times MonthDays < CanWorkDays \quad 判断可以施工 \quad (6.2)$$

式中　　　Rnd——[0,1]上的均匀分布的随机数；

$MonthDays$——本月的总天数；

$CanWorkDays$——本月的有效天数。

根据以往工程经验并经实际验证，利用该方法能够比较准确地模拟由天气状况所决定的每月可施工天数。

（2）大坝空间位置的约束。大坝空间位置涉及因素主要是随着混凝土浇筑高程的升高，大坝结构的变化而带来的浇筑仓位的变化。在大坝加高工程施工中，这一约束条件的作用是非常显著的。

（3）浇筑设备条件的约束。每台浇筑设备在水平、高程范围内负责一些坝段的混凝土浇筑，同时还存在一定的使用时间，或者由于后期布局调整而产生新的浇筑范围。浇筑设备条件的限制如浇筑设备尚未安装完成、多种浇筑设备的联合浇筑或在两种设备之间衔接过程中的干扰等。设备限制条件的检验目的在于判断该设备管理范围某一仓号是否可浇，由何种设备完成浇筑等。

对于某一混凝土浇筑设备，存在其可以浇筑的仓位范围。在空间坐标系中，通过判断仓位的空间坐标与设备的活动范围，确定该设备是否可以浇筑该仓位混凝土。

通常情况下，由多个浇筑设备负责一定范围仓位混凝土的入仓，在模拟计算时，需要考虑设备之间的相互干扰以及某些仓位由多台设备联合浇筑。

（4）层间间歇要求。这里的层间间歇不是一般温度控制意义上的时间，而是指仓位浇筑完毕至浇筑上层仓位之间所间隔的时间。各坝块在不同高程范围，由于混凝土强度等级或者结构上的原因等，间歇时间往往不同。

在浇筑一仓混凝土时，当前时间必须大于其下层混凝土的浇筑完成时间加间歇时间。该约束在不同条件下取不同的值，如温控混凝土与常态混凝土的层间间歇时间不同。

（5）相邻仓位高差要求。相邻仓位的高差要求包括两个方面，即不同坝段间的相邻仓位和同一坝段不同坝块间的相邻仓位。相邻仓位高差应在允许高差范围内，各个坝块均衡上升。

在坝体浇筑过程中，不同坝段、坝块上升是不均匀的，考虑施工工艺及温控要求，必须对彼此间的高差进行限定。高差约束分为相邻仓位左右高差、相邻仓位上下游高差。

（6）相邻仓位施工限制条件。相邻仓位施工限制条件也包括两方面的内容：一是相邻施工设备的运行干扰；二是由于相邻仓位高差较小，模板还未拆除而不能进行浇筑的施工限制。相邻仓位间模板的影响可以转化为时间来考虑。

（7）特殊高程约束条件。大坝本身是一个非常复杂的结构，单就泄洪坝段的施工来说，很多部位由于结构形式的差别，施工工艺也存在很大差别，如底孔、中孔、溢流表孔等。特殊高程约束条件是指在工程量计算、后期图形处理、间歇时间上需附加的工日等进一步处理而加上的控制条件。根据各部位结构特点、施工工艺的复杂程度等因素，可以在大坝加高到该特殊高程范围时，适当改变控制条件。

（8）特殊要求约束。工程施工过程中的特殊要求与限制，为达到特定目标而优先或滞后浇筑的坝段和仓位，如施工度汛等。

孔洞、灌浆及其他特殊要求都会对混凝土浇筑模拟带来影响，因此，在模拟过程中应进行个性化处理，同时，对一些影响较小且很难定量化的因素，可以考虑作简化处理。各浇筑块在充分满足以上各种约束条件情况下，才能被选择浇筑。这些约束及边界条件在可视化设计过程中都被量化为模型参数，并被保存于相应的数据库当中，通过前端可视化的人机交互方式，实现对数据的维护、操作与管理。

2. 可浇仓位的确定

（1）可浇仓位选择的意义。跳仓选块是坝体混凝土浇筑施工的重要环节，是进行计算机模拟首要解决的关键问题。可浇仓位就是大坝混凝土浇筑中满足相关条件的仓位。在同一时间内往往存在许多仓位都可以浇筑，如何确定这些仓位，并进一步选择即将浇筑仓位是大坝混凝土浇筑仓位进度安排的一个重要环节。

可浇仓位的确定涉及的因素很多，例如大坝几何形状、浇筑设备的种类与使用时间、层间间歇时间、相邻仓位高差、施工限制条件、特殊高程段、天气状况等等，且很多因素并不是一成不变的，会在一定范围内波动。因此，可浇仓位的选择是一项复杂且具有一定灵活性的工作，无论是采用手工进行排序还是计算机进行选择，都具有一定的局限性。

混凝土坝的仓位多，限制条件多，人为排序相当困难。利用计算机作可浇仓位的选择，对大坝混凝土浇筑作概括性的进度编排，通过控制参数在工程允许调整范围内的变化来适应边界条件的变化，然后人为地调整控制参数，使该计划满足控制性进度、资源分配、大坝浇筑强度等方面的要求，具有十分突出的优势，同时也能吸取设计者的经验并便于处理施工中的特殊情况。

（2）确定可浇仓位。对某一浇筑设备而言的，浇筑的范围不同，扫描的范围也就不同；浇筑设备空闲或是检修，该浇筑设备所对应的浇筑范围也就停下来，被标识为不可浇仓位，可浇筑仓位的判断过程如图 6.1 所示。

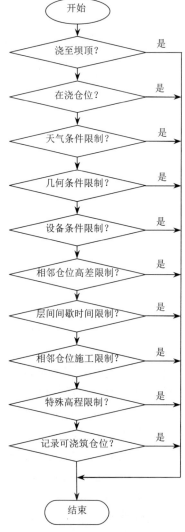

图 6.1　确定可浇仓位流程图

可浇仓位的选择实质上是对大坝浇筑过程中每一时段最上层仓位的逐一扫描，根据施工规范、限制条件来判断这些仓位是否可以浇筑，并用数字记录标识，如 *Block.State*=0，待浇筑状态；*Block.State*=1，可浇筑状态；*Block.State*=2，正在浇筑状态。如果可以浇筑，则调用设备运行模型根据设备控制范围及生产率模拟其浇筑过程，否则计入等待浇筑的对象，在下一个循环中进行判断。

3. 拟浇仓位的选择

在混凝土坝施工的某个时刻，在满足施工规范和各项技术规定的条件下，可浇筑仓位可能有多个，如何从多个仓位中选择当前拟浇筑仓位，应该遵循以下三个原则：

（1）最低高程原则。优先考虑高程最低的可浇块，以避免坝块之间高差过大。

（2）均衡上升原则。考虑到大坝各部位均衡上升，对于间歇期过长的仓位优先选择。

（3）上游坝块优先浇筑原则：为避免大坝施工出现反高差，上游坝块浇筑应优先于下游坝块浇筑。

上述三个原则基本体现了大坝浇筑施工控制性工期的特点。控制性工期意指一定范围内某时刻需要达到的面貌，它是一个总体目标，从该目标出发，它要求该范围内的项目都要如期完成，即实现"连续、均衡、有节奏"的施工，体现水利水电工程进度控制的特点。从这种意义上讲，控制性工期只是一个对比点。模拟指针对一个特定施工方案得到一个施工进度，然后用控制性工期进行对比，从而评判该施工方案的合理性或需对施工组织进一步改进。

6.2.3　浇筑模拟模型的建立

6.2.3.1　浇筑设备模拟模型

在大坝混凝土浇筑系统中，浇筑设备可能涉及两种基本类型的模拟实体：连续型浇筑设备（如胶带机、塔带机等）和离散型浇筑设备（如塔机、缆机等）。连续型浇筑设备的浇筑模拟来料均衡、连续，其服务范围相对固定、只承担混凝土的浇筑，不负责吊运等辅助工作；离散型浇筑设备服务的模型实质上是排队问题，该排队系统基本上属于多服务台闭和系统，拌和楼、缆机为"服务台"，混凝土运输车为"顾客"，混凝土运输车在固定的拌和楼与缆机间来回接受服务，同时也存在混凝土运输车接受不同的缆机服务，使得系统变为一个复杂的复合闭合系统。

1. 连续型浇筑设备的模拟模型

连续型浇筑设备在模拟方法上先采用等步长法，再采用事件表法。其模拟的思路为：在台班的开始，初始化一些台班内局部变量，判断该设备是否存在可浇仓位，如果不存在可浇仓位，则跳出本模型，转至下一个设备，否则读取可浇仓位混凝土方量，由该设备的生产率确定浇筑完该仓位所需时间，并判断该时间是否超过一台班，如果不超过，该设备的子时钟值向前推进，再判断是否存在另一可浇仓位，存在则转至读取可浇仓位的混凝土量，不存在则跳出本模型；如果超过一台班的时间，则确定台班结束时该在浇仓位的剩余混凝土量。在台班结束时，记载该设备本台班内有关变量（混凝土方量、工作时间、生产率等），转至下一台班。连续型布料机浇筑模型流程如图 6.2 所示。

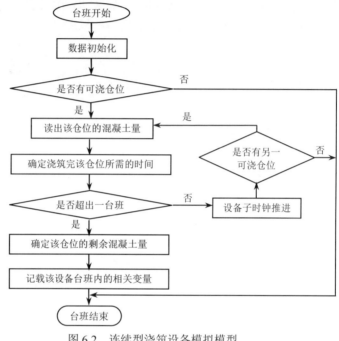

图 6.2 连续型浇筑设备模拟模型

2. 离散型浇筑设备的模拟模型

离散型系统是指受事件驱动、系统状态跳跃式变化的动态系统，系统的迁移发生在一串离散事件点上。对混凝土坝浇筑施工系统而言，离散型模型包括垂直运输模型和水平运输模型。

（1）垂直运输设备。以缆机浇筑模拟模型为例，其浇筑服务流程如图 6.3 所示，其中缆机生产率的计算和可浇筑仓位的选择，关系到设备模型建立的优劣。缆机的工作循环时间与缆机跨距、受料平台布置情况、浇筑块的空间位置、选用设备的型号及技术参数等有关。通过实践经验和对大量实测数据的统计分析可知，与设备性能相关的缆机重行、空行、小车的行走时间服从均匀分布；与操作技术熟练程度有关的手工操作时间，启动、制动所需的额外消耗时间服从定长分布；装料时间可认为服从正态分布；卸料时间可认为服从负指数分布。

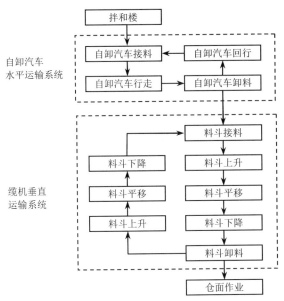

图 6.3　自卸汽车+缆机浇筑混凝土施工流程

（2）水平运输设备。主要分为无轨运输和有轨运输。以汽车运输服务模拟模型为例，在模拟开始时，所有的混凝土运输车都在拌和楼前等待，将混凝土运输车随机排序并进行编号，确定系统的初始状态，然后对混凝土运输车逐一扫描，判断混凝土运输车对应的离散型垂直运输设备是否有可浇仓位，如没有可浇仓位，则扫描下一辆混凝土运输车；如有可浇块，则进入混凝土运输车的事件处理，并记载相应的变量，直至本台班模拟结束。需要处理的相关参数包括：自卸汽车属性设置、方法的设置；设备参数相关属性：汽车名称、汽车的数量、重车运行速度、轻车运行速度、汽车斗的容量、装运混凝土的量、运距、汽车的状态；时间相关的计算参数：汽车运输的总循环时间、汽车装料时间、汽车重车行走时间、轮胎冲洗时间、汽车入仓卸料时间、汽车退出仓面的时间、空车返回的时间、滞留消耗时间、汽车一小时的循环次数等。

3. 浇筑设备模拟模型实例

以南水北调中线丹江口大坝加高工程为例，坝体混凝土主要通过门塔机和供料线进行浇筑，且门塔机之间存在联合浇筑 1 个仓位的情况，供料线则单独负责某个仓位的浇筑。为此，需要建立门塔机单机浇筑模拟模型、供料线浇筑模拟模型、门塔机联合浇筑模拟模型。

（1）门塔机单机浇筑模拟模型。自卸汽车配合门塔机浇筑混凝土的施工流程如图 6.4 所示，结合混凝土坝浇筑选仓流程，门塔机单机浇筑混凝土的模拟模型如图 6.5 所示。

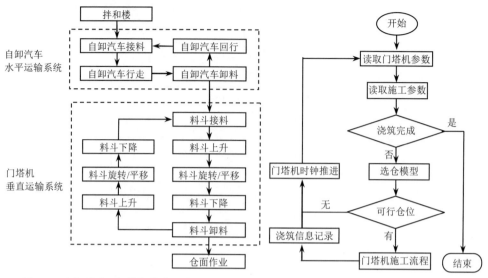

图 6.4　自卸汽车+门塔机浇筑混凝土施工流程　　图 6.5　门塔机单机浇筑模拟模型

（2）供料线浇筑模拟模型。自卸汽车配合供料线浇筑混凝土的施工流程如图 6.6 所示。供料线浇筑混凝土的模拟模型与门塔机单机浇筑模拟模型相类似，如图 6.7 所示。

（3）门塔机联合浇筑模拟模型。在混凝土坝加高工程中，对于混凝土量超过一定数量的仓位，由于浇筑设备生产效率的限制，如果采用单一设备浇筑，可能需要很长时间，导致施工冷缝的产生。此外，存在部分浇筑设备无法完全覆盖一个仓的情况。所以，对于这些情况，采用联合浇筑的形式。即，由相邻的两个门塔机在一定时间内向同一个仓位运输混凝土。门塔机联合浇筑模拟模型的建模过程在 6.2.4 小节中叙述。

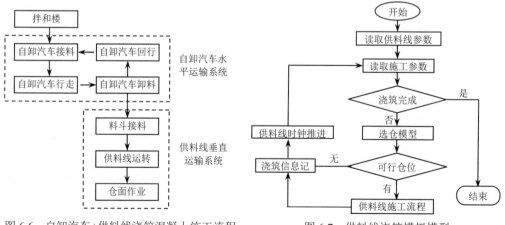

图 6.6　自卸汽车+供料线浇筑混凝土施工流程　　图 6.7　供料线浇筑模拟模型

6.2.3.2　混凝土浇筑施工模拟主流程

　　混凝土浇筑施工模拟主流程如图 6.8 所示，该模拟流程中的"左右仓位"和"上下仓位"约束判断分别指左右仓位和上下仓位不能同时施工；而"左右高差"和"上下高差"约束判断分别指所选仓位在浇筑前后与左右坝段相邻仓位以及同一坝段上下游仓位的高差需要控制在一定范围内。

　　图 6.9 为浇筑仓位选择模型，在该模型中，事故仓位、优先仓位、普通仓位、滞后仓位分别是指因突发事故中途停止浇筑的仓位、为满足节点工期和形象进度需要提前浇筑的仓位、按正常顺序浇筑的仓位以及具备浇筑条件但因为特定原因推迟浇筑的仓位。图 6.8 中的"浇筑范围"约束判断是指该设备能否覆盖到该仓位，可能是一部分，也可能是全部。

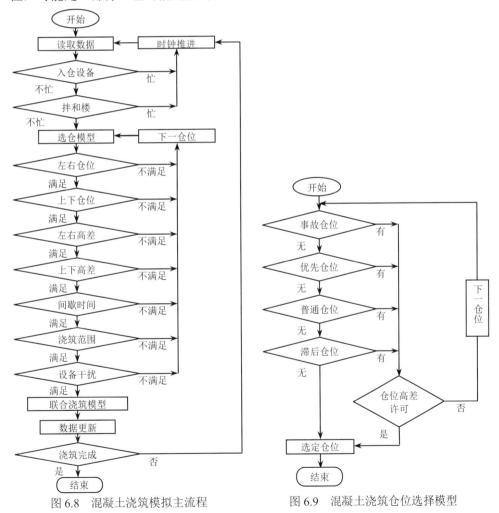

图 6.8　混凝土浇筑模拟主流程　　　　　图 6.9　混凝土浇筑仓位选择模型

6.2.4 联合浇筑模拟模型的建立

建立混凝土坝施工模拟模型的核心工作在于实现对混凝土浇筑仓位编排与混凝土浇筑设备调度的模拟。根据离散事件系统模拟与建模原理，考虑水文、气象、相邻仓位高差、混凝土温度、浇筑历时、间歇时间、设备干扰以及作业冲突等约束与限制，建立混凝土坝施工模拟的仓位选择和设备调度模型，并成为施工模拟计算的主体部分。

在混凝土坝施工过程中，普遍存在多台浇筑设备同时浇筑一个仓位的情况，即浇筑设备的联合施工。但现有工作对该问题的研究尚显不足，除部分研究工作考虑了拱坝施工模拟中缆机联合施工与干扰控制的模拟规则外，深入研究混凝土坝浇筑设备联合浇筑模拟的成果并不多见。而没有考虑浇筑设备联合施工的混凝土坝浇筑模拟将会影响模拟结果的精度和实用性。

1. 设备运行的工况分析

针对混凝土坝施工中的浇筑设备联合施工问题开展研究，通过对浇筑设备联合施工问题的目的、要求、限制条件等的系统分析，得出混凝土坝施工中浇筑设备联合施工的可能情况，从发挥施工设备效率、加快施工进度的目标出发，建立设备联合施工模拟与优化模型。

在混凝土坝的施工组织设计中，根据坝型、地形的特点与施工进度的要求，在合适位置布置有各种混凝土浇筑浇筑设备，每一台（套）施工设备负责一定坝段（仓位）范围、一定时间段内的混凝土运输入仓。

在混凝土坝浇筑的通常情况下，一个仓位的混凝土由某一台施工设备负责混凝土运输入仓，但在一些特殊情况下，存在多台设备联合浇筑一个仓位的情况。在混凝土坝的施工实践中，3 台或 3 台以上浇筑设备同时浇筑一个仓位的情况很少见，研究中只考虑 2 台施工设备联合施工的情况。

浇筑设备联合施工主要有以下几种情形：

（1）浇筑某仓位时，邻近设备处于空闲状态，此后的一段时间内无合适仓位可以浇筑，且满足浇筑该仓位的各项条件。

（2）某一仓位无法由单台施工设备完全覆盖，需要与其他浇筑设备联合浇筑；

（3）单台设备施工时，入仓强度无法满足最小入仓强度要求，为防止形成施工冷缝，需要其他设备同时浇筑以加大施工强度。

（4）为满足施工形象进度要求，优先浇筑某些仓位，单台设备浇筑强度无法满足进度要求时，需要与其他设备联合浇筑。

混凝土坝浇筑设备联合施工模拟与优化就是要确定选择联合浇筑施工设备的规则，包括：联合施工的必要性判断；何时需要进行联合施工；当存在两台或两台以上可选设备时，如何选择最优的联合施工设备；两台设备联合浇筑时，如何分配浇筑方量。

2. 模拟与优化模型的基本思想

混凝土坝浇筑设备联合施工模拟与优化模型的基本思想为：对于当前仓位和当前浇筑设备，依据前述浇筑设备联合施工条件判断是否需要进行联合施工；只有 1台浇筑设备可与当前浇筑设备联合施工时，这两台浇筑设备联合施工；如果有 2 台或以上浇筑设备可选，依据联合施工优化模型选择 1 台与当前浇筑设备联合施工；仓位混凝土浇筑量依据联合施工设备的生产率和工作时间在 2 个设备之间分配。

3. 参数与变量定义

（1）空间坐标与时间系统。(x, y, z) 为坝体及设备三维坐标系统；t 为系统模拟主时钟。

（2）浇筑设备参数。$m(i)$ 为设备编号，$i \in I$，I 为浇筑施工设备集合；$validm$ 为满足联合施工各项约束的可选施工设备集合；$mib(i)$，$mif(i)$ 为设备 i 处于闲置状态的起止时间；$mf(i)$ 为设备 i 取料平台空间坐标；$ml(i)$ 为设备 i 的空间位置。$mp(i)$ 为设备 i 的生产率；$ms(i)$ 为设备 i 的安全操作距离。

（3）仓位参数。$b(k)$ 为仓位编号；$bq(k)$ 为仓位混凝土方量；$st(k)$，$ft(k)$ 为仓位的计划浇筑起止时间。

（4）浇筑设备运行限制参数。min_area 为浇筑设备覆盖仓位面积最小比例；max_time 为浇筑设备允许最长闲置时间，超过该时间考虑安排其他施工作业；min_inte 为最小单位时间浇筑强度。

4. 模拟模型

根据以上基本思路，结合施工参数的定义，混凝土坝浇筑设备联合施工的模拟模型如图 6.10 所示。

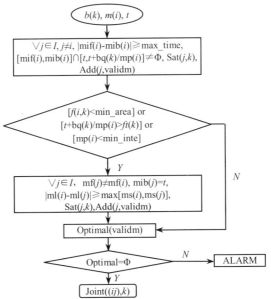

图 6.10　浇筑设备联合施工模拟模型

模拟模型中函数的说明：$Sat(j,k)$为检验设备j是否满足浇筑仓位k的各项条件，即仓位高差、浇筑时间、设备干扰、以及施工干扰等约束与限制；$Add(j,validm)$为将设备j添加到可选联合施工设备集合$validm$中；$Optimal(validm)$为从可选联合施工设备集合$validm$中选择最优的设备，具体模型在下述优化模型中叙述；$Joint[(i,j),k]$为表示施工设备i和j按照$Optimal$的优化结果联合浇筑仓位k。$ALARM$为系统报警，该仓位无法在预期时间之前完成浇筑。

5. 优化模型

优化模型的目的在于依据模拟模型计算结果，当存在两个以上的可选浇筑设备时，选择最佳设备与当前设备联合浇筑当前仓位。优化的思想为，选择最先浇筑完该仓混凝土或设备综合利用率最高的设备参与联合施工，而这两者是一致的，即浇筑设备优化选择模型为

$$\min mft = \max[mft(i), mft(j)] \qquad (6.3)$$

目标函数中，$mft(i)$、$mft(j)$分别为设备i和j完成该仓混凝土浇筑时间。

浇筑能力约束：$mp(i)*(t-ft(k))+mp(j)*(\max(t,mib(j))-\min(mif(j),ft(k)))\geqslant bq(k)$；

浇筑量均衡约束：$mp(i)*(t-mft(i))+mp(j)*(\max(t,mib(j))-mft(j))=bq(k)$；

浇筑完成时间约束：$mft(i)\geqslant ft(k)$；$mft(j)\geqslant ft(k)$；$mft(j)\geqslant mif(j)$；

可选设备约束：$j\in validm$。

通过以上模拟模型和优化模型的求解，可以得到最佳的联合施工设备以及每台设备参与该仓位混凝土浇筑的时间，即各自完成的方量。

6. 联合浇筑模拟模型的效用

混凝土坝的施工模拟需要以对实际施工过程的详尽分析为基础，综合考虑施工中各种可能情况的限制、要求与约束。混凝土坝施工中普遍存在多台设备联合浇筑仓位混凝土的情况，研究工作以丹江口大坝加高工程混凝土浇筑施工为背景，通过对联合施工的目的、条件与过程的分析，建立了浇筑设备联合施工模拟与优化模型。

浇筑设备模拟与优化模型以提高浇筑设备利用率、加快施工进度为目标，通过仓位的优化编排与浇筑设备的合理调度，实现对实际施工过程的模拟。模拟与优化模型通过在南水北调中线丹江口大坝加高工程中的应用表明，模拟计算结果符合工程施工实际，制定的浇筑方案在实际施工中切实可行，对于混凝土坝施工的指导及其实际应用具有理论意义和工程实用价值，且在混凝土坝施工中具有普遍意义和推广价值。

6.2.5 建模研究成果

本研究在对混凝土坝施工系统进行分析的基础上，分析了施工模拟的已知条件，并做了适当的假定。以南水北调中线丹江口大坝加高工程为依托，确定了可

浇仓位和拟浇仓位的选择流程和方法，建立了选仓模型。在此基础上，采用面向对象方法建立了丹江口大坝混凝土加高工程施工模拟模型，主要包括连续型布料机浇筑模型、门塔机单机浇筑模拟模型、供料线浇筑模拟模型、混凝土施工综合模拟模型以及门塔机联合浇筑模拟与优化模型。特别是浇筑设备模拟与优化模型制定的浇筑方案在实际施工中切实可行，对于混凝土坝施工的指导及其实际应用具有普遍意义和推广使用价值。

研究成果所建立的混凝土坝加高工程施工模拟模型是在一般新建混凝土坝模拟模型建立方法的基础上，充分考虑加高工程的特点，如加高工程施工特性、特殊的约束条件等，并紧密结合施工现场情况建立的。与一般新建混凝土坝的模拟模型相比，考虑因素更加详细，约束限制条件更多，更加符合工程实际。

6.3 加高施工VR技术

混凝土坝工程施工是一项庞大的系统工程，涉及施工的全局布置、施工分期、导流方式及其建筑物设计与布置、施工期通航、度汛以及临时导流孔的封堵等因素，而且各因素之间存在着复杂的时间、空间逻辑关系。在施工中，为了保证有节奏、不间断地作业，并在完成各项施工过程中各道工序能一致、准确地协同运作，必须制定详尽周密的施工方案和组织计划。

传统的设计图纸、数值模拟、施工过程模拟等手段和方式在保证及时、准确地处理大量的施工信息的效率、便捷性、直观性等方面还有待进一步提高。近年来，采用三维可视化技术展示施工信息的研究取得了快速进展，但由于受到硬件或软件平台的限制，很大程度上是一种工程设计成果的三维可视化，主要用于模拟仿真结果的后期处理，缺乏实时的交互能力。如何直观形象的向工程技术人员展现复杂的混凝土坝工程施工信息、设计优化的施工方案成为提高设计效率、管理水平的关键所在。

VR技术是利用计算机生成虚拟环境（Virtual Environment，VE），通过视、听、触觉等作用，实时操纵虚拟环境物体的运动，使用户能产生一种沉浸于虚拟环境的感觉。VR技术不仅包括图形学、图像处理、模式识别、网络技术、并行处理技术、人工智能等高性能计算技术，还与数学、物理、通信等领域，甚至与气象、地理、美学、心理学和社会学等学科相关。VR技术给用户以逼真的体验，为人们探索宏观世界和微观世界中由于种种原因不便直接观察的事物运动变化规律提供了极大的便利。

为此，将VR技术引入到复杂的混凝土大坝加高工程施工模拟中，为工程施工设计、管理提供一种全新的环境，从而探索新的管理方法和理论。通过VR技术，对工程的建设管理进行重新审视，从根本上摆脱传统的管理手段和思想带来的局限性，实现真正的实时交互，让场景中的实体具有在真实空间中的属性；在实现整个工程区域三维显示的情况下，研究施工中坝体加高上升过程，以及施工材料的运输、施工设备的布置等问题；为设计方案提供一个论证、演示的平台，对提高工程建设管理水平，增强技术竞争实力，促进施工技术发展都有积极作用。

本研究基于 VR 的混凝土坝施工模拟与辅助决策问题，开发并建立混凝土坝施工虚拟现实模拟与辅助决策平台。平台以混凝土坝施工模拟模型为基础，并作为混凝土坝施工管理与决策主系统的重要组成部分。

6.3.1　平台工作原理与特征

1. 虚拟现实模拟与管理流程

混凝土坝工程施工虚拟现实模拟与辅助决策平台的工作原理如下：

（1）在 3D MAX 或其他三维造型软件中建立混凝土坝工程三维模型，并设置实体表面材质、纹理、光照模型等信息，完成后将其保存为 3DS 模型文件。

（2）在混凝土坝工程施工虚拟现实模拟与辅助决策平台中打开混凝土坝的 3DS 模型文件，将自动载入实体模型和材质、纹理、光照模型等信息；利用平台的虚拟现实引擎实现模型的渲染和三维漫游。

（3）利用混凝土坝施工虚拟现实模拟与辅助决策平台提供的模型划分功能自动将混凝土坝的三维模型划分为各个施工单元（仓位）；利用平台提供的模型编辑、修改和图元绘制功能对施工单元划分结果进行调整和修改；利用平台提供的信息计算功能计算各个施工单元的表面积、体积等参数信息；利用平台提供的数据库访问功能将混凝土坝的三维模型及施工单元相关信息保存到后台数据库。

（4）利用施工模拟与管理软件根据数据库中的施工单元信息计算并优化各个施工单元的施工流程及施工设备的配置方案。

（5）利用混凝土坝施工虚拟现实模拟与辅助决策平台提供的数据库访问功能从后台数据库读取各个施工单元的施工信息及施工设备的配置方案。

（6）利用混凝土坝施工虚拟现实模拟与辅助决策平台的 VR 引擎，并根据各个施工单元的施工信息完成施工过程动画渲染；启动施工过程动画演示功能，实现施工过程的 4D 漫游（三维空间和时间维）。

（7）利用混凝土坝施工虚拟现实模拟与辅助决策平台提供的用户交互功能管理整个施工过程，如对各个施工单元的施工过程进行调整等。

（8）利用混凝土坝施工虚拟现实模拟与辅助决策平台提供的数据库访问功能将施工过程和管理信息保存到后台数据库中。

（9）当后台数据库中的混凝土坝的三维模型、施工单元信息、施工过程和管理信息等数据发生变化时，重新将相关数据载入混凝土坝施工虚拟现实模拟与辅助决策平台，提示用户更新的数据和信息内容，重新完成虚拟场景的渲染和施工过程动画渲染。

2. 平台特征

混凝土坝施工虚拟现实模拟与辅助决策平台为提高混凝土坝施工组织与管理的现代化水平与决策效率服务，是基于 VR 环境的施工模拟与辅助决策平台。平台在建立施工现场组成要素等三维模型的基础上，采用 VR 技术、系统仿真理论和方法、优化理论与方法等技术体系，实现施工过程与施工场景形象展示、施工方案优选、施工资源配置、虚拟现实施工场景交互管理等功能，最终为施工组织设计与现场管理决策服务。系统具有如下特征：

（1）通用的三维模型处理功能。平台可处理 3D MAX 等常用商业三维造型软件构建的任意混凝土坝的三维模型，自动完成模型分析和施工单元划分，并可以完成各种复杂施工单元的信息计算。因此，平台可以应用到各种混凝土坝或其他类似建筑工程施工管理和辅助决策中。

（2）实时的信息同步功能。平台始终保持当前虚拟场景和施工过程模拟中的信息和数据与后台数据库中数据的一致性，可以实时地和其他施工相关的软硬件系统通过数据库传递信息和数据，更好地为施工过程管理和辅助决策服务。

（3）逼真的虚拟场景展示功能。平台通过各种反走样、光照模型、材质、纹理贴图等三维真实感图形生成技术，构建具有高度真实感的自然景观、混凝土坝体、施工设备等实体，营造逼真的虚拟场景，使用户可以在施工开始之前全面地了解施工完成后的工程效果。

（4）真实的施工过程动态模拟功能。平台提供施工过程的动画演示功能，使用户可以在现场施工开始之前就预先直观地了解整个施工过程的细节，并通过用户交互方式对施工进程进行调整和规划，将施工进程与管理决策紧密地联系起来，以便预先制定施工进度管理计划等，保证生产的预见性和高效性。

（5）灵活的用户交互功能。平台提供鼠标和键盘交互功能，用户可通过鼠标和键盘实现虚拟场景的漫游和实体的拾取，并可对施工三维模型进行编辑，对模型划分过程进行定制和调整。可以控制施工过程动画演示的进程，并可按时间点查询施工进度。可以对施工过程中施工设备的位置和运行进行调整和设置。灵活的用户交互功能可以使用户通过虚拟场景和施工过程动画演示来全方位深入了解整个施工过程，为施工管理与决策服务。

（6）良好的可扩展性。平台预留有各种不同三维模型的处理接口和 SQL Server、ORACLE、Sybase 等大型数据库的访问接口，保证平台具有良好的可扩展性。

（7）有效的决策支持功能。平台通过虚拟施工场景漫游，施工过程的动画演示，借助人类强大的视觉及形象思维能力，对混凝土坝三维模型和施工过程进行本质上的理解，利用平台反馈回来的信息发现设计与施工中的不足，洞察、发现施工过程中隐藏的现象和规律，获取可用于决策的深层次信息和知识，以进一步修改、调整和完善模型和施工方案，从而指导整个施工过程的实施。同时，平台还能够提供工程相关的信息计算、统计分析功能，以支持决策。

6.3.2　平台功能设计

混凝土坝施工虚拟现实模拟与辅助决策平台采用 Delphi 作为系统软件开发工具，利用 OpenGL 提供的三维图形库开发虚拟场景、三维动画和场景渲染。

Delphi 在 Windows 环境下的快速应用开发能力已在业界达成共识，将 Delphi 与 OpenGL 两者结合在一起，可以在 Windows 环境下开发出高品质的虚拟现实和三维模拟应用程序。

混凝土坝施工虚拟现实模拟与辅助决策平台由施工三维模型处理模块、施工设备三维模型处理模块、施工过程分析模块、用户接口模块和虚拟现实引擎模块组成。系统信息和数据由施工信息关系数据库存储并管理。混凝土坝施工虚拟现实模拟与辅助决策平台的功能模块如图 6.11 所示。

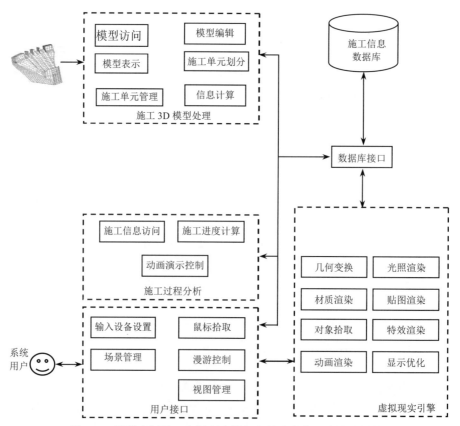

图 6.11　混凝土坝施工虚拟现实模拟与辅助决策平台的功能模块

各模块的主要功能设计如下。

1. 施工三维模型处理

（1）模型表示。采取适当的数据结构存储模型所有的顶点、边和面的信息。

（2）施工单元划分。根据施工要求将混凝土坝三维模型划分为施工单元。

（3）信息计算。计算、统计混凝土坝三维模型或施工单元的侧面积、表面积、体积等参数信息。

（5）施工单元管理。实现模型划分形成的所有施工单元的信息数据管理，包括信息数据的后台数据库写入和读取等。

2. 施工三维模型读取

模型访问：实现混凝土坝三维模型文件的读取功能，包括实体模型和材质、纹理、光照模型等信息的读取。

3. 施工过程分析

（1）施工信息存取。实现各个施工单元施工信息的后台数据库读取和保存。

（2）施工进度计算。根据施工时间等参数设置和施工信息完成混凝土坝施工进度的计算，为施工动画演示提供数据和信息。

（3）动画演示控制。实现混凝土坝施工过程的动画渲染和虚拟仿真演示，提供演示进度控制、信息反馈等访问接口。

4. 虚拟现实引擎

（1）几何变换。实现实体的基本几何变换操作。

（2）光照渲染。实现各种光照模型的渲染效果。

（3）材质渲染。实现模型表面各种材质的渲染效果。

（4）贴图渲染。实现模型表面贴图渲染效果和多贴图纹理等渲染效果。

（5）对象拾取。在碰撞检测算法的基础上实现用户通过鼠标交互拾取虚拟场景中的实体、图元等。

（6）动画渲染。实现施工过程演示等动画渲染。

（7）显示优化。实现虚拟场景渲染和动画渲染的优化，以提高显示帧率，保证虚拟漫游和动态模拟的流畅。

5. 用户接口

（1）输入设备处理。实现键盘、鼠标等输入设备的初始化，实现系统输入设备的响应和处理。

（2）鼠标拾取。实现鼠标定位和坐标变换，并调用虚拟现实引擎中的对象拾取功能实现实体、图元等的鼠标拾取。

（3）漫游控制。用户通过鼠标和键盘等输入设备提供的系统交互方法，控制虚拟场景的观测点控制、视野控制和漫游方式控制等。

（4）场景管理。通过鼠标和键盘等输入设备提供的系统交互方法和虚拟现实引擎提供的有关功能实现虚拟场景中实体、渲染效果等的设置和调整。

6.3.3 模拟模型的分析和处理

平台可处理 3D MAX 等常用商业三维造型软件构建的任意混凝土坝三维模型。在 3D MAX 或其他商业三维造型软件中建立混凝土坝三维模型，并设置实体表面材质、纹理等参数，建立光照模型后，导出为 3DS 模型文件。通过读取 3DS 模型文件来获取所构建的混凝土坝三维模型的所有几何元素及其属性信息，在此基础上完成三维模型的交互处理、虚拟展示以及施工过程的动画展示等。

6.3.3.1 3DS 模型文件的读取和分析

混凝土坝施工过程虚拟现实模拟系统由 TFile3DS 类完成 3DS 文件所有信息的读取，TFile3DS 类采用下述程序代码读取 3DS 文件：

```
InitChunk(TopChunk);
FStream.Position := 0;
ReadHeader(TopChunk.Tag, TopChunk.Size);
// test header to determine whether it is a top level chunk type
if (TopChunk.Tag = M3DMAGIC)  or
   (TopChunk.Tag = CMAGIC)    or
   (TopChunk.Tag = MLIBMAGIC) then
begin
  // read database structure
  ReadChildren(TopChunk);
end;
```

其中 FStream 是 TStream 类型的流对象，以字节流的方式读取 3DS 文件数据。TopChunk 为根块，ReadChildren（TopChunk）过程通过递归方式读入根块下的所有子块，从而读取整个 3DS 文件的信息。

在读取了 3DS 文件中的所有块信息之后，还需要装载三维模型所使用到的全部纹理图片，并将材质信息、三角网格信息转换为适合 OpenGL 处理的数据结构和格式，才能采用 OpenGL 提供的图形绘制 API 函数进行三维模型的绘制。

```
ConvertMaterials(Reader.Materials);
SetupTextures(ExtractFilePath(Reader.FileName));
FLists.Capacity := Reader.Objects.MeshCount;
for I := 0 to Reader.Objects.MeshCount - 1 do
  Mesh := ConvertMeshData(Release, Reader.Objects.Mesh[I], False);
```

6.3.3.2 混凝土坝三维模型的施工单元划分

从 3DS 文件读取的混凝土坝三维模型由一系列三角网格对象组成，每个三角网格对象描述一个独立三维实体，由一组三角面片构成，三角面片的正向由其顶点的排列顺序按右手法则确定。这样，混凝土坝三维模型的施工单元划分就是按照工程施工的要求，用一组划分平面将三角网格对象逐次剖分为更小的三角网格对象的过程。因此，混凝土坝三维模型的施工单元划分问题可归结为三角网格对象的平面剖分问题。

令 P 为剖分平面，待剖分的三角网格对象记为 M，其顶点集和三角面片集分别记为 M_V 和 M_T。M 被 P 剖分后形成的两个子三角网格对象分别记为 M^+ 和 M^-，相应的顶点集和三角面片集分别记为 M_V^+、M_T^+ 和 M_V^-、M_T^-。任意三角面片 T 的顶点集记为 V_T。M 被 P 剖分形成的剖面多边形记为 A，A 的顶点集记为 V_A。

任意平面 P 剖分任意三角网格对象 M 的算法描述如下：

（1）$M_V^+=\varnothing$；$M_T^+=\varnothing$；$M_V^-=\varnothing$；$M_T^-=\varnothing$；$V_A=\varnothing$。

（2）对任意三角面片 $T \in M_T$：

A. 若 T 与 P 不相交，且位于平面 P 的正侧，则 $M_T^+=M_T^+\cup\{T\}$，$M_V^+=M_V^+\cup V_T$；

B. 若 T 与 P 不相交，且位于平面 P 的负侧，则 $M_T^-=M_T^-\cup\{T\}$，$M_V^-=M_V^-\cup V_T$；

C. 若 T 与 P 相交，则计算 T 的每条边与平面的交点，T 被切分为位于平面 P 正侧的三角面片 T^+ 和位于平面 P 负侧的三角面片 T^-，$M_T^+=M_T^+\cup\{T^+\}$，$M_V^+=M_V^+\cup V_{T+}$，$M_T^-=M_T^-\cup\{T^-\}$，$M_V^-=M_V^-\cup V_{T^-}$；同时，将交点添加到剖面多边形 A 的顶点集 V_A 中。

（3）当剖面是单个多边形的情况时，将顶点集 V_A 中的所有顶点进行排序，使得剖面多边形 A 的正向与 P 正向一致，形成正确的交面多边形顶点序列。

（4）根据剖面多边形 A 的顶点集 V_A 计算 A 的 Delaunay 三角剖分，将所有三角面片添加到 M_T^- 中，所有三角面片的顶点添加到 M_V^- 中；逆转所有三角面片的顶点排列顺序，并添加到 M_T^+ 中，并将所有三角面片的顶点添加到 M_V^+ 中。

（5）M_V^+、M_T^+ 和 M_V^-、M_T^- 分别为子三角网格对象 M^+ 和 M^- 的三角面片集和顶点集，剖分完成。

由三角网格 M 所描述的三维实体的正则性可知，剖面多边形 A 为无自相交边多边形。因此，剖面多边形 A 的 Delaunay 三角剖分可以采用如下无自相交边的任意多边形的 Delaunay 三角剖分算法完成。

首先给出相关定义：

定义 1：设 P_1，P_2，$\cdots$，P_n 是给定多边形的 n 个顶点，P_1P_2，P_2P_3，$\cdots$，$P_{n-1}P_n$，P_nP_1 是多边形的 n 条互不相交的边，假定顶点 $P_i(i=1，2，\cdots，n)$ 按逆时针顺序排列，那么，把与 $P_i(i=1，2，\cdots，n)$ 相关联的两条边 $P_{i-1}P_i$ 和 P_iP_{i+1} 所夹的角定义为 P_iP_i+1 绕顶点 P_i 按逆时针方向旋转到边 $P_{i-1}P_i$ 时所旋过的角度。

定义 2：设 P_1，P_2，$\cdots$，P_n 是给定多边形的 n 个顶点，P_1P_2，P_2P_3，$\cdots$，$P_{n-1}P_n$，P_nP_1 是多边形的 n 条互不相交的边。如果与 $P_i(i=1，2，\cdots，n)$ 相关联的两条边 $P_{i-1}P_i$ 与 P_iP_{i+1} 所夹的角小于或等于 π，则称顶点 P_i 是凸的，否则称顶点 P_i 是凹的。

定义 3：三角形的权值定义为三角形 3 个内角的最小值。

因此，等边三角形具有最大的权值。基于凹凸顶点判定的简单多边形的 Delaunay 三角剖分算法如算法 1。在算法 1 中，每个顶点的凹凸性可由下面的公式快速判定。设链表中按逆时针顺序取出 3 个结点 P, Q, R, 令 $\vec{u} = \overrightarrow{PQ}$, $\vec{v} = \overrightarrow{QR}$, $\vec{\omega} = \vec{u} \times \vec{v}$, 那么有：若 $\vec{\omega} \cdot \vec{n} \geq 0$, 则 Q 为凸顶点。若 $\vec{\omega} \cdot \vec{n} < 0$, 则 Q 为凹顶点。其中，$\vec{n}$ 为多边形所在平面的法向量。

无自相交边的任意多边形的 Delaunay 三角剖分算法如算法 1。

算法 1：

步骤 1：按逆时针方向顺序读入多边形的顶点，并建立双向循环链表。

步骤 2：计算出双向循环链表中每个结点的凹凸性。

步骤 3：对双向循环链表中每个凸结点 Q, 设由其前后结点 P, Q 组成的三角形为 $\triangle PQR$, 若 $\triangle PQR$ 不包含多边形上其他的顶点（由算法 2 来判定），则求出该三角形的权值。从这些三角形中求出权值最大的三角形，设其为 $\triangle ABC$, 把 $\triangle ABC$ 的顶点序号保存到 TML 表中，并从链表中删除结点 B。

步骤 4：若链表中还存在 3 个以上的结点，则转步骤 2，否则转步骤 5。

步骤 5：由链表中最后 3 个结点所对应的多边形顶点构成一个三角形，删除链表中最后 3 个结点。

步骤 6：按最大最小内角准则，通过局部变换，得到 Delaunay 三角剖分（见算法 3）。

算法 2：

步骤 1：置 *include*=0, 对链表中所有其他顶点，记作 S（非 P, Q, R 顶点），转步骤 2。

步骤 2：若顶点 S 同时在有向边 PQ、QR 和 RP 的左手侧，则表示顶点 S 包含在 $\triangle PQR$ 中，置 *include*=1, 转步骤 3，否则重复步骤 2。

步骤 3：返回 *include* 的值，结束。

算法 3：

步骤 1：从 TML 表形成三角形网格的边表 EL。

步骤 2：对边表 EL 中的每一条非边界边，转步骤 3。

步骤 3：取出以次边为邻接条件的 2 个相邻三角形，构成一个四边形。如果这个四边形是凹的，则不做任何处理。如果这个四边形是凸的，则计算 2 个三角形的最小内角 α, 交换对角线计算出 2 个新的三角形的最小内角 β, 如果 $\beta > \alpha$, 则以交换对角线所得到的 2 个新三角形替换原来的两个三角形，并按新的三角形修改 TML, 交换边计数变量 *interchanged_edge* 加 1（初始值为 0）。

步骤 4：如果 *interchanged_edge*=0, 则结束，否则，转步骤 1。

当剖面为多个多边形的情况时，这些剖面多边形的相互关系为只能为相离和包含两种情况中的一种，否则，三角网格描述的三维实体不满足正则性要求。

相离：即存在多个实体区域，则只需要多每个多边形参照算法 1 分别计算其 Delaunay 三角剖分即可。

包含：由外层到内层对包含的多边形排序，由相邻的偶数编号和奇数编号的多边形围成的区域构成实体区域。对每个实体区域找到连接实体区域内、外边界且与实体区域所有边不相交的线段，将实体区域转换为具有重合边的非正则多边形，然后参照算法 1 进行 Delaunay 三角剖分，剖分过程中需要对边进行悬边和重复顶点的判别和清除。

图 6.12 为五个多边形构成的剖面的 Delaunay 三角剖分例子。

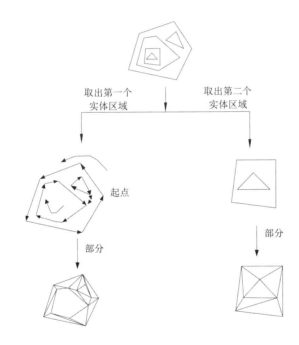

图 6.12 Delaungy 三角剖分示例图

6.3.3.3 施工单元的信息计算

为完成复杂混凝土坝的施工，科学合理地组织施工过程，需要计算各个施工单元的相关信息，主要包括：中心坐标、三维几何尺寸、侧面面积、底面面积、顶面面积、体积。其中中心坐标和三维几何尺寸可由施工单元三维模型的包围盒来计算。每个侧面的面积可通过计算该侧面的所有三角面片的面积和得到。底面面积和顶面面积也可通过计算底面和顶面的所有三角面片的面积和得到。任意三角面片的面积可由海伦公式计算。

海伦公式：三角形边长分别为 a、b、c，则其面积为

$$S = \sqrt{p(p-a)(p-b)(p-c)} \ , \ \text{其中} \ p = (a+b+c)/2 \qquad (6.4)$$

施工单元的体积计算相对比较复杂，有下述两种方案。

1. 方案一：四面体剖分法

把施工单元划分为四面体，计算所有四面体体积和，从而得到施工单元的体积。

任意四面体体积计算方法为：四面体四个顶点坐标分别为 $P_1(x_1, y_1, z_1)$，$P_2(x_2, y_2, z_2)$，$P_3(x_3, y_3, z_3)$，$P_4(x_4, y_4, z_4)$，则其体积 V 按下式计算：

$$V = \frac{1}{6} \times \begin{vmatrix} 1 & 1 & 1 & 1 \\ x_1 & x_2 & x_3 & x_4 \\ y_1 & y_2 & y_3 & y_4 \\ z_1 & z_2 & z_3 & z_4 \end{vmatrix} = \frac{1}{6} \times \begin{vmatrix} 1 & 0 & 0 & 0 \\ x_1 & x_2-x_1 & x_3-x_1 & x_4-x_1 \\ y_1 & y_2-y_1 & y_3-y_1 & y_4-y_1 \\ z_1 & z_2-z_1 & z_3-z_1 & z_4-z_1 \end{vmatrix} \qquad (6.5)$$

$$= \frac{1}{6} \times \begin{vmatrix} x_2-x_1 & x_3-x_1 & x_4-x_1 \\ y_2-y_1 & y_3-y_1 & y_4-y_1 \\ z_2-z_1 & z_3-z_1 & z_4-z_1 \end{vmatrix}$$

这样施工单元的体积计算问题就归结为如何正确地将任意多面体剖分为四面体。任意多面体的四面体剖分算法可由算法 4 实现。

算法 4： 任意多面体的剖分算法

步骤 1：判断多面体的类型，若是简单多面体，转步骤 2；否则，若为凸多面体，转步骤 3；若为非凸多面体，转步骤 4。

步骤 2：调用简单多面体 $V(F,O)$ 剖分为系列四面体的算法 $DivideV(F,O)$，转步骤 5。

步骤 3：调用凸多面体的剖分算法 $DivideConvex(V)$。

步骤 4：调用非凸多面体的剖分算法 $DivideNonconvex(V)$，转步骤 5。

步骤 5：判断多面体是否已剖分为系列四面体，如没有，则转步骤 1；否则结束。

算法 5： 多面体是否为简单多面体的判定算法

当多面体为四面体，或者多面体只有一个面的顶点数大于 3，若此面的顶点数为 N 个，且多面体顶点数为 $N+1$ 个，则为简单多面体。

算法 6： 多面体是否为凸多面体的判定算法

步骤 1：取多面体的一个面 F，平面表达式为 $Ax+By+Cz+D=0$。

步骤 2：调用多面体所有的顶点是否分布在一个面 F 同一侧的判定算法 $same(F)$。

步骤 3：如 $same(F)$ 的值为 $false$，则结束，多面体为非凸多面体；如 $same(F)$ 为 $true$，则判断是否还有面没处理，如有，则转步骤 1；否则结束，多面体为凸多面体。

算法 7：平面方程生成算法 Polygon(A，B，C)

步骤 1：由不在同一直线上的点 A、B、C 坐标值及它们的排列顺序得到向量 AB、BC 的值。

步骤 2：平面 F 的法向量 NF 就是向量 AB、BC 的叉积，由此得到法向量 NF，即 $\{A,B,C\}$。

步骤 3：将任一点的坐标值代入表达式 $Ax+By+Cz+D=0$ 中就得到常数项 D 的值，则求得平面方程：$Ax+By+Cz+D=0$。

注意：平面法向量 $\{A,B,C\}$ 的方向必须从封闭空间里面指向多面体外面，由于向量的向量积满足右手准则，所以平面的顶点序列应满足一定的规则：从多面体外部观察它时，其顶点序列满足逆时针方向排列。

算法 8：多面体所有的顶点是否分布在一个面 F 的同一侧的判定算法：same(F)

步骤 1：取多面体的一个顶点，坐标值为 (x,y,z)，将它的坐标值代入平面表达式 $Ax+By+Cz+D'=0$，将解得的 D' 值与 D 比较，如 $D'<D$，则顶点在面 F 法向量方向，即该顶点在面 F 的正向；如 $D'=D$，顶点位于面 F 上；如 $D'>D$，则顶点在面 D 法向量的反向，即该顶点在面 F 的反向。

步骤 2：如已有顶点位于面 F 的反向侧，则结束，返回 false；否则转步骤 3。

步骤 3：如多面体还有其他顶点没判断，则转步骤 1；否则返回 true。

算法 9：简单多面体 $V(F,O)$ 剖分为系列四面体的算法 $Divide$V(F,O)

步骤 1：将组成 $V(F,O)$ 的原多面体的面 F 按 $Delaunay$ 三角划分，剖分成几个三角形。

步骤 2：这些三角形分别与顶点 O 构成一系列四面体。

步骤 3：将这些四面体分别剖分出去。

算法 10：凸多面体的剖分算法 DivideConvex(V)

步骤 1：任取多面体的一个面 F，一个顶点 O（O 不是面 F 的顶点）。

步骤 2：将顶点 O 与面 F 的各个顶点相连接，得简单多面体 $V(F,O)$。

步骤 3：将 $V(F,O)$ 剖分出去，得一新多面体 V'。

步骤 4：调用 $Divide$V(F,O)，将 $V(F,O)$ 剖分为系列四面体。

算法 11：非凸多面体的剖分算法 DivideNonconvex(V)

步骤 1：任取多面体的一个面 F。

步骤 2：找出所有符合以下条件的顶点：顶点位于面 F 的反侧，而该面位于该顶点的反向。

步骤 3：求出每个顶点到面的垂直距离。

步骤 4：判断是否还有其他未处理的面，如有，则转步骤 2；如没有则转步骤 5。

步骤5：在求得的所有垂直距离中，找出距离最短的一组，即面 F 与顶点 O。

步骤6：将顶点 O 与面 F 的各个顶点相连接，得简单多面体 $V(F,O)$。

步骤7：将 $V(F,O)$ 剖分出去，得一新多面体 V'。

步骤8：调用 $DivideV(F,O)$，将 $V(O)$ 剖分为系列四面体。

2. 方案二：投影法

设定投影平面，由施工单元所有三角面片和投影平面（为简化计算，设投影平面为 $z=z_{\min}$，其中 $z_{\min}$ 为施工单元三维模型顶点的最小 z 坐标值）围成的多面体（凸多面体）的体积计算多面体体积。投影法计算过程如下：

（1）令施工单元三角面片集合为 T，计算每个三角面片 $t(t \in T)$ 在投影平面的投影三角形 t_p，t 和投影平面围成的凸多面体记为 P_t。

（2）对每个三角面片 t，计算三角面片集合 A_t：

$$A_t = \{t' \mid (t' \in T) \wedge (t' \neq t) \wedge (t_p \cap t'_p \neq \varnothing) \wedge (P_t \cap t' \neq \varnothing)\} \qquad (6.6)$$

即 A_t 是 T 中投影三角形与 t_p 相交，且部分或全部位于 P_t 内部的三角面片的集合。两三角面片的投影三角形的相交判断按下述方式进行：①判断两投影三角形的包围矩形是否相交：若不相交，则两投影三角形不相交；否则，则继续进行下述处理。②判断两投影三角形各边是否相交：若相交，则两投影三角形相交；否则，则继续进行下述处理。③判断两投影三角形各边是否相互包含：若其中一个投影三角形各顶点都位于另外一个投影三角形内部，则两投影三角形相交；否则，两投影三角形不相交。

判断任意三角面片 t' 是否部分或全部位于另一三角面片 t 和投影平面围成的凸多面体内部，按下述方式进行：①由三角面片 t 的三个顶点坐标计算三角面片所在平面的隐式方程 $ax+by+cz+d=0$。②令三角面片 t' 的三个顶点坐标分别为 $(x_1,y_1,z_1),(x_2,y_2,z_2)$ 和 (x_3,y_3,z_3)，t' 的投影三角形三个顶点坐标分别为 $(x'_1,y'_1,z'_1),(x'_2,y'_2,z'_2)$ 和 (x'_3,y'_3,z'_3) 计算：

$$\begin{aligned}
f_1 &= ax_1+by_1+cz_1+d & f'_1 &= ax'_1+by'_1+cz'_1+d \\
f_2 &= ax_2+by_2+cz_2+d, & f'_2 &= ax'_2+by'_2+cz'_2+d \\
f_3 &= ax_3+by_3+cz_3+d & f'_3 &= ax'_3+by'_3+cz'_3+d
\end{aligned} \qquad (6.7)$$

③若满足下式，则 t' 部分或全部位于三角面片 t 和投影平面围成的凸多面体内部：

$$(f_1 f'_1 < 0) \vee (f_2 f'_2 < 0) \vee (f_3 f'_3 < 0) \qquad (6.8)$$

3. 凸多面体体积计算

施工单元体积为所有三角面片与投影平面围成的凸多面体体积的代数和，三角面片 t 与投影平面围成的凸多面体体积 V_t 的计算有三角面片细分法和三角面片裁剪法。

（1）三角面片细分法。

1）若 t 满足：$\underset{t' \in A_t}{\wedge}[(t_p \subseteq t'_p) \vee (t_p \bigcap t'_p = \varnothing)]$，令 t 的三个顶点坐标分别为 $(x_1, y_1, z_1), (x_2, y_2, z_2)$ 和 (x_3, y_3, z_3)，t 的投影三角形 t_p 的三个顶点坐标分别为 $(x'_1, y'_1, z'_1), (x'_2, y'_2, z'_2)$ 和 (x'_3, y'_3, z'_3)，且 $z_1 \leqslant z_2 \leqslant z_3$，则

$$V_t = (-1)^m \{ S(t_p)(z_1 - z_{\min}) + V_{tetrahedron}[(x_1, y_1, z_1), (x_2, y_2, z_1), (x_3, y_3, z_1), (x_2, y_2, z_2)] + V_{tetrahedron}[(x_1, y_1, z_1), (x_2, y_2, z_2), (x_3, y_3, z_1), (x_3, y_3, z_3)] \} \quad (6.9)$$

2）若 t 不满足：$\underset{t' \in A_t}{\wedge}[(t_p \subseteq t'_p) \vee (t_p \bigcap t'_p = \varnothing)]$，则连接 t 各边中点将 t 细分为四个更小的三角面片 t_1, t_2, t_3 和 t_4。

3）对 t_1, t_2, t_3 和 t_4 分别按照上述 1）和 2）的方法计算其和投影平面围成的凸多面体体积，或递归细分为更小的三角面片。

（2）三角面片裁剪法。

依次用 A_t 中的各个三角面片对 t 进行裁剪，$t' \in A_t$ 对 t 的裁剪结果可以由 t' 的三条边对对 t 的裁剪结果得到，裁剪完成后可以将 t 划分为位于 t' 内的部分和位于 t' 外的部分，对这两部分分别采用前述的 *Delaunay* 三角剖分将其剖分为三角面片。

分别计算裁剪完成后的各个三角面片与投影平面围成的凸多面体的体积，求出这些凸多面体体积的代数和即可得到三角面片 t 与投影平面围成的凸多面体体积 V_t。

投影法计算过程简单，其中三角面片的细分在最坏情况下可能导致较大的内存和时间消耗。三角面片裁剪计算比细分计算要复杂，但避免了递归细分过程。考虑到施工单元三维模型一般是比较规则的、由较少数量的平面围成的空间区域，因此混凝土坝施工虚拟现实模拟与辅助决策平台采用基于三角面片裁剪的投影法来计算施工单元的体积。

6.3.3.4　自动漫游路径计算

混凝土坝施工虚拟现实模拟与辅助决策平台可以在用户的键盘和鼠标等输入工具的交互下，自由变换摄像机的位置和视角，实现施工虚拟场景和施工动画模拟环境漫游，使用户全方位地了解施工进程及相关信息。

为了更好地展示施工虚拟场景和施工动画模拟效果，避免复杂的漫游交互控制，混凝土坝施工虚拟现实模拟与辅助决策平台提供了自动路径漫游功能。漫游路径规划是虚拟现实研究中的一个关键技术，它通过合理地变换视点位置与视角，传达虚拟场景中的信息。自动漫游路径的设计应避免画面出现摇摆、抖动、路径不佳、视角变化不均匀等缺陷，而且错误的路径可能导致视点移动至某实体的内部，这在真实世界中是不可能的，影响了虚拟漫游的效果。平台设计的自动漫游路径设置方法使得用户仅需要在虚拟场景中指定一组漫游路径上的视点三维坐标

及视线方向矢量，即可自动完成路径规划、轨迹规划与视角规划，使用此直观简易的操作模式，可以将用户从摄像机控制中解脱出来，将注意力集中到较高层的管理任务上。

（1）视点运动控制。设 $P_0,\cdots,P_n$ 是在虚拟场景中指定的一组漫游路径上的视点位置矢量，虚拟现实模拟与辅助决策平台采用整数样条插值来计算漫游路径上的其他视点位置矢量 $P(u)$：

$$P(u) = \begin{bmatrix} u^3 & u^2 & u & 1 \end{bmatrix} \cdot \boldsymbol{M}_c \cdot \begin{bmatrix} P_{k-1} \\ P_k \\ P_{k+1} \\ P_{k+2} \end{bmatrix} \tag{6.10}$$

插值矩阵为

$$\boldsymbol{M}_c = \begin{bmatrix} -s & 2-s & s-2 & s \\ 2s & s-3 & 3-2s & -s \\ -s & 0 & s & 0 \\ 0 & 1 & 0 & 0 \end{bmatrix} \tag{6.11}$$

其中 $s=(1-t)/2$，t 为松弛因子，用来控制路径样条曲线形状，在平台中 $t=0.5$。较小的 t 值可使两个视点位置矢量间的路径样条曲线更长（松弛），较大的 t 值可使两个视点位置矢量间的路径样条曲线更短（拉紧）。

混凝土坝施工虚拟现实模拟与辅助决策平台还可以根据视点位置矢量 $P_0,\cdots,P_n$ 生成封闭的漫游路径，使得漫游可沿着封闭路径循环进行；此外，平台通过指定相邻视点位置矢量间的插值点数量 m 来控制插值密度，更大的插值密度可减轻画面的抖动和跳跃，使漫游画面更平滑。平台采用参数 u 等分法计算各个插值点处的曲线参数值，当插值点数量为 m 时，各插值点处的曲线参数值分别为

$$\frac{1}{m+1}, \frac{2}{m+1}, \cdots, \frac{m}{m+1} \tag{6.12}$$

（2）视线控制。在虚拟场景中指定的一组漫游路径上的视点位置矢量 $P_0,\cdots,P_n$ 时，同时需要指定视线方向矢量 $V_0,\cdots,V_n$。在计算出每个插值视点位置矢量时，同时需要计算每个视点位置对应的视线方向矢量。

令 P_i 和 P_{i+1} 是指定的相邻视点位置矢量，相应的视线方向矢量为 $V_i = (x_i, y_i, z_i)$ 和 $V_{i+1} = (x_{i+1}, y_{i+1}, z_{i+1})$。若插值点数量 m，则第 j 个插值点处的视线方向矢量 V_j 按下式计算：

$$V_j = \begin{bmatrix} \dfrac{j(x_{i+1}-x_i)}{m+1}, & \dfrac{j(y_{i+1}-y_i)}{m+1}, & \dfrac{j(z_{i+1}-z_i)}{m+1} \end{bmatrix} \tag{6.13}$$

6.3.4　VR技术应用

在完成上述研究工作的基础上，采用 Delphi7.0 和 OpenGL 开发了可运行于 Windows 操作系统的混凝土坝施工虚拟现实模拟与辅助决策软件，其运行主界面如图 6.13 所示。

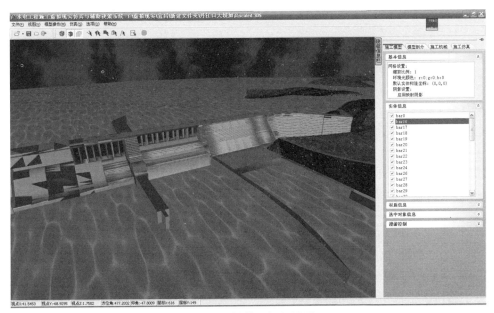

图 6.13　软件运行主界面

软件通过读取"*.3ds"文件来获取工程三维模型和相关的施工设备模型，提供了三维场景中的用户交互方法来输入施工三维模型的剖分平面，按照施工要求和规范生成所有的施工单元并计算施工单元的方量、侧面积等信息；同时提供了相应的数据库接口，将剖分及施工单元信息存储到 ACCESS 数据库中。最后根据施工过程优化计算结果，采用动画方式全方位展示整个施工过程，并提供对施工单元施工进度的调整和管理功能。软件功能满足混凝土坝施工虚拟现实模拟与辅助决策的需求。

6.4　基于VR的加高施工管理与决策

在对大坝混凝土浇筑施工过程中各要素及相互关系全面分析的基础上，根据所建立的混凝土坝施工模拟模型，采用系统模拟理论，开发并建立了全面、系统的基于 VR 的大坝加高施工管理与决策主系统。本系统具有较强的通用性、易操作性和扩展性等特点，虚拟现实模拟结果表达快速、直观。通过模拟系统的运用，能够有效的对各种施工方案进行施工模拟，并得出相应的模拟结果，为混凝土坝施工方案的制定提供科学的决策依据。下面就针对主系统的模拟方法、总体结构、管理数据库和系统集成及应用等方面进行叙述。

6.4.1 模拟思路和步骤

1. 模拟编程的思路

混凝土坝施工浇筑过程作为离散性系统，在模拟中是按坝块来划分浇筑阶段，以便观察研究大坝浇筑施工状态随时间变化的动态过程。即该过程可以把每浇筑一个浇筑块（仓位）作为一个事件，并对每一阶段末大坝施工状态进行描述。在满足各种约束条件的情况下，对大坝进行合理的分块分仓，编制出大坝分块浇筑顺序，并计算出各浇筑块的浇筑开始和结束的时间，以及相应的各坝块高程和累计浇筑方量，由此确定大坝的整个浇筑过程。因此，模拟的主要内容就是安排浇筑设备所负责的浇筑块的施工日程计划。

2. 模拟的主要步骤

（1）根据各高程混凝土入仓强度、混凝土初凝时间对大坝进行合理的分块分仓。

（2）模拟开始，令所有浇筑设备的工作进程（总工作延续时间）$T(i)$（$i=1$，2，…，NA）均等于大坝混凝土浇筑开工时间 T_0；若设备为顺序投入工作时，可分别按情况给以相应的初始值。

（3）按 $T(i)$ 的数值由小到大排列，选择在 NA 台浇筑设备中工作进程 $T(i)$ 值最小的 IB 设备 $[T(i)-T(IB)]$ 进行模拟，以 IB 号浇筑设备去寻找可浇筑的坝块。

（4）将坝体各仓位按高程 $H(i)$（$i=1$，2，…，ND）由低至高的顺序排列。优先选择 $H(i)$ 值最低的仓位，检查其上部浇筑块是否符合浇筑条件，直到找出符合浇筑条件的仓位 IA 为止。

（5）计算仓位 IA 浇筑混凝土所需要的时间 $TB(IA)$，可得出该浇筑块的开始浇筑时间 $StartTime(IA)$ 和浇筑完毕时间 $FinishTime(IA)$，其计算式如下：

$StartTime(IA)=T(IB)$

$FinishTime(IA)=StartTime(IA)+TB(IA)$

此时浇筑设备 IB 工作进程就前进一步，其新的工作延续时间为

$T(IB)=FinishTime(IA)$

（6）仓位 IA 浇筑完毕后，其坝段高程就增加一个层高 H，有关浇筑设备的工作就前进一步，记录仓位 IA 的浇筑开始及完毕时间，转入下一步骤。

（7）重复循环上述（3）至（6）步骤，即可安排出各仓位的浇筑顺序和日程计划。

在模拟过程中，如某一台浇筑设备因某些条件限制，在其工作范围内暂时找不到可供浇筑的仓位，该设备将被迫停歇一段时间 TQ（TQ 可取一定值），修改该浇筑设备工作进程 $T(i)$，转至第（2）步骤继续搜寻仓位浇筑。

6.4.2　总体结构设计

1. 结构组成

基于 VR 的大坝加高施工管理与决策主系统主要由原始数据库、计算机跳仓选块、成果数据库（各种数据报表）、统计分析、虚拟现实模拟等几部分组成，运行中相互独立，又通过主体界面有机地结合成一个系统，系统结构如图 6.14 所示。

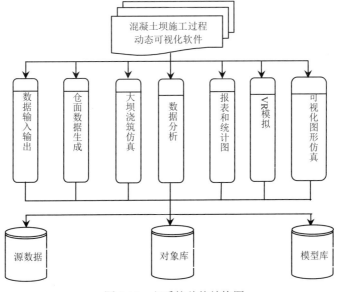

图 6.14　主系统总体结构图

2. 系统功能

在主系统中，"源数据"提供系统运行的基础工程数据，"对象库"包含系统运行中封装的相关对象与模块，"模型库"保存坝体三维模型以及混凝土浇筑设备的三维模型。

系统的主要功能包括：

（1）数据输入输出。实现对系统内的工程数据域基础资料进行保存、修改，以及以适当的形式向系统外输出。

（2）仓面数据生成。主要完成根据坝体三维模型以及混凝土浇筑仓位的划分规则对大坝混凝土浇筑仓位进行划分，并产生系统全面的仓位信息。

（3）大坝浇筑仿真。根据系统内的仓位数据、运输设备数据、拌和系统数据以及混凝土坝浇筑施工规则，对大坝混凝土的浇筑施工过程进行仿真，并产生详细的浇筑施工方案。

（4）数据分析。实现对系统内仿真计算产生的浇筑方案进行分析，包括浇筑强度、机械使用情况、施工进度等因素的分析。

（5）报表和统计图。实现向系统外输出浇筑进度计划的相关统计图表。

（6）虚拟现实模拟。实现在系统内展示虚拟现实的大坝浇筑施工场景以及大坝混凝土浇筑过程。

（7）可视化图形仿真。实现向系统外输出各时间节点或大坝施工各部分在某个时间点的施工状态三维场景。

6.4.3 管理数据库设计

管理数据库主要用以保存与管理混凝土坝施工过程中涉及的原始数据、模拟计算的中间数据与最终施工方案数据，涵盖了工程特征、坝体结构、施工流程、施工工艺、施工要求等方面的详细信息。

管理数据库的主要数据内容如下：

（1）坝体结构特征数据。这类数据反映和描述了坝体的结构特征和设计参数，包括结构尺寸、结构形式、坝体内孔洞的位置与形状。通过此类数据可以完全绘制坝体的空间形状。如各坝段坝基高程、坝段宽度、坡面斜率、孔洞的高度和宽度、孔底高程、分仓分层数据等，都属于坝体结构数据。

（2）施工设备数据。这类数据反映和描述了施工设备的基本特征和运行参数，包括拌和楼生产及技术参数、混凝土运输设备参数。这部分数据需要注意理论值与实际值的差别。如塔机的装料点的高程与位置、重罐起升速度、水平旋转速度、水平移动速度、重罐下降速度等，都属于施工设备数据。

（3）施工工艺数据。这类数据反映和描述了施工各环节特征和运行规律，包括混凝土浇筑的间歇时间要求、高差限制要求、养护要求等。这部分数据的获取比较困难，变幅较大，不确定因素较多。如：单位面积立模时间、单位面积灌浆时间、转仓数据等，都属于施工工艺数据。

（4）施工方案数据。这类数据反映和描述了混凝土浇筑的总体方案，包括坝体各部分的浇筑进度计划要求、特殊部位的浇筑要求，各台混凝土浇筑入仓设备的总体浇筑范围。这部分数据相对比较稳定，容易获取。如每月的可施工天数、每一坝段所使用的浇筑设备等，都属于施工方案数据。

（5）三维模型库。包括坝体模型三维模型、施工设备三维模型等。

6.4.4 系统集成及应用

1. 系统模块集成

基于 VR 的大坝加高施工管理与决策主系统在逻辑上由 9 个子模块集成，分别为：人机界面、系统管理、数据管理、施工模拟、现场管理、统计分析、虚拟现实查看、数据库及数据库管理系统、帮助系统。各部分以数据库系统为中心联系在一起，其结构如图 6.15 所示。

（1）人机界面。人机界面负责用户与系统的交互，接受系统向用户发送的各种请求，以及系统将运行、计算的结果以各种形式提交给用户。

（2）系统管理。主要实现对系统用户以及各级用户使用权限的管理，系统日志的管理。

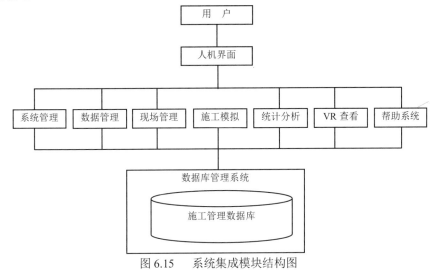

图 6.15 系统集成模块结构图

1）用户管理：实现对用户的添加、删除、用户信息的修改。

2）权限管理：对各级用户分配系统的使用权限，使用权限分为三类，即系统管理员、系统操作员、普通用户。

3）系统日志：实现对用户操作系统记录的管理，记录用户的登录时间、退出时间、用户名称以及主要操作，并对以上信息进行管理。

4）密码修改：修改用户登录密码。

（3）数据管理。对系统数据库中的数据进行管理、维护与更新，主要为常规的数据库操作的内容，包括数据的修改、删除、添加等操作，包括以下几方面的数据。

1）工程基本数据：描述当前工程基本信息的数据。

2）水文气象数据：坝址处降雨量、水温、流量、水位等水文气象信息。

3）坝体结构数据：坝体各坝段、各仓位结构信息、空间信息。

4）施工设备数据：施工设备的基本参数和运行参数。

5）物资材料数据：混凝土原材料基本属性、配合比等数据。

6）其他施工参数：左右高差限制、上下游高差限制、层间间歇时间限制、温控起止时间限制，以及台班安排等施工参数。

（4）施工模拟。对特定的施工时段、施工方案进行模拟，产生详细的施工过程计划，对混凝土浇筑的全过程进行模拟，计算结果包括：混凝土拌和设备及工作起止时间、入仓手段及工作起止时间、仓面作业及起止时间等信息。

1）时段模拟：全过程模拟，即模拟时间从当前时刻到施工结束；任意时段模拟，即任意指定时间段的模拟，以及台班模拟、日模拟、周模拟、月模拟等。

2）方案模拟：针对不同的施工方案进行模拟。

（5）现场管理。对施工现场与混凝土浇筑相关的要素与资源进行管理，包括施工设备管理、原材料管理、施工进度管理、质量管理。

1）施工设备管理：施工设备的调度与安排。

2）原材料管理：制定水泥、混凝土、骨料、外加剂的需求量计划与供应计划。

3）施工进度管理：实际进度与预期进度的对比、进度的人工调整；仓面准备时间的制定。

4）质量管理：施工质量的统计与分析。

（6）统计分析。

1）进度统计与分析：进度的理论值与实际值对比，施工进度报表，包括台班报表、日报表、周报表、月报表、年报表以及其他现有管理模式中使用的报表。

2）施工设备效率统计：设备的使用率统计、生产率统计。

（7）虚拟现实查看。查看不同施工状态下现场的虚拟现实场景。包括施工三维模型处理、施工设备三维模型读取、施工设备定位、混凝土坝施工过程的动画渲染和虚拟仿真演示、漫游控制等方面内容。

（8）数据库与数据库管理系统。该子模块负责整个系统内数据库的修改、数据的管理和维护。其他子系统通过该系统建立相互之间的联系。

2．系统应用

基于 VR 的大坝加高施工管理与决策主系统主要包括系统总体结构设计、管理数据库设计、系统功能和界面设计以及施工过程虚拟现实的实现。系统总体结构是根据工程项目管理机构和现场管理特点设计，符合现场实际施工管理流程。系统数据库涵盖了工程特征、坝体结构、施工流程、施工工艺、施工方案等方面的详细信息。系统具备系统管理、数据管理、施工模拟、现场管理、统计分析、虚拟现实查看等方面功能，经在丹江口大坝加高施工中应用结果表明，可灵活满足施工现场决策与管理的需要。

6.5　本　章　小　结

大坝加高混凝土工程施工组织与管理是一个多维的、随机的、动态的大型综合系统，其边界条件和内部结构都十分复杂。除混凝土施工设备配套等一些问题外，大部分问题都存在较大解决难度，以至于整个系统的研究难以通过解析模型描述，也无法通过物理模型实验来揭示其中的机理。因此，计算机模拟由于具有成本低廉、速度快、可无限重复、施工方案易于修改等优势，已经成为对混凝土坝施工组织与管理决策问题进行研究的有效手段与普遍方式。

建立和完善混凝土坝施工模拟与优化的理论、方法与技术体系，对于提高大坝加高混凝土工程的施工组织与管理水平、确保工程质量、加快工程进度、降低工程成本都有重大现实意义，最终有助于提高混凝土坝的建设水平。此外，研究工作对于提高混凝土大坝等水工建筑物，以及其他行业类似工程的建设水平都有理论和实践上的指导意义。

研究取得的主要成果有以下几个方面：

（1）施工阶段模拟模型的构建。施工阶段是工程的实施阶段，各项施工过程和工艺细致而繁琐，施工约束与要求多且相互联系，施工阶段的模拟需要考虑其各方面关系。通过对以上要素的系统分析，建立了施工阶段的混凝土坝施工模拟模型体系，包括混凝土浇筑选仓模型、施工设备模拟模型、施工设备联合浇筑模拟模型、混凝土浇筑模拟主流程。以上模型在丹江口大坝加高工程中得到有效实施，模拟结果满足现场施工要求。

（2）VR 技术的应用。创建了混凝土坝施工虚拟现实模拟与辅助决策平台。平台为混凝土坝的施工管理与决策提供了一个全新的载体，将坝体在不同时刻、不同施工方案或施工布置情况下的施工场景、施工过程以近乎真实的方式展现出来。平台具有逼真性、沉浸性、交互性，为提高决策效率和决策科学化水平，实现施工决策因素的全面集成创造了良好条件。

（3）施工管理多项工作的集成。研制开发的基于 VR 的大坝加高施工管理与决策主系统将混凝土坝施工的多项工作都纳入其中，并借助辅助决策平台、多种工具及软件，形成了一个相对完整的大坝加高混凝土坝施工管理与决策的综合集成系统，涵盖大坝加高混凝土施工进度的安排、原材料使用计划与进料计划的制定、施工设备的管理等各个方面，同时通过虚拟现实形象展示混凝土坝施工场景与过程，全面实现了混凝土大坝加高施工过程的综合管理。

第7章　丹江口大坝加高工程实例

7.1　加高工程概况

7.1.1　工程建设情况

1. 枢纽建设概况

丹江口水利枢纽工程位于湖北省丹江口市汉江中游干流上，是一座大型综合利用水利枢纽工程，工程按初期规模于 1973 年建成，图 7.1 为丹江口大坝上游俯瞰图。大坝设计为混凝土重力坝，两岸为土石坝。坝顶高程 162m，正常蓄水位 157m，水库库容 174.5 亿 m^3。河床坝段高程 100m 以下坝体已按正常蓄水位 170m 建成。水库运行多年来，为汉江中下游地区的防洪、供水、灌溉、发电、航运及水产养殖发挥了重要作用，取得了显著的经济效益和社会效益。

图 7.1　丹江口大坝上游俯瞰图

2. 加高建设概况

根据丹江口水利枢纽大坝加高工程初步设计报告，枢纽工程需加高的部位，主要是对初期挡水建筑物进行加高和对通航建筑物进行改建。挡水建筑物右岸土石坝因改线新建，左岸土石坝在初期的坝下游侧加高，混凝土坝加高 14.6m，除加高坝顶外尚需在下游坝面贴坡加厚。大坝加高后，混凝土坝及左右岸土石坝坝顶高程为 176.6m，表孔坝段溢流堰顶由高程 138m 加高至 152m，升船机规模由 150t 级提高到 300t 级。

大坝加高后，工程的任务是以防洪、供水为主，结合发电、航运等综合利用。作为南水北调中线的水源工程，大坝加高后多年平均可为南水北调中线一期工程供水 95 亿 m^3，对缓解华北地区水资源短缺的紧张局面、促进我国北方地区国民经济可持续发展和生态环境的改善具有巨大的作用，并可为南水北调中线二期工程调水奠定基础，加高大坝将进一步提高水库的防洪能力和下游的防洪标准，为减轻汉江及长江干流汉口段和武汉市的防洪压力创造有利条件；工程的建设还可改善枢纽的发电和汉江干流的通航条件。

丹江口水利枢纽按后期规模完建后，正常蓄水位从 157m 提高至 170m，可相应增加库容 116 亿 m^3，通过优化调度，可提高中下游防洪能力，扩大防洪效益，近期（2010 年水平年）调水量 95 亿 m^3，后期（2030 年水平年）调水量 130 亿 m^3，可基本缓解华北地区用水的紧张局面。

大坝加高工程于 2005 年 9 月 26 日正式开工建设，主体工程第一仓混凝土于 2005 年 11 月 26 日浇筑。贴坡加厚施工中的丹江口大坝加高工程如图 7.2 所示。工程开工后，先后完成了准备工程和前期工程、混凝土拆除、贴坡混凝土浇筑、土石坝加高、混凝土坝顶加高、升船机扩建等施工项目。至 2010 年 3 月，混凝土坝段已全部加高至设计高程，工程总工期为 66 个月（5.5 年），其中工程准备期 9 个月，正式建设期为 57 个月。2013 年 3 月，大坝加高工程的主体工程已全部完成，正进行蓄水前的安全评估。整个加高工程包括闸门金属结构的更新改造等均于 2013 年完成。

图 7.2　施工建设中的丹江口大坝加高工程

7.1.2 加高工程参数

1. 加高工程特征参数

丹江大坝加高工程由混凝土坝和两岸土石坝组成，总长 3442m，其中混凝土坝分 58 个坝段，混凝土坝全长 1141m，自右向左分别为：右岸联接坝段（右 13～7 号）；深孔坝段（8～13 号）；溢流坝段（14～24 号）；厂房坝段（25～33 号）；左岸联接坝段（34～44 号）。

由于在坝体加高施工期间枢纽正常运行，施工作业、枢纽的运行、防洪度汛之间相互影响和制约，施工场地较为狭小、限制条件多而复杂，导致加高工程在施工工艺、施工流程、施工组织与管理等方面有许多与新建工程不同的限制与要求。因此，工程具有改扩建工程量大、施工工艺复杂、制约因素多、技术难度大等特点，存在新老混凝土结合、现场施工组织与管理、施工度汛发电三者之间的关系协调等诸多技术难题。

丹江口大坝加高工程的多项技术指标位居世界前列，见表 7.1。

表 7.1 丹江口大坝加高工程特征参数表

项目	技术指标	参数或概况
1	大坝加高新增高度	14.6m（从 162m 加高到 176.6m）
2	大坝加高新增水库库容	116 亿 m³
3	大坝加高新增混凝土体积	105.76 万 m³
4	新老混凝土结合面面积	10.55 万 m²
5	老混凝土拆除体积	4.52 万 m³
6	大坝加高前后间隔时间	33 年
7	工程重要性	是南水北调中线的关键性、控制性和标志性工程，也是我国水电工程加高续建项目中规模最大的工程
8	施工复杂性	加高施工在保证枢纽正常运行的前提下，工程量大、场地狭窄、立体交叉作业、干扰因素多、技术难度高、施工复杂性和难度极高

2. 加高施工难度

丹江口混凝土坝加高工程规模大，难度高，其规模为国内水利水电工程加高续建（改建）工程之最。作为最为关键的技术难题，妥善解决新老混凝土结合问题，使新老坝体联合受力在工程建设中至关重要。

该项工程由于是在原有大坝的基础上加宽加高，故不同于新建大坝，将面临许多新的挑战，其技术复杂，施工难度大，工艺要求高，施工布置受到制约。

大坝加高施工期间，枢纽仍处于正常运行，担负防洪、发电等任务，需要协调好工程加高施工和枢纽正常运行调度之间的矛盾，通过加强现场施工管理以实现统筹兼顾。

除了保证枢纽正常运行和安全度汛外，丹江口大坝加高工程严格的混凝土温度控制要求使得大坝贴坡加厚混凝土及溢流坝的加高施工不能全年进行，只能在低温季节和枯水期进行，对施工时段限制严格，进而对施工工期的保障难度增大。

7.1.3 加高施工要求

1. 设计加高方式

大坝加高工程建设在国内外已不乏其例，尤其是混凝土大坝加高，有很多成功的经验。所采用加高的方式也多种多样，如后帮整体式、后帮分离式、前帮整体式、前帮加后帮式、预应力锚索加高式和坝顶直接加高式等。但以后帮整体式最为普遍，即在老坝体下游面及其顶部浇筑新混凝土。

丹江口大坝加高方案充分考虑了大坝地理位置、气温变化特点、初期工程各坝段结构及其功能要求、大坝加高高度、利用初期工程已具备的加高条件和工程措施等实际情况，进行了大量的论证研究，开展了仿真计算，最终选定了加高方式。

丹江口大坝所在地的气象资料表明，年气温变化幅度处在较高水平；丹江口大坝坝顶加高 14.6 m，坝后贴坡厚度 5~14 m 相对较薄，加高后新老混凝土结合面应力状态较为复杂，其主要原因是坝体年气温变化影响深度与坝后贴坡厚度基本相当，新老混凝土结合面处在影响深度范围内或在影响深度附近。

经充分论证、比选，确定丹江口大坝加高方式为后帮贴坡整体重力式。加高工程中的混凝土工程主要为溢流坝段的溢流面和闸墩加固加高、其他混凝土坝段在原混凝土坝的基础上进行下游贴坡加厚和坝顶加高。

2. 加高施工部位

以丹江口大坝加高左岸工程为例。混凝土加高加厚施工部位包括左联坝段（34～44 坝段）、左岸混凝土坝段（32 坝段、33 坝段）、厂房坝段（25～31 坝段）和表孔溢流坝段（18～24 坝段）。在第 1 个枯水期（即 2005 年 10 月至 2006 年 5 月，余类推）和第 2 个枯水期主要进行大坝贴坡混凝土和溢流坝段堰面高程 128m 以下混凝土施工，大坝坝顶加高主要在第 3 个枯水期实施。

溢流坝段堰面混凝土的加高，对度汛有较大的影响，为保证施工期大坝安全度汛，溢流坝段高程 128m 以上堰面施工分别安排在 3 个枯水期进行，闸墩加高及闸门、启闭设备安装调试安排在 2 个枯水季节内完成。浇筑混凝土的主要机械布置在高程 162m 老坝顶上。

左岸工程各坝段加高典型的剖面图如图 7.3～图 7.5 所示。

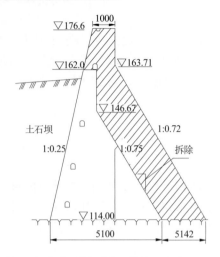

图 7.3   左联坝段加高典型剖面图（单位：高程，m；尺寸，cm）

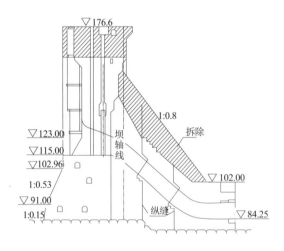

图 7.4   厂房坝段加高典型剖面图（单位：m）

3. 施工控制要求

丹江口大坝加高工程施工主要采取以下控制要求：

（1）对于溢流坝段堰顶混凝土加高，可按柱状法浇筑施工；对于厂房坝段和深孔坝段混凝土加高，可按柱状浇筑或直接贴坡浇筑法施工。

（2）为兼顾加高混凝土浇筑和电站正常运行、发挥效益，左右岸混凝土坝段贴坡混凝土浇筑时适当控制库水位不超过 152.0 m，使坝体具有较理想的初始应力、位移场。

（3）左右岸混凝土坝坝踵应力，在不考虑温度荷载的情况下，保持一定的压应力，以抵消新混凝土温降可能产生的拉应力。

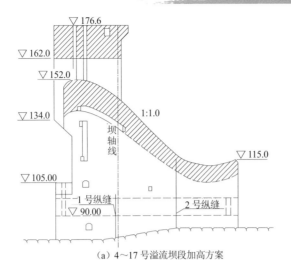

（a）4～17号溢流坝段加高方案

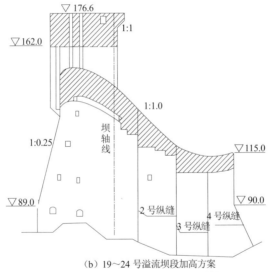

（b）19～24号溢流坝段加高方案

图 7.5 溢流坝段加高典型剖面图（单位：m）

（4）实施混凝土综合温度控制及防裂措施，重要部位采取个性化专项技术对策和措施，以减少混凝土温度应力和提高混凝土抗裂性能。

本章以下各节均选取丹江口大坝加高左岸工程混凝土施工加以叙述。

7.2 老混凝土拆除施工

7.2.1 主要拆除部位

丹江口大坝加高左岸工程的混凝土拆除主要分布在下列部位：

（1）14～24 号溢流坝段。溢流坝段老坝体及原有构筑物拆除主要包括：位于 14～24 号坝段原坝顶高程 162.0m 以上及以下，其中高程 162.0m 以上有 18 号坝段管理房拆除，高程 162.0m 以下有老坝体梁板结构（包括高程 159m 电缆观测廊道拆除）、18 号坝段下游牛腿及高程 128.2～132.0m 局部混凝土、闸墩表面混凝土、工作门槽二期混凝土的拆除。坝顶结构梁板拆除、18 号坝段管理房拆除、18 号坝段下游牛腿拆除、18 号坝段下游高程 128.2～132.0m 局部拆除、闸墩表面混凝土拆除、工作门槽二期混凝土拆除、高程 159m 电缆观测廊道拆除等。

（2）25～33 号厂房坝段。厂房坝段初期工程部分老坝体、初期工程建筑物、初期工程的施工设施拆除主要包括：初期工程栈桥墩柱拆除、初期工程启闭机房和油泵房拆除等，拆除部位绝大部分为钢筋混凝土结构等。

（3）34～44 号左岸联接坝段。左岸联接坝段老坝体混凝土及原有构筑物拆除部位包括：34～35 号坝段下游高程 123m 平台，36 号坝段下游高程 116m 平台，37～41 号坝段下游面高程 123m 以下三角体及 1m 厚模板层，42～43 号坝段下游面高程 133m 以下三角体，39～40 号坝段下游面高程 131～123m 小台阶三角体及老坝顶原有构筑物等部位的拆除。

7.2.2　拆除现场试验

在加高工程老混凝土拆除施工之前，针对现有和创新的各项施工方法，在施工现场开展了一系列比对性和生产性试验，尤其是针对爆破拆除施工方法，进行了反复多次试验。通过试验，取得了相应数据和成果，为拆除的设计和施工提供了有效的技术支撑。以下叙述几个典型的现场试验。

7.2.2.1　在左岸联接坝段实施的台阶和光面爆破试验

1. 试验目的

为优化爆破效果，降低爆破震动效应，保证电站厂房、微波楼等建筑物安全和正常运行，为各个坝段的老坝体混凝土控制拆除施工参数的确定提供试验数据成果，开展了台阶和光面爆破试验。

2. 试验部位及时间

爆破试验部位选择在左岸联接坝段下游进行。分别是 39 号坝段高程 123.0～125.0m 平台、40 号坝段高程 123.0～116.2m 平台、41 号坝段高程 121.0～119.7m 平台等部位。试验从 2005 年 11 月 1 日开始至 11 月 24 日结束，共计进行了 7 次现场试验。

3. 试验成果

通过老坝体混凝土拆除爆破试验，实际选定的台阶和光面爆破参数见表 7.2。

表 7.2　混凝土拆除台阶和光面爆破参数表

项　目		参　数	
		台阶爆破	光面爆破
孔径/mm		42	42
孔深/m		1.8	3.0
孔排距/m		1.2×1.1	0.5
炸药品种		乳化炸药	乳化炸药
药卷规格	直径/mm	32	32
	长度/cm	20	20
	重量/kg	200	200
线装药密度/(g/m)			73
单位耗药量/(kg/m^3)		0.26～0.36	0.11
单孔药量/kg		0.6～0.9	0.15～0.18
最大单段药量/kg		1.2	0.9

7.2.2.2　在左岸联接坝段实施的静态爆破试验

静态爆破试验的试验目的、试验部位及时间均与上一项试验相同。其试验程序和试验成果如下。

1. 试验程序

静态爆破试验程序：布设爆破孔→钻爆破孔→灌注静态破碎剂→爆破完成→风镐凿除、撬挖→清渣→检查爆破效果→调整静态爆破参数→进行下一次试验。

2. 试验成果

静态爆破试验采用 SCA-Ⅱ 型静态破碎剂。SCA 系列静态破碎剂技术性能见表 7.3，SCA 系列静态破碎剂每立方体中 SCA 重量 K 值见表 7.4，试验所得出的静态爆破参数见表 7.5。

表 7.3　SCA 系列静态破碎剂技术性能一览表

型　号	使用季节	使用温度/℃	膨胀压力/MPa	开裂时间/s
SCA-Ⅰ	夏　季	20～25	30～50	10～50
SCA-Ⅱ	春　季	10～25	30～50	10～50
SCA-Ⅲ	冬　季	5～15	30～50	10～50
SCA-Ⅳ	寒　季	-5～8	30～50	10～50

表7.4　每立方体中 SCA 重量 K 值表

型号	比重/（g/cm³）	水灰比	K/（kg/m³）
SCA-Ⅰ、Ⅱ	3.19	0.33	1540
SCA-Ⅲ、Ⅳ	3.28	0.33	1650

表7.5　静态爆破参数表

孔径/mm	孔距/m	排拒/m	破碎剂直径/mm	单耗/（kg/m³）	线装药密度/（g/m）
$\phi42$	0.45	0.4	42	12.0	213

7.2.2.3　在厂房坝段实施的静态爆破生产性试验

在进行 25～33 号厂房坝段老坝体及原有构筑物拆除施工前，借鉴新增人工键槽"锯割静裂法"成型施工中静态爆破拆除试验已经取得的成果，结合并选取将要采用静态爆破拆除混凝土的坝段和部位，进行了混凝土静态爆破拆除现场生产性试验。

1．试验目的

通过混凝土静态爆破拆除生产性试验，验证和优化混凝土静态爆破拆除的各项工艺参数，最终达到安全、优质、快速拆除的目的。

2．试验内容

主要包括孔距、孔径、孔深、装药深度、装药方法、药量、孔口堵塞方法、破碎剂反应控制时间等参数的确定。

3．试验部位

选取厂房坝段的 3 个代表性部位。即 25 号坝段坝后栈桥墩（水平布孔钻爆）、26 号坝段高程 110～113m 牛腿（向下垂直布孔钻爆）、26 号坝段高程 110m 平台倒角（向下倾斜布孔钻爆）部位。

4．试验成果

坝后栈桥墩从上至下分层拆除，从 3m 以上的墩柱撬挖的混凝土块小于 300kg，3m 以下的小于 500kg。高程 110～113m 牛腿和高程 110m 平台倒角纵向分块拆除，每块长度不超过 2m。

静态破碎剂静力作用产生的膨胀裂缝沿钻孔线走向，采用钢钎辅助撬动分离，整个断裂面基本规则平整。坝体保留部分混凝土面无损伤。经实际测量，爆破拆除后保留部分混凝土结构尺寸满足设计要求。通过生产性试验验证，得出混凝土静态爆破拆除试验成果如下：

（1）钻孔参数。爆破孔孔距 15～20cm，钻孔孔径 $\phi40$mm，孔深为分块拆除目标的 80%，装药深度为孔深的 100%。

（2）装药方法。

1）垂直向下眼孔、向下倾斜眼孔和水平方向眼孔，在破碎剂中加入 28%（重量比）左右的水，采用制浆桶拌和均匀成流质状态后用灰浆泵灌入孔内，孔口留5cm进行堵塞，保证破碎剂不流出。

2）静态破碎剂装填时，观察拆除部位混凝土、破碎剂、拌和水的温度是否符合静态爆破最适宜环境温度范围为-5～40℃的要求。装填过程中，如发现静态破碎剂开始冒气和温度快速上升，表明已经开始发生化学反应，这时不允许灌入孔内。从破碎剂加入拌和水到灌装结束，整个过程的时间不能超过5min。

（3）反应时间控制。静态破碎剂反应的快慢与温度有直接的关系，温度越高，反应时间越快，反之则慢。实际操作中，控制破碎剂反应时间太快所采用的方法是控制拌和水、干粉破碎剂和拆除部位混凝土的温度。气温较高时，爆破前对被拆除体进行遮挡，破碎剂低温存放，避免暴晒。将拌和水温度控制在5～15℃。气温较低时，提高拌和水温度，加快破碎剂反应。拌和水温最高不得超过50℃。破碎剂反应时间控制在50～60min。

7.2.3　拆除施工

7.2.3.1　拆除施工的周边条件

丹江口大坝加高老坝体混凝土拆除施工周边环境复杂，邻近构筑物及设施较多，主要有大坝、发电厂房、微波通信楼、电厂中央控制室、取水泵房、开关站等建筑物和输电线塔、高压输电线、左右岸通信线缆等设施。拆除部位距发电厂房最近距离约4m，距微波通信楼最近距离仅1m。

图7.6为丹江口大坝加高32～44号坝段拆除周边设施；图7.7为丹江口大坝加高溢流坝段至厂房坝段拆除周边设施；图7.8为丹江口大坝加高厂房26～31号坝段拆除范围。

图7.6　丹江口大坝加高32～44号坝段拆除周边设施

图 7.7　丹江口大坝加高溢流坝段至厂房坝段拆除周边设施

图 7.8　丹江口大坝加高 26～31 号厂房坝段拆除范围

7.2.3.2　拆除施工难点

丹江口大坝加高工程老坝体混凝土的控制拆除具有以下几方面难点：

（1）拆除工程量大，仅左岸大坝施工坝段就将近拆除混凝土 $3×10^4m^3$。

（2）拆除点多、面广，且所有拆除部位均与大坝相连；拆除施工期间整个水利枢纽工程均处于正常运行状态，复杂的施工边界条件对施工技术、施工组织与施工管理要求严格。

（3）拆除部位与保留部位紧密相连，施工技术复杂、拆除项目与其他施工项目相互干扰大。

（4）泄水建筑物部位的混凝土拆除不能在汛期施工，需要与坝体混凝土浇筑紧密配合，在规定的时间完成相应坝段的混凝土拆除。

（5）混凝土拆除施工时，必须采取严格的安全防护措施，以防飞石破坏或拆除体砸坏保留建筑物。

7.2.3.3 拆除实施

丹江口大坝加高工程老混凝土控制拆除是一项十分重要的施工环节，关系到加高工程基础的良莠和结合面的好坏。为此，在拆除施工开始之前，开展了大量的研究和创新工作，相应取得了许多有价值的成果。在施工过程中，针对丹江口大坝加高工程中混凝土拆除的施工实际，基于拆除的技术要求以及每一种拆除方法的适用条件，为每一个拆除部位制定了详细的拆除技术要求和对策方案。这些方案在施工中发挥了重要作用，实施效果良好。

1. 手持式机具拆除

（1）施工部位。19～24 号坝段初期工程闸墩墩顶混凝土、初期工程坝顶运行管理房。

（2）拆除方法选择。上述部位拆除量相对较小，拆除体位置和体型特殊，受保护对象安全控制要求、现场交通、场地等条件限制，无法实施机械拆除和控制爆破拆除，因此采用手持式小型机具拆除。

（3）主要施工方案。进行可靠的安全防护，采用风镐、铁锤或铁钎等小型机具拆除。

2. 机械拆除

（1）施工部位。厂房坝段老坝体下游坡面牛腿、电梯井现浇外伸梁板、左联坝段值班房。

（2）拆除方法选择。上述部位拆除量较大，周边环境复杂，保护对象对震动、安全质点振动速度控制标准要求高，不宜进行控制爆破，采用机械拆除。根据拆除体结构体型、位置、周地形特点及安全要求，合理选用拆除机械设备。

（3）主要施工方案。厂房坝段下游布置有电站厂房，安全防护要求高，拆除实施前，沿整个厂房外墙搭设钢管防护排架，立面铺设竹跳板封闭。老坝体下游坡面牛腿拆除以分裂机为主，静裂分离辅助，拆除部位下方设置碎石减震阻弹带。电梯井现浇外伸梁板采用电动钻石线锯拆除，起重设备吊装运走。左联坝段坝脚值班室采用液压混凝土破碎机拆除。

（4）实施效果。进度满足工期要求，拆除轮廓、拆除面质量等控制指标满足设计要求，拆除作业未对周边保护对象产生影响，未发生质量安全事故，拆除达到了预定的效果。

3. 静爆拆除

（1）施工部位。26～31 号坝段初期工程遗留的栈桥墩及 31～32 号坝段老坝体下游结构混凝土拆除。

（2）拆除方法选择。拆除施工部位距离厂房及中控楼约 22m，距厂坝平台高差 17m，实施过程中既不能损伤大坝主体结构，也不能影响电厂的正常运行，且拆除工程量较大，拟采用静态爆破方法进行拆除。

（3）主要施工方案。静态爆破前，根据起吊、运输手段和安全控制等要求，进行计算布孔，控制混凝土块的大小和静裂方向。按布孔要求沿设计拆除边线钻孔，灌入静态破碎剂进行静爆分裂。拆除体下方设置碎石减震阻弹带，拆除后的渣料通过坝体斜坡面滑至厂坝平台，通过起吊设备或装载机装自卸车运至指定渣场。

由于栈桥墩距厂房及中控楼较近，为避免拆除对电站运行产生影响，拆除时使用 2 种不同直径的钢丝绳编制成安全网进行围兜防护，防止爆破过程中的小碎块坠落。

（4）实施效果。拆除进度满足工期要求，拆除轮廓、拆除面质量等控制指标符合设计要求，未发生质量安全事故。

4. 爆破拆除

（1）施工部位。34～44 号坝段坝体下游三角体混凝土平台，该平台宽约 7.9m，高约 8.7m，与大坝混凝土同时浇筑而成。

（2）拆除方法选择。该部分混凝土由于尺寸大、体积大，人工撬挖和机械切割均较困难，为提高生产效率，在经过现场生产性爆破试验的基础上采用小药量控制爆破法拆除。

（3）主要施工方案。分为 3～4 层拆除，一次爆破拆除长度可按坝段分区，采用 YH24 型手持式凿岩机钻孔，人工装药，拆除体与保留体之间轮廓面采用预裂或光面爆破，采用小区孔间微差爆破网络分段起爆。

由于爆区周边环境复杂，紧邻电站厂房、电厂办公楼中控室、微波楼、抽水泵房及供水管、电厂办公楼交通桥、110kV 高压电线、输变电线塔及开关站等构筑物，故需严格控制单段起爆药量，并进行全方位立体防护，主要采用爆区表面水平防护、保护对象周边立面防护和特殊防护等措施，将震动和安全质点振动速度控制在允许范围内，保证周边初期工程建筑物运行安全。

爆渣采用液压反铲装车，15t 自卸汽车经进厂公路和原上坝公路运渣至土石坝上游压脚区。拆除作业前，对拆除体下部混凝土坝面、电站进厂公路、电站厂房等用胶管帘、竹跳板等做好平面和立面防护，并重点做好爆破孔孔口封堵和孔口沙袋覆盖，防止拆除的混凝土渣、块飞落砸坏下部结构和电站厂房。

（4）实施效果。施工各项指标符合设计要求，基础开挖工作顺利完成。混凝土破碎程度、爆破方向及爆破危害等均控制在允许范围内，达到了预期的控制爆破效果，保证了丹江口水利枢纽工程周边初期工程建筑物运行安全，为下阶段混凝土浇筑提供了良好的条件。

5. 盘锯切割法与静裂拆除法联合应用

（1）施工部位。新老混凝土结合面增设人工键槽。

（2）拆除方法选择。丹江口大坝加高工程中的人工键槽施工工程量大、对空间轮廓尺寸精度要求高、不能损伤混凝土保留体，因此不能使用控制爆破拆除。而采用手持式机具凿除和钻排孔拆除不能满足进度要求；采用静裂拆除的外形尺寸不易控制且工期也较紧张；采用盘锯切割的设备昂贵，且金刚石锯片消耗量大，施工成本过高。经多方案比较研究与现场试验验证，选定盘锯切割法与静裂拆除法联合应用进行人工键槽施工。

（3）主要施工流程及方法。盘锯固定导轨安装→盘锯切割→静态爆破钻孔→静裂膨胀剥离混凝土→混凝土块吊除。

（4）实施效果。键槽外形尺寸精度满足要求，混凝土体未受任何损伤，工程进度满足要求，施工费用显著节约，为保证坝体新老混凝土的结合创造了有利条件。

7.3　新老混凝土结合施工

新老混凝土结合施工研究成果在丹江口大坝贴坡加厚和坝顶加高混凝土施工中得到了全面应用。针对该工程新老混凝土结合面的联合受力问题，采取了凿除已碳化的老混凝土、新增人工键槽、增设复合锚固体系、老坝体表面涂刷界面密合剂、增设界面混凝土、新浇混凝土温度控制等一系列综合措施，通过合理的工序安排，规范的施工工艺和操作方法，以及有效的过程控制，保证了新老混凝土结合面的处理质量，从而有效改善新老坝体之间的传力方式和传力特性，确保了新老混凝土坝体联合作用状态，保障了坝体的安全运行。在丹江口大坝加高左岸工程新老混凝土结合面施工中，共完成混凝土结合面凿毛 69053m^2、新增人工键槽成型 6143m、新浇混凝土 671398.2m^3、砂浆锚杆 7924 根、锁口锚杆 753 根、接缝灌浆 44296m^2、涂刷界面密合剂 12000m^2。

7.3.1　人工键槽施工

7.3.1.1　人工键槽型式及布置

在充分考虑各种因素及论证研究、比选的基础上，丹江口大坝加高工程最终采用的键槽形式为三角形键槽。其典型的结构设计为：按水平呈长条布置，排距150cm，断面为不等边三角形，键槽长边投影 70cm，短边投影 40cm，深 30cm，如图 7.9 所示。

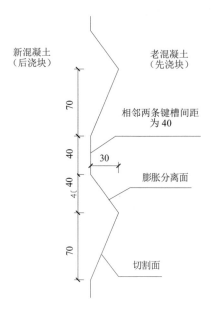

图 7.9　典型的人工键槽增设示意图（单位：cm）

左岸大坝加高工程新增人工键槽分别布置于大坝的溢流、厂房和左联坝段部位，具体坝段号及工程量如下：

（1）16～24 号溢流坝段包括 9 个坝段，共计键槽长度 835m。

（2）25～31 号厂房坝段共 6 个坝段，共计键槽长度 2455m。

（3）32～44 号左联坝段共 13 个坝段，共计键槽长度 2853m。

上述键槽总计长度 6143m。全部采用金刚石无损切割和静态预裂结合的施工工法即"锯割静裂法"进行施工。

7.3.1.2　施工实施

1. 施工工艺流程

新增人工键槽的施工工艺流程如下：施工准备→键槽测量放线→安装导向支架和轨道→采用液压盘锯切割键槽下部面→用定位器辅助键槽上部面钻静裂孔→灌注静态破碎剂膨胀分离键槽混凝土形成键槽→键槽成型面凿毛→键槽成型面质量检测。

2. 主要施工工艺

（1）固定导轨安装。加高混凝土面新增人工键槽断面呈不等边三角形，该三角形的两个面与坝体表面夹角分别为 23.2°和 36.9°，为此专门研制了一种倾角转换辅助支架，以实现盘锯导轨的垂直安装，加快施工进度，同时增强盘锯切割作业的稳定性。

（2）盘锯切割。不等边三角形键槽长边的深度为 76.1cm，采用液压盘踞切割。依次使用 3 种直径分别是 800mm、1200mm 和 1600mm 的锯片，按先小后大的方式进行切割。在混凝土中对应的切割深度为 330mm、530mm 和 730mm。切割深度由浅到深，直至最深达到 730mm，如图 7.10 所示。

（3）静裂钻孔。沿不等边三角形键槽短边切割线每 200~250mm 钻一个 ϕ40mm 孔，钻孔深度为 50cm，钻孔角度为短边的实际角度，为了控制钻孔角度，保证键槽开口的角度和尺寸，专门研发了一种钻孔导向器，在键槽两端也按照角度钻孔，如图 7.11 所示。为了保证膨胀分裂的效果，两端的孔距减小为 150mm，孔深度按照键槽开口线的尺寸进行控制。

（4）芯体剥离。键槽短边钻孔完成并将孔内清理干净后，通过静态破碎将键槽三角形混凝土体同坝体分离。将静态破碎剂按照配方配制好后迅速灌入孔内，装填密实后，作好孔口堵塞。待三角体同坝体产生裂缝后，即可用风镐等机具辅助将三角体分离，形成键槽，如图 7.12 所示。

（5）吊装运出。切割分离的混凝土三角体，通过起吊设备装上自卸汽车运至渣场。

图 7.10 金刚石液压静力切割　　　　图 7.11 采用钻孔导向器钻孔

图 7.12 老混凝土坝拆除现场图

3．质量控制标准

新增人工键槽施工主要控制指标见表7.6。

表 7.6　新老混凝土结合面新增人工键槽施工质量控制标准

序号	项目	控制指标
1	支架安装尺寸偏差	±2cm
2	切割深度偏差	±5cm
3	切割及钻孔角度偏差	±5°
4	钻孔深度偏差	±5cm

4．施工管控措施

施工管控措施有以下几个方面：

（1）盘锯操作、钻机操作、静态破碎剂操作人员等，经过培训合格后才能上岗。特种人员应有相应资质证件。

（2）施工前，认真编制专项施工组织设计和施工方案，实行逐级技术交底，使每一个现场施工管理人员都能明白施工方案和工艺。

（3）施工过程中，实行质量控制初检、复检和终检"三检"制，严把技术准备关、过程检测关和工序质量关"三关"，坚持质量一票否决制。

（4）严格遵守国家安全法规，保证有足够的专职安全员在施工现场旁站或巡视等跟踪监督；加强职工安全生产和安全意识教育，施工现场必须着劳动保护服装，并佩戴安全帽和安全带。

7.3.1.3　施工工效分析

1．典型施工设备配置

表 7.7 给出了丹江口大坝加高新增人工键槽施工"锯割静裂法"作业面典型施工设备配置。

表 7.7　主要机械设备表

序号	名称	型号	单位	数量
1	液压盘锯系统	D-LP32/DS-TS32	套	2
2	激光定位仪	PM32	台	1
3	电锤	TE-16	台	1
4	手风钻	Y-28	台	1
5	手动葫芦	500	台	2
6	载重汽车	5t	辆	1
7	汽车吊	QY16	台	1

2. 单元工效分析

在丹江口大坝加高新增人工键槽成型施工中，根据施工进度安排，新增人工键槽的施工随着贴坡混凝土浇筑的上升而进行。若按混凝土浇筑每 7d 上升一个升层考虑，在贴坡混凝土浇完并收仓后，该部位人工键槽的施工，与下一个浇筑升层的备仓同步进行。若每一个浇筑升层的结合面按 22m 长和 2 条的高度计算，采用前述配置所形成的施工强度，所需人工键槽的施工时间约需 38h（1.6d），这样，键槽施工可不占用备仓和混凝土浇筑的直线工期。

具体施工作业所用时间见表 7.8。

表 7.8 单元工程施工工效分析表

序号	工序	作业时间/h
1	混凝土表面清理	1
2	盘锯固定轨道安装	2
3	盘锯切割施工	12
4	钻孔导向器安装	2
5	钻　孔	8
6	装填静态破碎剂	10
7	混凝土块吊装运输	3
合计		38

7.3.2 界面密合剂施工

丹江口大坝工程修建于 20 世纪 60 年代，大坝加高新浇混凝土施工后，新老混凝土在性能上存在较大的差异，其结合面处理十分重要，尤其是在闸墩、闸室等过流面部位。因此，选用一种好的混凝土界面剂就成为保证新老混凝土浇筑后保持整体性和质量的关键。

工程中常用的界面剂主要有水泥浆、膨胀水泥浆、环氧胶等，但是使用这类界面剂维修或加固的新老混凝土的黏结强度低、抗侵蚀能力差、耐久性差，有些界面剂对人和环境有毒害性，在此情况下，需要寻求一种性能更优异的界面剂以提高新老混凝土界面黏结强度。

7.3.2.1 界面密合剂的选定

在长期的水电工程建设中，通过开展大量的新老混凝土结合面黏结性能对比试验研究，涉及黏结材料包括各种水泥浆、砂浆、改性富浆混凝土以及有机型环氧基胶结材料等，积累了丰硕的试验研究成果，对各种界面材料有了较深刻的认识，在此基础上根据丹江口大坝加高工程新老混凝土结合施工技术要求，经过反复试验，研制出了一种新型的无机界面材料——HTC 型界面密合剂。

1. 比选试验

丹江口大坝加高工程施工对界面剂材料的选择十分慎重，在大量调研基础上选择了包括新研制的 HTC 在内的 8 种国内外应用最好的界面剂进行现场比选试验，根据试验结果择优在工程中使用。

（1）比选试验试件。利用加高工程施工期间拆除的混凝土，制成试件后分别在界面涂刷所选的各种混凝土界面剂，试验过程完全模拟加高施工工况。

（2）比选试验界面材料。由国内 3 个供应商提供的无机界面剂和有机界面剂各 1 个型号、国外进口有机界面剂（改性环氧）1 个型号以及自主研制的无机型 HTC 系列组配型号为 HTC-1 型的界面密合剂共 8 种界面结合材料，分别编号为无 1、无 2、无 3、有 1、有 2、有 3、进口 1、HTC-1。采用水泥净浆（普通 42.5 水泥、$w/C=0.3$）作为空白进行比对试验。

（3）比选试验方案。首先进行全部材料的劈裂抗拉试验（结果见表 7.9）；根据劈裂抗拉试验结果，在国内 3 个厂家的无机和有机类材料中各选 1 个黏结强度最高的与 HTC-1 型、进口环氧以及空白试样再进行弯拉试验（结果见表 7.10）。弯拉试验破型后试件断面如图 7.13 所示。

表 7.9　28d 黏结强度试验成果（劈拉试验）

产品编号	空白	无 1	无 2	无 3	HTC-1	有 1	有 2	有 3	进口 1
黏结强度/MPa	1.36	1.37	1.58	0.7	2.06	0.84	1.28	0.51	1.17

表 7.10　28d 黏结强度试验成果（弯拉试验）

产品编号	空白	无 2	HTC-1	有 2	进口 1
黏结强度/MPa	4.89	4.76	5.44	4.25	4.80
断口描述	均为黏结面断开	部分黏结面断开	黏结面未断、均为新混凝土断开。界面实际黏结强度未测出	均为黏结面断开	均为黏结面断开

注　新、老混凝土强度等级均为 C45。

图 7.13　弯拉试验破型后试件断面图

2. 比选试验成果分析

从界面黏结材料比选试验成果可知，HTC-1 型界面密合剂相对于参与比选的其他无机、有机界面材料，新老混凝土结合面的劈拉强度要高出 30%~300%。

劈拉试验成果显示，采用界面密合剂的试件全部从新混凝土中断开，说明新老混凝土已结合成为完整的整体，所测的弯拉强度基本为新混凝土的弯拉强度，结合处的弯拉强度已高于老混凝土的弯拉强度；而采用其他界面剂的试件均从新老混凝土的结合面断开且结合面清晰、光滑，说明新老混凝土结合较差，没有成为完整的整体，结合面的弯拉强度不及新混凝土的弯拉强度。

3. 选定界面密合剂

根据比选试验结果，确定采用 HTC-1 型无机界面密合剂作为新老混凝土结合面黏结材料。密合剂进场抽检结果见表 7.11。

表 7.11　界面胶检测结果统计表

界面胶型号	检测项目		计量单位	检测指标	检测值
HTC-1 型 （共检测 3 组）	凝结时间	初凝	h	≥5	7.73~9.08
		终凝	h	≤14	11.03~12.84
	抗压强度	3d	MPa	≥30	33.5~39.1
		28d	MPa	≥60	64.7~69.4
	粘接强度	28d	MPa	≥5.0	5.3~7.4

7.3.2.2　界面密合剂施工要点

HTC-1 型界面密合剂为无机粉剂，其施工要点如下：

（1）使用前打开包装，目测或用手捻检查界面密合剂是否有结块，如有结块，则弃用。

（2）使用时，按照水∶界面密合剂料=0.16∶1 的比例加水拌制成浆体，拌制方法可视工程量大小而定，一般采用强制式砂浆搅拌机拌制，量小时也可采用小型机械搅拌或人工拌和方式拌制。

（3）拌制好的界面密合剂浆体尽量在 45min 内涂刷完，若超过 45min 浆体流动性略有降低，可以加入少量水后搅拌使用，不会对界面密合剂效果产生影响。

（4）界面密合剂采用机械喷涂或人工涂刷。涂刷前对老混凝土面打毛、清理，保持基面为湿水面干状态，再涂刷 1 层密合剂浆液，涂层厚度 1~3 mm 即可；新混凝土在涂层完全干透前浇筑，如果涂刷后较长时间不能浇筑混凝土，可在临浇筑前再刷 1 层界面密合剂即可。

（5）界面密合剂浆体涂刷后，在无风、无阳光照射的条件下，1.0h 内应覆盖新浇混凝土。应使浆体涂刷范围及速度与混凝土浇筑范围及速度相适应，如工程施工有特殊要求时，可调整密合剂配方延长涂层开放时间。

界面密合剂现场施工如图 7.14 所示。

（a）界面密合剂浆体拌制　　　　　　　　　（b）界面密合剂浆体涂刷

图 7.14　现场施工图片

7.3.3　复合锚固施工

7.3.3.1　锚杆施工

1. 锚杆布置

丹江口大坝加高新老混凝土结合面处理采用的锚杆类型主要为砂浆锚杆，砂浆锚杆施工主要有一般锚杆和锁口锚杆两种。分布在 14～24 号溢流坝段、25～33 号厂房坝段等，锁口锚杆具体布置在坝体横缝、堰尾横缝等相关部位。

砂浆锚杆采用梅花型布置，间排距为 2m×2m。一般锚杆为 ϕ 25mm，L=300cm，深入老混凝土内 150cm。锁口锚杆为 ϕ 25mm，L=450cm，深入老混凝土内 225cm，孔距 1m，距离横缝 50cm 布置。

2. 施工技术要求

锚杆施工技术要求如下：

（1）砂浆锚杆注浆浆材为水泥砂浆，砂浆强度等级为 M20；砂浆所用砂料应为最大粒径小于 2.5mm 的中细砂，砂浆配合比应通过试验确定。

（2）砂浆锚杆为 ϕ 25mm 螺纹钢，锚杆孔径 ϕ 40mm，钻孔孔位偏差应不大于 100mm，孔向应沿结合面法线方向，偏斜量小于 5°，孔径 50mm，孔深误差小于 5cm。

（3）锚杆施工采用"先注浆后安装锚杆"的工艺施工。注浆前，应对钻孔进行检查。满足要求后将孔内的灰渣和水吹干净，保持孔壁表面湿润。

（4）砂浆浆材应拌制均匀并防止结块或其他杂物混入，随拌随用，初凝前应使用完毕，超过初凝时间的砂浆应废弃。

（5）安插好的砂浆锚杆应予以保护，3d 之内不得敲击、碰撞、拉拔锚杆和悬挂重物等使锚杆受力。

（6）锚杆抗拔力≥120kN。

3. 锚杆施工

（1）布孔。锚杆施工前，由测量人员按照设计要求，放出每一锚杆孔的位置，孔位偏差控制在允许范围之内。

（2）钻孔。采用 YT-28 型风钻钻孔，孔径ϕ40mm，锚杆钻孔孔位、角度、深度、孔径按照设计要求执行。

（3）冲洗及检查。锚杆钻孔施工完成后，及时采用压力风或压力水进行冲洗，清除孔内积水和岩粉等杂物。清孔完成后进行钻孔质量检查。

（4）注浆及锚杆安装。锚杆孔内注浆采用 2SNS 型灌浆泵配合 JJS-2B 型搅拌桶注浆，NJ-6 型拌浆机制浆。水泥砂浆随拌随用，拌制均匀，防止石块或其他杂物混入。

注浆采用灌浆泵通过 PVC 注浆管，插入距孔底 5～10cm，随后边注浆边向外拔管，直到注满为止。注浆完成后立即安插锚杆，将锚杆插入孔底并对中。

（5）保护。锚杆施工完成后，及时在孔口加楔固定，并使锚杆处于孔内居中部位，随后相关要求对锚杆加以保护。

4. 检验和试验

（1）锚杆材质检验。每批锚杆均有质量合格证书，并按照规范规定的抽检数量检验材料性能。

（2）浆材抗压强度试验。按规范规定在现场对浆材取样制作试块进行抗压强度试验。

（3）注浆密实度试验。选取与现场锚杆的直径、长度、锚孔孔径和倾斜度相同的锚杆和塑料管，采用与现场注浆相同的材料和配比拌制的砂浆，并按现场施工相同的注浆工艺进行注浆，养护 7d 后，剖管检查其密实度。不同类型和不同长度的锚杆试验均分别进行。

（4）抗拉拔力试验。砂浆锚杆灌注砂浆 28d 后，对其进行拉拔试验。按施工部位分区，每 300～400 根锚杆抽查 3 根作为 1 组进行试验，同一组的抗拔力最小值要求达到 120kN。当锚杆抗拔力达不到质量要求时，则重新检验或采取其他处理措施。

7.3.3.2 水下锚杆施工

1. 水下检查、清理

水下锚杆的施工部位包括门槽、溢流堰等部位。检查、清理工作主要有门槽的体形、堰面前端面体形检查及其表面积聚物的清理、门槽内钢筋头的处理等，水下检查与清理均由潜水员进行。特别是门槽底部 134m 高程的检查，要清除水下沉积物或积聚物及钢筋头，将表面清理干净并整平。

2. 锚杆施工

按照设计要求，在高程 134～138m 之间闸墩侧面布置有 8 根 ϕ25mm 水下锚杆，单根锚杆长度 1.5m，锚入闸墩混凝土内的深度 75cm。水下锚杆由潜水员采用液压钻水下钻孔，然后灌注锚固剂后安插锚杆。

7.3.3.3 植筋施工

丹江口大坝加高施工植筋主要有闸墩部位植筋和门槽等部位植筋。

1. 闸墩部位植筋施工

（1）植筋布置及要求。闸墩植筋布置在溢流坝段 14～17 号和 19～24 号共 20 个闸墩部位，在闸墩加高前，对原闸墩进行钻孔植筋加固处理，钻孔植筋沿初期工程闸墩顶部周边进行，钻孔孔径 ϕ110mm，钻孔深度 13.14～21.45m，孔位偏差不大于 10mm，孔斜率不大于 8‰。

（2）植筋工艺性试验。选择溢流 24 号坝段左边闸墩启闭机轨道中间部位进行钻孔植筋试验。试验内容主要包括闸墩钻孔的放线定位、钻机钻孔试验、钢筋直螺纹连接性能测试、灌浆材料性能试验等。

钻孔试验自 2006 年 8 月 8 日进场放线开始，至 9 月 9 日完成 24 号坝段左侧 9 号孔位植筋灌浆结束，历经 31d，达到了试验方案要求的试验目的，满足设计要求，试验成果可用于工程施工。

11 月 24 日在现场注浆试验的基础上，再次针对植筋注浆施工工艺进行现场操作试验。试验目的是检查植筋孔内灌浆密实度，测定实际注浆量与理论注浆量的差值，以判定植筋孔内的注浆密实度。试验结果表明，实际注浆量稍大于理论注浆量，多出的浆材消耗量一部分为孔灌注满后溢出部分，另一部分为砂浆搅拌机送浆管及活塞式灰浆泵内的管容。

（3）钻植筋孔。工程钻机装配与初期工程老坝体混凝土钻进相适应的金刚石空心钻头，采用分段钻进、分段取芯、一次成孔的方法完成各个闸墩植筋孔的钻孔作业。各个孔的孔径和钻孔深度按照设计图纸施工。

金刚石空心钻头装配好后，接通电源和冷却水即可开始钻进。为了防止钻头切入混凝土时产生跳动和保证导向孔的精度，钻孔前端 5m 采用加空心套管的方法来保证所钻孔的直线度以免孔位倾斜。前端钻头套管配置方案如下：

1）切入段套管：长度为 300mm，用于钻头切入混凝土定位及最初 300mm 深度钻孔。

2）导向段套管：长度为 500mm，用于精确定向并钻成导向孔。

3）掘进段套管：长度为 5000mm 的套管，接长形成 5m 长定向套管。

4）在钻进过程中观察钻进速度，如钻进效率过低，则需要更换金刚石钻头。

（4）钻孔冲洗、检测。钻孔完毕后，全孔采用高压清水冲洗干净，并测量孔深，钻孔符合设计要求后孔口用木塞或钢盖封闭保护。

（5）钢筋束制作安装。植筋采用的钢筋型号为Ⅱ级ϕ36mm钢筋。用机械连接工艺将钢筋接长，钢筋接头采用等强度滚轧直螺纹接头。每个孔内的2根钢筋套筒接头错开布置，接头错开长度不小于50倍钢筋直径。

钢筋按设计要求下料或接长，并安装好外对中支架，杆体使用前，先按直、除锈、除油。采用高架门机将钢筋与ϕ25mm的耐压胶管对准孔位后植筋，钢筋入孔后下放时，尽量轻放、慢放，不得高起猛落、强行下放，防止碰撞到孔壁。钢筋全部放入孔内后，其伸出坝顶外露部分分别不小于50cm、100cm，相邻孔错开布置。灌浆管插至距孔底50～100mm处。

（6）孔内注浆。

1）注浆材料选用ICG-Ⅱ型无机黏结灌注材料。通过试验确定合适的配合比用于施工。

2）注浆材料采用强制式搅拌机械拌和。拌和时间不少于4min。注浆材料自拌制至压入孔道的延续时间，视气温情况而定，一般在30～45min内。注浆材料在使用前和灌注过程中保持连续搅拌。对于因延迟使用所致的流动度降低的注浆材料，不得通过加水来增加其流动度。

3）注浆采用柱塞式砂浆泵。压浆缓慢、均匀地进行，不得中断，压浆的最大压力为0.5～0.7MPa，当孔较深时，最大压力为1.0MPa。注浆时，边压边拔管；拔管时，灌浆管不离开浆体。为了保证孔洞中充满浆体，孔口溢出浆体后，保持不小于0.5MPa的一个稳压期，稳压时间不少于1min。灌浆完毕后，修饰孔口，并用湿棉纱覆盖孔口。

（7）注浆施工质量控制。

1）注浆过程中及注浆后48h内，结构混凝土温度不得低于5℃；当气温高于35℃时，注浆作业在夜间进行。

2）注浆作业开始之前和结束以后，及时对注浆设备和注浆管路用水润滑或清洗。

3）注浆管路采用与灌浆压力相适应的耐压胶管，管口连接采用快速接头以保证注浆速度。

4）注浆时，每一工作台班留取不少于3组40mm×40mm×160mm的棱柱体试件，标准养护28d，检测其抗折、抗压强度，作为注浆材料的评定依据。

5）注浆结束后，做好植筋保护，严禁碰撞植筋外露段以避免扰动。

2. 门槽等部位植筋施工

（1）植筋布置。门槽等部位植筋施工主要包括25号、31号、33号坝段技术供水口门槽钢筋的上引植筋，26～31号坝段检修门槽植筋，新坝顶油泵房植筋，厂房坝段162.00m高程工作门槽植筋，厂房坝段拦污栅排架钢筋的上引植筋，电梯井植筋等。植筋采用的钢筋型号为Ⅱ级螺纹钢，钢筋的直径分别为12mm、16mm、

18mm、20mm、22mm、25mm，对应的植筋孔的孔径分别为20mm、22mm、25mm、28mm、30mm、32mm，植筋孔的孔深为（15～25）d（d为钢筋直径）。

（2）施工步骤及方法。

1）现场植筋孔位测量放样、布孔。

2）钻植筋孔，采用冲击电钻或取芯钻机。

3）清洗孔壁，采用压力风和刷子。

4）孔内注浆，采用胶液注射器。

5）植筋安装，将植筋锚杆缓慢旋转插入孔底。

6）收孔及保护，清除孔口多余的植筋胶，进行植筋保护。

7.4 新浇混凝土施工

丹江口大坝加高工程混凝土施工采取先贴坡加厚、后坝身加高、同时堰面加高，先两岸联接坝段、后河床坝段的施工程序进行。

根据新老混凝土结合机理研究成果，为保证良好的黏结和新老混凝土的协同工作，新浇混凝土原材料及配合比均按照适应老混凝土特性的原则进行充分比选和优化，混凝土施工工艺及温控防裂的技术措施进一步加强，有效地保障了加高施工进度和质量。

7.4.1 混凝土配合比设计

7.4.1.1 设计技术指标

丹江口大坝加高混凝土设计主要技术指标见表7.12。在表7.12中，混凝土原设计采用"设计标号"，新规范 DL/T5144 改用"强度等级"。丹江口大坝加高工程将设计标号换算为强度等级进行混凝土设计。

表 7.12 混凝土设计主要技术指标

使用部位		设计标号		设计强度等级	限制最大水灰比	极限拉伸值/10^{-4}		抗渗	抗冻	级配	保证率/%	坍落度/mm
		28d	90d			28d	90d					
内 部			150	$C_{90}14$	0.60	≥0.70	≥0.75	S_6	F_{50}	四	80	30～50
贴坡部位			200	$C_{90}19$	0.55	≥0.75	≥0.80	S_8	F_{100}	三	80	30～50
外部	水上、水下		200	$C_{90}19$	0.55	≥0.75	≥0.80	S_8	F_{100}	三	80	外部
	水位变化区		200	$C_{90}19$	0.50	≥0.75	≥0.80	S_8	F_{150}	三	80	
抗冲耐磨部位		350		$C_{28}35$	0.45	≥0.85		S_8	F_{150}	二	90	50～70
结构混凝土		300		$C_{28}29.5$	0.45	≥0.85			F_{100}	二、三	90	30～50

续表

使用部位	设计标号		设计强度等级	限制最大水灰比	极限拉伸值/10^{-4}		抗渗	抗冻	级配	保证率/%	坍落度/mm
	28d	90d			28d	90d					
贴坡部位		200	$C_{90}19$				S_8	F_{100}	四	80	30～50
过渡层	250		$C_{28}24.5$				S_8	F_{100}	三	90	30～50
贴坡部位		250	$C_{90}24.5$				S_8	F_{100}	三、四	80	30～50

7.4.1.2 配合比设计及试验

1. 原材料性能检测

混凝土配合比设计及试验根据 DL/T5330《水工混凝土配合比设计规程》的要求进行。原材料抽取工程确定的材料进行试验,首先检测原材料性能,结果见表 7.13～表 7.25。

表 7.13 葛洲坝普通 32.5 水泥检测成果表

检验项目	密度/(kg/m³)	安定性/mm	三氧化硫/%	凝结时间		抗折强度/MPa		抗压强度/MPa	
				初凝/min	终凝/h	3d	28d	3d	28d
检验结果	2950	2.0	2.71	120	3.8	4.9	8.1	21.3	41.7
规范要求	—	≤5	≤3.5	≥45	≤10	≥2.5	≥5.5	≥11.0	≥32.5

表 7.14 低热矿渣 32.5 水泥检测成果表

检验项目 水泥厂家	安定性/mm	三氧化硫/%	凝结时间		抗折强度/MPa		抗压强度/MPa		密度/(kg/m³)
			初凝/min	终凝/h	7d	28d	7d	28d	
葛洲坝	1.0	1.72	195	4.6	4.3	7.7	17.5	41.6	3000
石 门	0.5	1.66	223	4.9	3.9	7.1	15.5	37.9	3080
华 新	0.5	2.26	440	8.4	6.5	8.0	27.8	42.3	2940
规范要求	≤5.0	≤3.5	≥60	≤12	≥3.0	≥5.5	≥12.0	≥32.5	—

表 7.15 中热 42.5 水泥检测成果表

检验项目 水泥厂家	安定性/mm	三氧化硫/%	凝结时间			抗折强度/MPa			抗压强度/MPa			密度/(kg/m³)
			初凝/min	终凝/h		3d	7d	28d	3d	7d	28d	
葛洲坝	1.0	1.74	160	3.8		4.2	6.2	8.6	17.4	27.8	50.9	3080
石 门	1.0	2.08	165	4.8		4.6	6.0	8.4	18.3	26.4	49.4	3230
华 新	1.0	2.14	173	3.9		4.3	6.2	8.6	17.8	27.3	50.4	3170
规范要求	≤5.0	≤3.5	≥60	≤12		≥3.0	≥4.5	≥6.5	≥12.0	≥22.0	≥42.5	—

表 7.16 天然砂品质检测成果表

检验项目	坚固性/%	表观密度/(kg/m³)	堆积密度/(kg/m³)	细度模数	吸水率/%	云母含量/%	有机质含量	含泥量/%	轻物质含量/%	硫化物及硫酸盐含量/%
检测成果	7	2670	1460	2.46	1.2	0.7	浅于标准色	0.4	0	0.2
规范要求	≤8	≥2500	—	2.2~3.0		≤2	浅于标准色	≤3	≤1	≤0.5

表 7.17 天然砂颗粒级配检测成果表

筛孔尺寸/mm			10.0	5.00	2.50	1.25	0.630	0.315	0.160	检验结果
累计筛余/%	标准范围	1 区	0	10~0	35~5	65~35	85~71	95~80	100~90	细度模数为 2.46，级配属 2 区
		2 区	0	10~0	25~0	50~10	70~41	92~70	100~90	
		3 区	0	10~0	15~0	25~0	40~16	85~55	100~90	
	实测值		0	9.2	23.0	29.8	42.4	77.7	96.0	

表 7.18 卵石品质检测成果表

检验项目	表观密度/(kg/m³)	含泥量/%	有机质含量	坚固性/%	压碎指标/%	吸水率/%	针片状颗粒含量/%
5~20mm	2690	0.2	浅于标准色	1	4.8	0.7	2
20~40mm	2700	0.1	—	0	4.9	0.6	2
40~80mm	2680	0.1	—	0	—	0.6	—
规范要求	>2550	≤1	浅于标准色	≤5	≤12	≤2.5	≤15

表 7.19 粗骨料紧密堆积密度试验成果表

级配	小石	中石	大石	特大石	紧密堆积密度/(kg/m³)
二	40	60	—	—	1820
	45	55	—	—	1850
	50	50	—	—	1860
	60	40	—	—	1840
三	20	30	50	—	1920
	25	25	50	—	1950
	30	30	40	—	1900
四	20	20	30	30	2140
	25	25	20	30	2120
	30	20	20	30	2100

根据粗骨料紧密堆积密度试验成果，进行混凝土配合比室内试验时，采用粗骨料的级配分别为：二级配，小石：中石＝50：50；三级配，小石：中石：大石＝25：25：50；四级配，小石：中石：大石：特大石＝20：20：30：30。

表7.20 粉煤灰品质检测结果表

试验项目 厂家	表观密度 /(kg/m³)	细度（0.045mm 方孔筛筛余量）/%	需水量比/%	烧失量/%	三氧化硫/%	含水率/%
襄樊	2270	6.0	94	3.66	0.86	0.10
阳逻	2340	5.6	93	2.60	0.63	0.11
鸭河口	2350	4.8	93	2.09	0.72	0.05
I 级粉煤灰标准要求	—	≤12	≤95	≤5	≤3.0	≤1

表7.21 外加剂匀质性检验成果表

检验项目	外加剂型号				
	JL-SCC(液态)	RH561P	X404(液态)	JM-Ⅱ	AIR202(液态)
氯离子含量/%	0.53	0.08	0.02	0.05	0.04

表7.22 高效减水剂混凝土性能试验结果表

减水剂 种类	减水剂 型号	掺量 /%	含气量 /%	减水率 /%	泌水率比 /%	凝结时间差/min		抗压强度比/%		
						初凝	终凝	3d	7d	28d
高效 减水剂	RH561P	0.5	1.5	22.9	76.6	+567	+558	213	205	167
	X404	1.0	2.2	29.7	44.6	+513	+538	200	174	171
标准要求		<3.0	≥15	≤95		−60～+90		≥130	≥125	≥120

表7.23 缓凝高效减水剂混凝土性能试验结果表

减水剂 种类	减水剂 型号	掺量 /%	含气量 /%	减水率 /%	泌水率比 /%	凝结时间差/min		抗压强度比/%		
						初凝	终凝	3d	7d	28d
缓凝高效减水剂	JM-Ⅱ	0.4	1.9	20.8	39.5	+367	+341	223	211	171
	标准要求	<3.0	≥15	≤100		+120～+240		≥125	≥125	≥120

表7.24 引气高效缓凝减水剂混凝土性能试验结果表

减水剂 种类	减水剂 型号	掺量 /%	含气量 /%	减水率 /%	泌水率比 /%	凝结时间差/min		抗压强度比/%		
						初凝	终凝	3d	7d	28d
引气高效缓凝减水剂	JL-SCC	1.0	4.8	29.2	0	+222	+215	169	167	139
	标准要求	4.5～5.5	≥12	≤70		−60～+90		≥115	≥110	≥105

表 7.25   掺引气剂混凝土性能试验结果表

引气剂 型号	掺量 /10^{-4}	含气量 /%	减水率 /%	泌水率比 /%	凝结时间差/min		抗压强度比/%		
					初凝	终凝	3d	7d	28d
AIR202	0.5	4.2	8.3	53.2	+2	+1	116	118	105
标准要求		4.5~5.5	≥6	≤70	−90~+120		≥90	≥90	≥85

2. 试验及成果分析

室内试验分 2 个阶段进行，第 1 阶段采用葛洲坝水泥厂生产的"三峡牌"普通 32.5 水泥、低热矿渣 32.5 水泥、中热 42.5 水泥、襄樊热电厂生产的 I 级粉煤灰和工程提供的外加剂（以 JL-SCC 型减水剂为主)进行试验，提供对比复核试验使用的混凝土配合比；第 2 阶段分别采用葛洲坝水泥、石门水泥、华新水泥及襄樊热电厂、阳逻热电厂、南阳鸭河口电厂生产的 I 级粉煤灰和主选的外加剂对第 1 阶段试验所提供的配合比进行对比复核试验，并根据试验成果推荐施工配合比。

试验选用葛洲低热矿渣 32.5 水泥和襄樊 I 级粉煤灰，外加剂选用 JL-SCC 型减水剂和 AIR202 型引气剂，试验成果见表 7.26，粉煤灰掺量对混凝土强度影响如图 7.15 和图 7.16 所示。

表 7.26   混凝土性能试验成果表

水泥	配合比编号	水胶比	I 级粉煤灰掺量/%	级配	砂率/%	用水量/(kg/m³)	抗压强度/MPa			劈拉强度/MPa		
							7d	28d	90d	7d	28d	90d
低热矿渣 32.5	DJK-1	0.45	10	3	28	92	15.1	29.9	39.4	1.11	2.35	3.01
	DJK-2	0.45	15	3	28	90	12.9	26.2	38.2	1.13	2.19	2.87
	DJK-3	0.45	20	3	28	90	11.1	22.5	31.8	1.05	2.33	2.34
	DJK-4	0.55	10	3	30	94	9.2	20.0	25.9	0.77	1.74	2.36
	DJK-5	0.55	15	3	30	94	8.5	17.9	25.5	0.81	1.62	2.22
	DJK-6	0.55	20	3	30	91	7.0	16.5	24.5	0.69	1.69	2.19
	DJK-7	0.65	10	3	32	93	5.8	14.6	22.4	0.63	1.45	1.90
	DJK-8	0.65	15	3	32	94	6.0	13.6	20.2	0.58	1.35	1.89
	DJK-9	0.65	20	3	32	94	5.3	13.2	18.8	0.51	1.32	1.58

从表 7.26 可知：对同一个水胶比，当粉煤灰掺量增加时混凝土的单位用水量略有降低。从图 7.15 和图 7.16 可知，粉煤灰掺量增大，混凝土强度相应降低；粉煤灰掺量对高水胶比混凝土强度影响较小，对低水胶比混凝土影响较大。对低热矿渣水泥而言，因掺入矿渣已高达 50%，故粉煤灰掺量过多将会使混凝土强度降低过多，因此，当选用低热矿渣水泥时，粉煤灰掺量宜选用 15%。

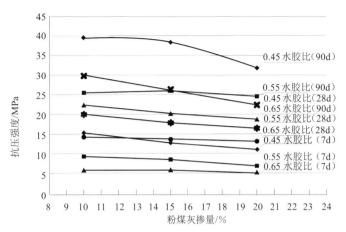

图 7.15 粉煤灰掺量对 7d、28d、90d 抗压强度的影响

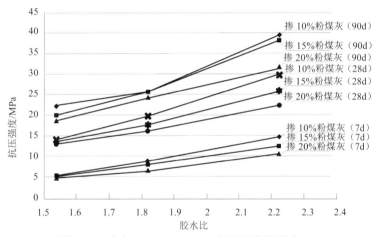

图 7.16 胶水对 7d、28d、90d 抗压强度的影响

通过回归分析，混凝土抗压强度与水胶比关系式见表 7.27。表 7.27 中，$f_{cu,o}$ 为混凝土配制强度，MPa；f_{ce} 为水泥 28d 抗压强度实测值，MPa；$(C+P)/W$ 为胶水比，是水胶比的倒数。

表 7.27 混凝土抗压强度与水胶比关系

水泥品种	粉煤灰掺量	混凝土级配	设计龄期/d	强度回归分析关系式	相关系数 r
普通 32.5	20%	三	90	$f_{cu,o}=0.5996f_{ce}[(C+P)/W-0.7611]$	0.9983
低热矿渣 32.5	15%	三	90	$f_{cu,o}=0.4546f_{ce}[(C+P)/W-0.4847]$	0.9987
中热 42.5	20%	三	28	$f_{cu,o}=0.3763f_{ce}[(C+P)/W-0.7763]$	0.9970

水泥品种	粉煤灰掺量	混凝土级配	设计龄期/d	强度回归分析关系式	相关系数 r
中热 42.5	20%	三	90	$f_{cu,o}=0.3703 f_{ce}[(C+P)/W-0.2794]$	0.9974
中热 42.5	20%	二	28	$f_{cu,o}=0.5228 f_{ce}[(C+P)/W-1.1485]$	0.9970
中热 42.5	10%	二	28	$f_{cu,o}=0.4561 f_{ce}[(C+P)/W-1.0734]$	0.9984

3. 推荐施工配合比

根据试验，选用 JL-SCC 型减水剂的试验成果作为推荐配合比。按照要求的混凝土强度保证率，根据 DL/T5144《水工混凝土施工规范》，混凝土配制强度按式（7.1）计算：

$$f_{ce,0}=f_{cu,k}+t\sigma \tag{7.1}$$

式（7.1）中 t、σ 取值见表 7.28。取水泥强度富裕系数为 1.13，则低热矿渣 32.5 水泥 28d 强度为 36.7MPa，中热 42.5 水泥 28d 强度为 48.0MPa，按照 DL/T5144《水工混凝土施工规范》的规定将标号换算为强度等级，根据混凝土强度与胶水比的关系式，混凝土配制强度及计算最大水胶比结果见表 7.28。抗冻等级允许的最大水胶比见表 7.29，推荐施工配合比见表 7.30 和表 7.31。

表 7.28 混凝土配制强度及计算水胶比表

使用部位	内部	贴坡	水上、水下	水位变化区	抗冲耐磨部位	结构混凝土	贴坡		过渡层
设计标号	$R_{90}150$	$R_{90}200$	$R_{90}200$	$R_{90}200$	$R_{28}350$	$R_{28}300$	$R_{90}250$	$R_{90}200$	$R_{28}250$
混凝土强度等级	$C_{90}14$	$C_{90}19$	$C_{90}19$	$C_{90}19$	$C_{28}35$	$C_{28}29.5$	$C_{90}24.5$	$C_{90}19$	$C_{28}24.5$
水泥品种及强度等级	低热矿渣 32.5	低热矿渣 32.5	低热矿渣 32.5	中热 42.5	中热 42.5	中热 42.5	低热矿渣 32.5	低热矿渣 32.5	中热 42.5
保证率/%	80	80	80	80	90	90	90	80	90
t	0.84	0.84	0.84	0.84	1.28	1.28	1.28	0.84	1.28
σ	3.5	4.0	4.0	4.0	5.0	4.5	5.0	4.5	5.0
骨料级配	四	三	三	三	二	三、二	三、四	四	三
90d 配制强度/MPa	16.9	22.4	22.4	22.4			28.3	22.4	
28d 配制强度/MPa	—	—	—	—	41.4	35.3	—	—	30.9
计算水胶比	0.65	0.54	0.54	0.64	0.34	0.36	0.45	0.50	0.40
设计要求水胶比	≤0.60	≤0.55	≤0.55	≤0.50	≤0.45	≤0.45			
选定水胶比	0.58	0.53	0.53	0.33	0.33	0.36	0.45	0.50	0.40
粉煤灰掺量/%	15	15	15	20	10	20	15	15	20

表 7.29　抗冻等级允许的最大水胶比

抗冻等级	D50	D100	D150
水胶比	≤0.58	≤0.55	≤0.52

表 7.30　推荐混凝土施工配合比参数表

配合比编号	设计标号	使用部位	水泥品种	级配	水胶比	砂率/%	粉煤灰种类及掺量/%	减水剂品种及掺量/%	AIR202掺量/10⁻⁴	坍落度/mm
1	R₉₀150	内部	低热矿渣32.5	四	0.58	26	襄樊 I 级 15	JL-SCC 0.8	1.0	50～70
2	R₉₀200	贴坡		三	0.53	28	襄樊 I 级 15	JL-SCC 0.8	1.0	50～70
3	R₉₀200	水上、水下		三	0.53	28	襄樊 I 级 15	JL-SCC 0.8	1.0	50～70
4	R₉₀200	水位变化区		三	0.50	27	襄樊 I 级 20	JL-SCC 0.8	1.0	50～70
5	R₂₈300	结构混凝土	中热42.5	三	0.36	24	襄樊 I 级 20	JL-SCC 0.8	1.0	50～70
6	R₂₈300			二	0.36	27			1.2	50～70
7	R₂₈350	抗冲耐磨部位		二	0.33	28	襄樊 I 级 10	X404 0.5	1.5	50～70
8	R₉₀200	贴坡	低热矿渣32.5	四	0.50	24	襄樊 I 级 15	JL-SCC 0.8	1.0	50～70
9	R₉₀250			三	0.45	26	襄樊 I 级 15	JL-SCC 0.8	1.0	50～70
10	R₉₀250			四	0.45	23	襄樊 I 级 15	JL-SCC 0.8	1.0	50～70
11	R₂₈250	过渡层	中热42.5	三	0.40	25	襄樊 I 级 20	JL-SCC 0.8	1.0	50～70

表 7.31　推荐混凝土施工配合比表

配合比编号	设计标号	使用部位	混凝土材料用量/(kg/m³)									
			水	水泥	粉煤灰	砂	小石	中石	大石	特大石	JL-SCC	AIR202
1	R₉₀150	内部	80	117	21	584	336	336	505	505	1.104	0.0138
2	R₉₀200	贴坡	90	144	25	614	399	399	798	—	1.352	0.0170

配合比编号	设计标号	使用部位	混凝土材料用量/(kg/m³)									
			水	水泥	粉煤灰	砂	小石	中石	大石	特大石	JL-SCC	AIR202
3	R₉₀200	水上、水下	90	144	25	614	399	399	798	—	1.352	0.0170
4	R₉₀200	水位变化区	95	152	38	583	399	399	797	—	1.520	0.0190
5	R₂₈300	结构混凝土	98	218	54	498	399	399	798	—	2.176	0.0272
6	R₂₈300		112	249	62	541	739	739	—		2.488	0.0373
7	R₂₈350	抗冲耐磨部位	96	262	29	580	754	754	—		1.455	0.0436
8	R₉₀200		79	134	24	536	343	343	514	514	1.264	0.0158
9	R₉₀250	贴坡	90	170	30	562	405	405	809	—	1.600	0.0200
10	R₉₀250		80	151	27	509	345	345	517	517	1.424	0.0178
11	R₂₈250	过渡层	95	190	48	529	401	401	802	—	1.904	0.0238

7.4.2 贴坡加厚及坝顶加高施工

7.4.2.1 混凝土入仓方法

1. 溢流坝段及厂房坝段

16～33 号溢流坝段及厂房坝段混凝土浇筑由布置在左岸的 1 台 SDTQ1800/60 型高架门机和 2 台 M900 型塔机完成。3 台门塔机首先进行 16～33 号坝段贴坡加厚混凝土的浇筑。当贴坡混凝土浇筑完成，坝后施工栈桥形成后，2 号 M900 型塔机用于 32～33 号坝段坝顶加高混凝土浇筑（32～33 号坝段电梯井预留通道），同时 SDTQ1800/60 型高架门机开始进行 29～30 号厂房坝段混凝土加高。加高时先进行老坝顶结构拆除，SDTQ1800/60 门机向右端退浇筑 30～28 号坝段的坝顶加高混凝土。

在溢流坝段部位，1 号 M900 型塔机主要负责 16～17 号坝段闸墩加高混凝土施工，并辅助 2 号 M900 型塔机浇筑 19 号坝段闸墩加高混凝土；2 号 M900 型塔机主要负责 18 号坝段管理房、19～22 号坝段闸墩加高混凝土施工，并辅助 SDTQ1800/60 型高架门机浇筑 23 号坝段闸墩加高混凝土；高架门机主要负责 23～24 号坝段闸墩加高混凝土施工。

在厂房坝段部位，2 号 M900 型塔机主要负责 31～33 坝段的加高混凝土施工，在完成 31～33 号坝段加高混凝土施工后将 2 号 M900 型塔机拆除并转移到新坝顶上重新安装，再进行 25～26 号坝段的加高混凝土浇筑；SDTQ1800/60 型高架门机主要负责27～30号坝段加高混凝土施工。

溢流坝段及厂房坝段贴坡及加高混凝土均由左岸小胡家岭拌和制冷系统生产供应，自卸汽车运输，通过门塔机吊运或供料线输送进入混凝土浇筑仓面。

2. 左岸联接坝段

（1）供料入仓方法。左岸混凝土坝段包括34～44号坝段和左岸挡墙，其坝顶宽度较窄，老坝顶高程不一，且坝体呈曲线布置，根据不同的分段部位按不同的方法施工。

1）贴坡加厚混凝土。34～38号坝段高程135m以下贴坡混凝土由A供料线浇筑，高程135m以上贴坡混凝土由丰满门机浇筑；39～44号坝段贴坡混凝土由B供料线浇筑。贴坡混凝土浇筑达到高程123m以上时，供料线需转移一次，并开始坝顶丰满门机安装。前期供料线未投产前，34～36号坝段采用35t履带吊由进厂房道路进入，配卧罐浇筑；37～42号坝段采用布置在41号坝段162m高程的1台C7050型塔机浇筑；43～44号坝段采用125t汽车吊配卧罐入仓浇筑。

2）坝顶加高混凝土。34～39号坝段由MQ540/30型丰满门机浇筑，40～44号坝段由C7050型塔机浇筑。

供料线入仓浇筑的混凝土均由自卸汽车分别运输至A、B供料线位于坝顶的受料斗内，通过输送机、真空溜槽、布料机浇筑混凝土。供料线浇筑不到的局部部位采用2号M900型塔机、C7050型塔机和MQ540/30丰满门机辅助浇筑。

（2）联合供料线布置。左联坝段混凝土联合供料系统由真空溜槽和输送机组成，供料线A线可对左联34～37号坝段，B线可对左联38～44号坝段贴坡混凝土浇筑部位进行供料。

具体布置如下：A线布置在34～35号坝段，由真空料斗A1、真空溜槽A2、转接料斗A3、转料输送机A4、跨仓输送机A5、仓面布料机组成。受料斗布置在35号坝段，其上料口高程为162.0m，在33号坝段的123m高程设置一个转接料斗A2，溜槽出口接入转接料斗A2中，转接料斗A2下部设有转料输送机A4，供料给跨仓输送机A5，由供料输送机A6供至仓面，仓面采用摇臂式布料机布料。

B线布置在38～40号坝段。由受料斗B1、上料输送机B2、真空溜槽B3、转接料斗B4、转料输送机B6、跨仓输送机B7、给供料输送机B8、仓面布料机组成。受料斗B1布置在土坝坝顶，其上料口高程为162.0m，真空溜槽料斗设在41号坝段的坝顶151.90m高程，在40号坝段123.09m高程设置转接料斗B4，溜槽出口接入转接料斗B4中，转接料斗B4下部设有转料输送机B6，供料给跨仓输送机B7，由供料输送机B8供至仓面，仓面采用摇臂式布料机布料。

左联坝段混凝土入仓联合供料线技术参数见表7.32。

表 7.32　左联坝段混凝土入仓供料线技术参数表

项　目	A 供料线	B 供料线
设计生产率/(m³/h)	240	240
真空溜槽料斗/m³	6	6
真空溜槽直径/m	0.55	0.55
真空溜槽高度/m	—	31
真空溜槽长度/m	39.9	35.9
转料料斗/m³	4	6
输送机带宽/m	0.80	0.80
输送机带速/(m/s)	3.4	3.4
上料输送机长度/m	—	39.7
转料输送机长度/m	21.8	12.8
跨仓输送机长度/m	14.4	30
供料输送机长度/m	12.8	17.9
布料机布料半径/m	16	10

7.4.2.2　铺料方法与层间间隔时间

各坝段的仓面特征：16～33 号溢流坝段闸墩最大仓位面积 98.7m²；25～33 号厂房坝段最大仓位面积为 370m²；34～44 号左联坝段最大仓位面积为 800m²，最小仓位面积为 66m²。

对于面积小于 150m² 的较小仓位采用平铺法浇筑混凝土，铺料厚度 40cm；对于面积大于 150m² 的仓位可采用台阶法浇筑混凝土，铺料厚度不大于 50cm。铺料方向为平行坝轴线方向，台阶从下游往上游方向推进。在依次逐步覆盖水平施工缝时，保持老混凝土面的湿润和清洁，边浇筑混凝土边摊铺接缝砂浆。若因故停仓浇筑，则按施工缝处理。

7.4.2.3　混凝土的平仓振捣

混凝土人工平仓和振捣，采用 ϕ100mm 和 ϕ80mm 电机直连式高频振捣器振捣，振捣作业顺序进行，插入方向、角度一致，防止漏振；振捣棒尽可能垂直插入混凝土中，快插慢拔；振捣中的泌水及时刮除，不得在模板上开洞引水自流；振捣时间、振捣器插入距离和深度按施工规范要求执行；在模板、预埋件、观测电缆、电线电缆周围振捣时，振捣棒不得直接触碰，且不得使模板、预埋件等产生变形、移位及损坏。

7.4.2.4　混凝土的温度控制

1. 混凝土出机口温度控制

每年的 12 月至次年的 2 月生产常温混凝土，在 4 月或 10 月浇筑混凝土时，当自然出机口温度不能满足设计浇筑温度要求时，采用预冷混凝土浇筑。降低混凝土出机口温度主要采取预冷骨料、加冰、加冷水拌和等措施，浇筑贴坡混凝土时，混凝土出机口温度控制在7～10℃，具体措施如下。

（1）满足设计要求的出机口温度。在施工中通过试验建立混凝土出机口温度与现场浇筑温度之间的关系，从而可根据日照、气温、仓面实际情况，采取相应的控制措施，保证在高温季节或较高温季节时段浇筑混凝土时，贴坡混凝土出机口温度控制在7～10℃。

（2）增加成品料仓的骨料堆放高度，降低原材料温度。使成品料仓骨料堆存高度在6m以上，堆存时间5d以上。进料廊道的弧门轮流开启，以保证所放料层均为堆料的下层低温料。

（3）在砂石骨料运输胶带机上方搭设遮阳棚，以减少太阳辐射造成对骨料初温的影响。

（4）骨料运输保温。骨料的输送廊道、拌和楼以及输冰胶带机廊道均采用保温板封闭保温，一次风冷骨料仓上方设置遮阳棚，以减少骨料温度的回升。

2. 混凝土运输过程温度控制

为降低混凝土在运输过程中的温度回升，施工中加强施工管理，合理安排仓位，加快混凝土入仓速度，在运输混凝土的车厢顶部搭设活动遮阳篷，以减少运输过程中的温度回升。活动遮阳篷由专人在拌和楼处操作。

3. 混凝土浇筑过程温度控制

混凝土入仓后，及时平仓，及时振捣，根据浇筑仓面面积大小和温控要求采用适宜的混凝土铺筑方法，尽量缩短混凝土坯层间暴露时间。同时增加仓面喷雾降温和覆盖隔热被，合理安排开仓时间，以控制浇筑过程中的温度回升。

7.4.2.5 混凝土的冷却、养护与表面保护

1. 混凝土的冷却

（1）仓内混凝土冷却水管采用 ϕ32mm 高密聚乙烯管，冷却水管在仓内蛇形布置，对于 1.5m 浇筑层厚，水管间距为 2m，对于 2m 浇筑层厚，水管间距为 1.5m；埋设时水管距上游老混凝土 1.0m，距下游坝面 2.5~3.0m，水管距接缝面、坝内孔洞周边 1.0~1.5m，通水单根水管长度不宜大于 250m，坝内升程及引至廊道内和下游坝面的冷却水管用 DN25 焊接钢管，DN25 焊接钢管与高密聚乙烯管采用胶管连接，引入廊道及下游坝坡坡面的冷却水管距廊道底板和坡脚 0.8m 左右，管口朝下弯折，管口长度不小于 15cm，并对管口妥善保护，防止堵塞。

（2）贴坡混凝土在混凝土浇筑 1 个月内进行初期通水，将浇筑块温度降温至 16~18℃，通水流量为 18~20L/min。通水采用水库水深 32m 处的低温水，监测资料表明，低温水温度在 12.7~7.2℃ 之间，满足 10~12℃ 的冷却通水设计温度要求。

2. 混凝土的养护

混凝土浇筑完毕后，及时进行洒水和流水养护。采用自动喷水器对已浇筑的

混凝土面进行不间断养护并覆盖保温被，保持仓面湿润，使混凝土充分散热。

3. 混凝土的表面保护

为了防止因冬天温度较低，特别是寒潮的袭击，避免坝体混凝土出现裂缝，做好混凝土表面的保温工作非常重要。采取的措施如下：

（1）保温材料。保温材料主要选用聚苯乙烯板材和聚乙烯卷材。侧面和平面覆盖的保温被采用 1.5cm 厚聚乙烯卷材，其保温后混凝土表面等效放热系数为 $1.97\sim3.0W/(m^2\cdot℃)$；贴坡混凝土下游面保温采用 3.0cm 厚聚苯乙烯板材，其保温后混凝土表面等效放热系数为 $1.5\sim2.0W/(m^2\cdot℃)$。孔口封堵的保温被采用 1.5cm 厚聚乙烯卷材。

（2）保温技术要点。

1）对于永久暴露面，浇筑完成拆模后，立即覆盖保温层。

2）每年入秋后，用编织彩条布包 1.5cm 厚高发泡聚乙烯卷材对廊道及其他所有孔洞进出口进行封堵保护，以防冷风贯通造成混凝土表面裂缝。

3）当日平均气温在 $2\sim3d$ 内连续下降不小于 6℃时，对 28d 龄期内混凝土表面（顶、侧面）进行保温。

4）低温季节以及气温骤降期间浇筑的混凝土，则适当推迟拆模时间，尤其防止在傍晚和夜间气温下降时拆模。拆模后立即采取表面保温被保护。

5）当气温降到冰点以下，龄期短于 7d 的混凝土覆盖高发泡聚乙烯泡沫塑料保温被作为保护层。仓内浇筑时，确保边浇筑边覆盖保温被。

6）冬季浇筑时，所有混凝土浇筑温度均不低于 5℃。无论混凝土浇筑到任何部位，如果已入仓的混凝土温度不能满足浇筑要求时，则立即采取有效措施控制混凝土浇筑温度。

（3）保温施工方法。平面保温被在表面上压重块或用木条进行固定。对于外来流水影响的浇筑层面，采用堵、排措施，防止仓面积水，并采用不吸水保温材料。

坡面保温采用在保温材料上压 $3\sim5cm$ 厚的木条，排距 $1.5\sim2m$。用射钉枪钉在混凝土坡面上或利用混凝土坡面上的 $D26.5$ 锚筋焊接螺杆来固定木条（3.2cm× 5cm）和保温被。所有孔洞均用保温被封堵，进出孔口挂帘。

此外，加强现场施工管理，关注天气变化，一旦接到寒潮来临预报，迅即组织检查各部位的保温到位情况，对不符合要求的及时纠正。在混凝土浇筑的仓内，做到边浇筑边覆盖保温被。对覆盖保温被的部位，混凝土的养护采用洒水养护，以始终保持混凝土表面湿润为度。

7.4.3　堰面加高施工

7.4.3.1　堰面加高施工部位及要求

丹江口大坝溢流坝段堰面加高在整个大坝的加高施工中，是除贴坡加厚、闸墩和坝顶结构加高之外的第三大重要组成部分。

丹江口大坝溢流坝段左侧与 25 号厂房坝段相联,右侧与 13 号深孔坝段相联,共由 11 个坝段(14~24 号坝段)组成,除 18 号坝段为联接坝段外,其他坝段均为溢流坝段,溢流坝段坝顶结构分简支跨和固定跨,其闸室内设有检修闸门和工作闸门,检修和工作闸门均由坝顶 500t 门机启闭。初期溢流坝段堰顶高程 138.00m,加高后的堰顶高程 152.00m,加高高度 14.00m,如图 7.17 所示。在堰面加高混凝土施工之前,需先进行叠梁下放、封堵,形成堰体混凝土干地施工条件,并完成初期工程闸墩层间缝的检查与处理、堰面裂缝检查与处理、局部老坝体混凝土拆除、18 号坝段管理房拆除、碳化层凿除、砂浆及植筋锚杆施工等准备工作。

相比于贴坡加厚、闸墩和坝顶结构的加高施工而言,溢流堰体位于闸墩之间,堰面加高施工的作业面狭小,施工干扰大;堰面与坝顶之间高差大,安全防护要求高;加高作业工序繁多,进度紧迫;止水底坎安装、叠梁水下定位等施工精度高,技术要求严;原堰面水下清理、门槽及堰面体型水下测量、混凝土叠梁安装、叠梁底部止浆系统安装、水下锚杆施工等复杂度高,占用的时间较长;预制混凝土叠梁水下封堵施工国内尚无先例,施工中不可预见的问题多;等等。这些都给堰面加高施工带来了更大的难度。

堰面加高施工原计划在 3 个枯水季节完成,由于受库区移民、陶岔取水枢纽施工等影响,堰体暂缓加高。根据 14~24 号溢流坝段堰体延后加高施工总体安排,确定在 2011 年 10 月至 2012 年 5 月进行溢流堰体加高施工。

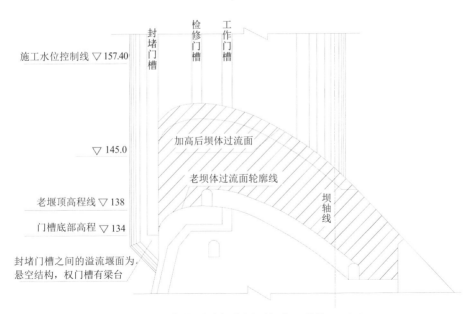

图 7.17 初期溢流坝段堰顶加高(单位:m)

7.4.3.2 加高混凝土施工

1. 浇筑分层

溢流堰面混凝土加高施工根据坝段具体情况分 12～14 个浇筑升层，堰面混凝土标准层厚按 2m 控制，溢流 14～17 号坝段分 14 个浇筑层，溢流 19～24 号坝段上块分 12 个浇筑层、下块分 5 个浇筑层浇筑，层间间歇期为 4～7d，在每个浇筑层面上均布置有冷却水管。

2. 浇筑手段配置

21～24 号溢流坝段堰面加高施工，选用 8 套闸室内输送机混凝土供料线系统、1 套坝下布料机供料线系统（共 2 台布料机）、2 台 M900 型塔机进行混凝土浇筑。

14～17 号和 19～20 号溢流坝段堰面加高施工，选用 12 套闸室内输送机混凝土供料线系统、2 套坝下布料机供料线系统（共 4 台布料机）、2 台 M900 型塔机进行混凝土浇筑。

闸室内输送机混凝土供料线系统特性见表 7.33。布料机混凝土供料线系统特性见表 7.34。

表 7.33　闸室内输送机混凝土供料线系统特性表

序号	项目	单位	性能参数	备注
1	受料斗容量	m^3	4.5	
2	钢管溜管直径	mm	356	壁厚 8mm
3	钢管溜管长度	m	33	每根溜管配 2 个缓降搅拌器
4	输送机长度	m	13.4	
5	输送机带宽	mm	800	
6	输送机带速	m/s	3.15	
7	行走速度	m/min	28	
8	设计生产率	m^3/h	100	

表 7.34　布料机混凝土供料线系统特性表

序号	项目	单位	性能参数	备注
1	布料机浇筑最大半径	m	16.5	
2	布料机浇筑最小半径	m	2.5	
3	布料机带宽	mm	650	
4	布料机带速	mm	2.5	
5	布料机行走速度	m/min	5～8	
6	设计生产率	m^3/h	60	
7	布料机受料斗容量	m^3	3	
8	施工栈桥	m	96（144）	括号内为下一枯水期数据

3. 混凝土运输入仓

混凝土由右岸军营拌和制冷系统拌制，水平运输全部采用自卸汽车。垂直运输采用以下三种方式：

方式 1：塔机配 $6m^3$ 或 $3m^3$ 吊罐直接吊运入仓浇筑混凝土。

方式 2：塔机配 $3m^3$ 吊罐将混凝土卸到布料机顶部的受料斗内，由布料机系统布料浇筑混凝土。

方式 3：自卸汽车将混凝土直接卸到坝顶 $4.5m^3$ 受料罐内，由闸室内输送机供料线系统布料浇筑混凝土。

其中，方式 1 的浇筑区域为 19～24 号溢流坝段下块和 14～17 号溢流坝段高程 128.00m 以下部分；方式 2 的浇筑区域为坝轴线上游 3m 以下的区域，高程为 128.00～146.00m；方式 3 的浇筑区域为坝轴线上游 3m 以上的区域，高程为 131.20～152.00m。

经过统计，对于单个溢流坝段而言，由 M900 型塔机直接入仓浇筑混凝土量占总方量 $9001.5m^3$ 的 10.6%～11.1%；由 M900 型塔机配合布料机系统入仓浇筑混凝土量占 25.1%～25.6%；由输送机供料线系统直接入仓浇筑混凝土量占 63.8%。

4. 混凝土浇筑

对于面积小于 $150m^2$ 的较小仓位采用平铺法浇筑混凝土，而较大仓位采用台阶法浇筑混凝土，铺料厚度不大于 50cm，每层台阶宽度不小于 1.2m。结合面砂浆边浇筑混凝土边摊铺，堰面与闸墩结合面涂刷界面密合剂的速度和覆盖区域与混凝土浇筑速度相适应。若浇筑因故停仓，则按施工缝处理。表层抗冲耐磨混凝土、过渡层和下层混凝土一次性浇筑，在闸墩侧面、模板表面作出明显的分区标识，以防混料。

混凝土浇筑采用 $\phi100mm$ 振捣器振捣，振捣作业顺序进行，振捣棒插入方向、角度一致，混凝土施工中的泌水及时刮除，不得在模板上开洞引水自流。振捣时间、振捣器插入距离和深度按照施工规范要求执行。在模板、预埋件、观测仪器、电线电缆周围振捣时，振捣棒不得直接接触且以免引发变形、移位及损坏。对于堰面混凝土，在混凝土初凝前拆除模板，及时摸面收光。

5. 混凝土养护

混凝土浇筑收仓、抹面完成后，表面覆盖一层毛毡，然后洒水养护或采用花管长流水养护，保持混凝土表面湿润，养护期不少于 56d。养护初期，混凝土表面禁止行走或堆置物品。混凝土养护由专门作业队伍负责，并做好养护记录。

7.4.3.3　供料线系统的升高与拆除

21～24 号溢流坝段闸室内输送机供料线系统的初始安装高程（底架高程）为 143.00m，对应的浇筑高程为 139.20m；其后升高 3 次，高程分别为 148.00m、153.00m、157.00m，对应的浇筑高程分别为：143.20m、147.20m、152.00m。

14～17 号和 19～20 号溢流坝段闸室内输送机供料线系统的初始安装高程（底架高程）为 143.00m，对应的浇筑高程为 139.20m；后期升高 2 次，高程分别为 149.50m、156.00m，对应的浇筑高程分别为：145.20m、152.00m。

溢流坝段施工的布料机初始安装高程（输送机底部高程）为 140.50m，当堰体混凝土浇筑至 137.20m 高程时，将布料机升高至 149.50m 高程（输送机底部高程），完成 146.00m 高程以下堰体混凝土浇筑。

闸室内输送机供料线系统拆除是安装的逆过程，拆除所用的主要手段为 2 台M900 型塔机，在相应闸室的堰体混凝土浇筑完成后（不包括浅宽槽回填混凝土），及时拆除闸室内输送机供料线系统。坝下布料机供料线系统待浅宽槽回填完成后再行拆除。

7.4.3.4　浅宽槽混凝土回填施工

浅宽槽设计尺寸为宽×深＝1.2m×2m，回填混凝土设计标号为 $R_{28}350D150S8$ 二级配，为抗冲耐磨混凝土，要求具有微膨胀性能，膨胀率按（80～100）×10^{-6} 控制，且 3d 龄期以后的膨胀率不小于 70%，并在 3 个月左右基本完成膨胀，以后不收缩。浅宽槽混凝土采用 M900 型塔机和坝下布料机联合浇筑，扣模连续翻转作业、平仓、振捣和抹面收光均采用专用机械。

浅宽槽回填施工在高程 138m 以上堰面混凝土加高完成 1 个月后进行，在施工之前，老坝体混凝土温度降至基本稳定温度 16～18℃，控制浅宽槽回填时老坝体混凝土的实际温度与设计温度的差值在−2～+1℃范围内。

7.5　现场施工管理与决策

丹江口大坝加高工程其重要性、复杂性以及施工强度和难度，前面已做了深入分析和叙述，在这样的工程背景和条件下，如何提高混凝土坝加高建设的现场施工组织与管理水平，确保工程的顺利实施，成为工程施工中的重要问题。

除具备混凝土坝新建工程施工的特点外，丹江口大坝加高工程的混凝土施工还具有以下几方面的特性：

（1）混凝土水平运输的唯一途径是原坝顶公路。

（2）由于水平运输途径的限制，混凝土垂直运输的方式也受限。

（3）经过枯水期混凝土贴坡或加高的坝段，在汛期必须具备正常泄水过流运行条件。

（4）汛期布置在坝顶的用于混凝土施工的门塔机不得影响坝顶门机的运行。

为此，针对丹江口大坝加高工程混凝土施工开展了现场管理与决策系统研究及应用。

围绕着优化调度混凝土入仓机械、充分发挥机械效率，加快施工进度，保证加高混凝土浇筑施工顺利完成的目标，从丹江口大坝加高工程施工组织与管理的实际需要出发，通过对混凝土坝浇筑施工系统的分析，以系统模拟、系统优化、软件工程、虚拟现实的相关理论、方法与技术为基础，建立了加高工程的施工模拟、施工优化、施工管理系统。基于离散系统模拟理论与方法、系统优化方法、VR 技术、可视化仿真技术、管理信息系统理论与方法等基础理论、方法与技术，研发了加高工程的混凝土浇筑施工管理与决策系统。通过基于 VR 的混凝土坝施工模拟，实现了混凝土坝浇筑施工过程的真实场景再现，为施工方案和施工过程的优化与展现提供一个论证、演示的平台。

7.5.1　联合施工模拟与优化

1. 第 2 枯水期的施工条件

在丹江口大坝加高第 1 枯水期施工中，由于施工部位移交滞后以及施工场地协调等问题，造成混凝土比原计划少浇筑了近 10 万 m^3，这显然加大了第 2 枯水期混凝土的浇筑强度。针对原施工组织设计浇筑设备布置的不足以及第 1 枯水期进度滞后对第 2 枯水期造成的影响，对浇筑设备及布置进行了调整与优化。调整后的设备布置如图 7.18 所示。

图 7.18 中的 1 号到 7 号浇筑设备分别为：1 号 M900 型塔机、SDTQ1800/60 型高架门机、2 号 M900 型塔机、A 供料线、MQ540/30 型高架门机、C7050 型塔机、B 供料线。此外，在局部范围内还布置有其他小型设备参与混凝土浇筑施工。由此可见，在已经限定的施工范围内布置以上设备的情况下，设备与仓位的调度协调成为保证施工进度的关键因素。

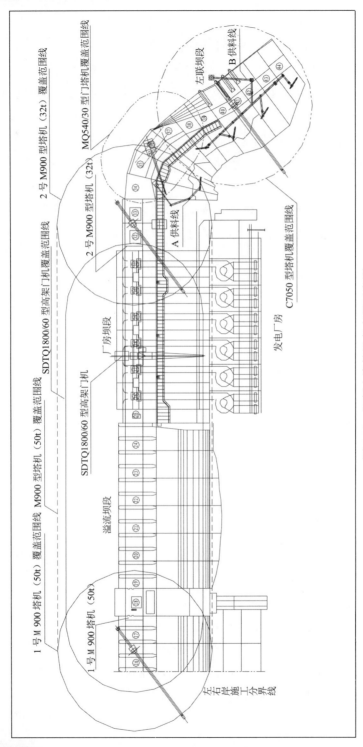

图 7.18　混凝土浇筑设备布置示意图

2. 施工模拟及应用

由于详细的模拟结果数据量庞大，在此仅给出浇筑模拟统计数据以及与实际应用情况的对比结果，见表 7.35。

表 7.35　模拟结果与实际应用情况的对比表

项　目		模拟结果		施工实际
		独立浇筑[①]	联合浇筑[②]	
联合浇筑比例[③]		0	63.4%	57.2%
完工日期		07.07	07.05	07.05
设备综合利用率[④]		28.93%	39.78%	37.64%
月浇筑量	6 月 10 日	13062	15009	13000
	6 月 11 日	23900	38780	38000
	6 月 12 日	35370	41450	41380
	7 月 1 日	28415	39259	40098
	7 月 2 日	30930	37900	37060
	7 月 3 日	28640	39873	40080
	7 月 4 日	32410	38921	38150
	7 月 5 日	27650	12678	13400
	7 月 6 日	22370	0	776

① 指不考虑浇筑设备的联合浇筑，即每个仓位都由一台设备独立浇筑。

② 指考虑浇筑设备的联合浇筑。

③ 指联合浇筑混凝土量与独立浇筑混凝土量的比例。

④ 指施工设备混凝土浇筑量与理论产量的比例。

从表 7.35 中给出的模拟及应用对比结果，分析可知：

（1）浇筑设备联合施工模拟结果与实际施工情况较为接近，联合浇筑比例、完工日期、设备综合利用率、月浇筑量等参数均符合现场施工情况；现有的施工设备与施工方案可以满足第 2 枯水期混凝土浇筑进度的要求。

（2）联合施工模拟的计算结果满足现场施工组织与管理、进度计划安排、设备调度等要求。

（3）浇筑设备独立施工情况下的模拟结果与实际施工情况差距较大，由于模拟未考虑浇筑设备的联合浇筑，设备闲置率较高、利用率较低，使月浇筑量偏小，无法在 2007 年 5 月汛期之前完成贴坡混凝土浇筑，由此形成的施工方案不能满足施工总进度目标的要求。

（4）从详细的模拟结果分析，模拟结果中的混凝土浇筑仓位顺序及相应的浇筑设备，除个别仓位的联合浇筑设备选择与施工实际有差别外，其他均无原则性误差，基本与实际施工过程一致，可以用于指导现场施工仓位安排和浇筑设备的调度。

（5）以上分析表明，在针对布置有多个设备的混凝土浇筑施工模拟中，应充分考虑浇筑设备之间的联合浇筑，否则将影响模拟计算结果的精度和用于实际施工中的可行性。

7.5.2 基于VR的施工管理与决策

通过对丹江口大坝加高工程混凝土浇筑施工系统的分析，基于离散系统模拟理论与方法、系统优化方法、VR 技术、可视化技术、管理信息技术等，研发了基于 VR 的施工管理与决策主系统。

7.5.2.1 系统组成

系统由 9 个子模块组成，分别为人机界面、系统管理、数据管理、施工模拟、现场管理、统计分析、虚拟现实查看、数据库及数据库管理系统、帮助系统。系统功能基本涵盖了丹江口大坝加高工程混凝土浇筑施工的相关环节，为提高施工管理效率和科学决策水平提供了重要平台。

丹江口大坝加高虚拟现实施工管理与决策系统采用 Delphi 作为系统软件开发工具，利用 OpenGL 提供的三维图形库开发虚拟场景、三维动画和场景渲染。系统通过读取*.3ds 文件来获取工程三维模型和相关的施工机械模型，采用三维场景中的用户交互方法来输入施工三维模型的剖分平面，按照施工要求和规范生成所有的施工单元，并将剖分及施工单元信息存储到 ACCESS 数据库中。最后根据施工过程优化计算结果，采用动画方式全方位展示整个施工过程，实现对施工单元施工进度的调整和管理。

7.5.2.2 系统主界面分区

系统主界面如图 7.19 所示。采用 Windows 界面风格，并与 3D MAX 等典型商业软件的界面模式一致，由标题栏区、菜单和工具栏区、虚拟场景展示区、状态栏区和信息显示和操作区组成。

1. 菜单和工具栏

工具栏和系统菜单功能相对应，提供常用的三维模型的装载、显示、用户交互等功能，如图 7.20 所示。

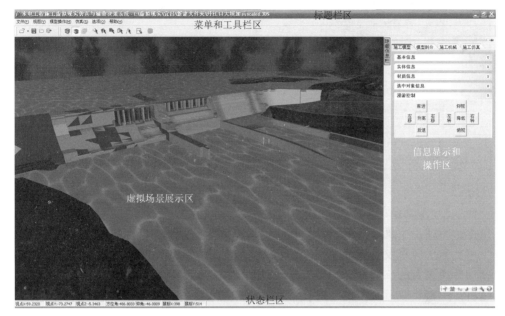

图 7.19　丹江口大坝加高基于 VR 的施工管理与决策系统主界面图

图 7.20　系统菜单的工具栏

（1）打开并装载三维模型。如图 7.21 所示，单击工具栏"打开三维模型文件"按钮或"文件"菜单的"打开"子菜单，将弹出"打开文件"对话框，以选择需要打开的*.3ds 文件。在"打开文件"对话框中选定需要装载的施工三维模型文件，单击打开按钮，系统将完成模型文件的读取、分析，并根据所获取的信息在虚拟场景展示区展示工程施工的三维模型。

此前打开的三维模型会作为最近打开的三维模型而添加到"文件"菜单底部，或工具栏"打开三维模型文件"按钮的下拉菜单中，如图7.22所示。单击工具栏"打开三维模型文件"按钮右侧的下拉菜单按钮，将弹出如图7.22 最近打开的三维模型文件菜单。

单击"打开三维模型文件"按钮的下拉菜单，或"文件"菜单底部最近打开的三维模型文件，将在此打开相应的施工三维模型。

（2）保存剖分信息。单击工具栏"保存当前的剖分信息"按钮或"文件"菜单的"保存"子菜单，将保存对当前打开的工程施工三维模型所作的所有操作所产生的信息。

图 7.21　"打开文件"对话框图　　　　图 7.22　最近打开的三维模型文件菜单图

（3）系统设置。如图 7.23 所示，单击系统"选项"菜单的"系统设置"子菜单，将弹出系统设置对话框。系统设置对话框包含基本设置、数据库设置和施工单元索引信息设置 3 个标签。在参数设置完成后，单击的下部的"应用"按钮，则保存所设置的参数信息；单击"确定"按钮，保存所设置的参数信息并关闭对话框；单击"取消"按钮，则放弃所设置的参数信息并关闭对话框。

图 7.23　系统设置对话框图

2. 状态栏

系统状态栏分为 7 个信息栏，用来显示虚拟漫游过程中视点和视线信息，如7.24 图所示。

图 7.24　信息栏图

状态栏的 7 个信息栏从左至右分别用来显示三维虚拟场景中当前视点的 X 坐

标、Y坐标、Z坐标，视线在XOZ平面内相对X轴正向的方位角、视线相对XOZ平面的仰角，鼠标当前位置的X坐标和Y坐标（虚拟场景展示区的左上角为坐标原点）。

3．信息显示和操作区

信息显示和操作区完成模型信息显示、虚拟场景管理和模型处理等功能。点击该区域中的"隐藏信息栏"标签可以将该区域隐藏到主界面右侧，以扩大虚拟场景展示区，同时标签名称更改为"显示信息栏"；此时，点击"显示信息栏"标签可以展开信息显示和操作区。

信息显示和操作区包含"施工模型"、"模型剖分"、"施工机械"和"施工仿真"4个标签，用来完成不同的信息显示和操作功能，如图7.25图所示。

（1）施工模型标签。用来显示工程施工三维模型的相关信息和进行漫游控制。施工模型标签包含"基本信息"、"实体信息"、"材质信息"、"选中对象信息"和"漫游控制"共5个卷展栏，如图7.26所示。点击卷展栏右侧的"展开"或"卷起"按钮可以打开和关闭各个卷展栏。

（2）模型剖分标签。用来进行施工三维模型和施工单元的剖分和管理。模型剖分标签包含"剖分平面管理"和"施工单元信息"共两个卷展栏，如图7.26所示。点击卷展栏右侧的"展开"或"卷起"按钮可以打开和关闭各个卷展栏。

图 7.25　信息显示栏图

图 7.26　模型部分标签图

（3）施工机械标签。用来进行施工涉及的所有施工机械三维模型的读取、装载和管理。包括工具栏区，施工机械详细信息显示区，施工机械列表框和选项设置区，如图7.27所示。

（4）施工仿真标签。用来进行施工过程动态仿真和自动漫游路径控制和管理。施工仿真标签包含"施工进度仿真"和"自动漫游管理"共两个卷展栏，如图7.28所示。点击卷展栏右侧的"展开"或"卷起"按钮可以打开和关闭各个卷展栏。

4．系统常用操作

软件系统的常用操作包括：漫游控制、施工单元剖分和信息计算、施工机械管理、施工进度仿真和自动路径漫游等。

图 7.27　施工机械标签图　　　　　图 7.28　施工仿真标签图

7.6　大坝加高施工成效

丹江口大坝加高工程自开工以来，均按照工程设计、相关质量标准以及施工进度计划等要求实施各项建设任务，加高工程进展顺利。

加高建设之前，在国内尚无如此规模和复杂程度混凝土坝加高建设经验的情况下，通过对老混凝土控制拆除、新老混凝土结合、新混凝土浇筑、枢纽运行期加高施工组织与管理等关键技术开展系统攻关研究，加高施工及其新老混凝土结合质量达到了预期目标。施工期的模板安全问题得到了有效的管理与控制，特别是在爆破作业、混凝土拆除作业、高空模板作业等环节采取了多项有针对性的措施，有效提高了丹江口大坝加高工程施工的安全可靠度。同时，针对施工期可能产生的水污染、大气污染、废弃物污染及其他环境影响因素，均通过有效措施加以预防和控制。整个加高工程施工收到了预期的成效。

7.6.1　质量检测与安全监测

1. 拆除工程

所涉及所有拆除项目施工过程中未对周围坝体结构或其他建筑物造成破坏，拆除后保留面结构尺寸满足设计要求。

（1）爆破拆除后的壁面平整度较好，无爆破裂隙及松动块；壁面半孔率较高，光面爆破效果良好。

（2）混凝土拆除面轮廓清晰，体型控制较好。

（3）闸墩周边一定范围内的混凝土凿除厚度（沿闸墩平面周边内法线方向）控制在 30cm 左右；拆除面距钢筋与未凿除混凝土之间的净距不小于 10cm；凿除后垂直钢筋外露长度不小于 100cm，对长度不够的进行了补凿。

（4）拆除面的轮廓绝大多数无欠挖，平整度≤100mm；对有轻微欠挖和平整度大于 100mm 的个别点面均通过补凿、削平达到质量控制标准。

（5）混凝土拆除爆破振动安全监测结果表明，总体效果较好。以 34～44 号左联坝段为例，共进行 106 个测点的测试，计 212 条测线，除 7 条测线超出安全标准外，其余测点的振动速度均在安全控制范围之内。上述 7 条测线的振动速度均为近区的高频项振速，部位均为大体积混凝土，超出值的大小在混凝土的动承载能力之内，测点处未发现新生裂缝及变形，爆破对周围建（构）筑物没有产生不利影响。

左联坝段混凝土拆除爆破振动安全监测成果统计见表 7.36。

表 7.36　左联坝段混凝土拆除爆破及安全监测成果表

序号	日期	测点	爆破部位及爆破方式	测点部位	距离/m	振动速度/(cm/s)	
						垂直	水平
1	2005-11-11	1	39 号坝段高程 123～125m 混凝土光爆层爆破、台阶爆破	微波楼左侧墙角基础	20.9	0.02	0.07
		2		微波楼三楼控制室	39.3	0.06	0.05
		3		电厂二楼中央控制室	69.6	0.04	0.04
		4		电厂办公楼左侧墙角基础	63	未触发	
2	2005-11-12	1	41 号坝段高程 121～119.7m 平台混凝土台阶爆破	爆区后冲向混凝土	6	9.48	9.05
		2		爆区后冲向混凝土	9.2	6.05	2.87
		3		40 号坝段混凝土（高程 123m）	9.6	5.12	3.59
		4		微波楼正门楼梯口		未触发	
		5		微波楼三楼控制室	42.5	0.06	0.06
3	2005-11-16	1	41 号坝段混凝土拆除爆破	41 号坝段横缝后	6.9	3.48	1.9
		2		41 号坝段近后	4.3	9.03	—
		3		微波楼正门基础	35.4	0.09	—
		4		微波楼三楼控制室	38.9	0.06	0.03
		5		微波楼左侧墙角基础	34.2	0.15	0.04
		6		电厂办公楼墙角基础	77.2	0.05	0.05
		7		电厂二楼中央控制室	77.5	未触发	

序号	日期	测点	爆破部位及爆破方式	测点部位	距离/m	振动速度/(cm/s)	
						垂直	水平
4	2005-11-20	1	40号坝段高程123～116.2m混凝土拆除面爆破	高程124m廊道内（非灌浆廊道）	8.9	7.72	13.23
		2		通讯电缆接线柜基础	42.9	0.03	0.02
		3		微波楼基础	30.5	0.2	—
		4		微波楼三楼控制室	26	0.08	0.08
		5		电厂二楼中央控制室	70	0.06	0.05
		6		电厂办公室基础	66	0.17	—
		7		40号坝段	8.8	仪器故障	
5	2005-11-22	1	37～39号坝段高程123～119.2m混凝土拆除光爆层爆破	微波楼三楼控制室	35	0.19	0.34
		2		微波楼正门基础	28.7	0.28	0.21
		3		微波楼左侧墙角基础	26.7	—	—
		4		电厂二楼中央控制室	61.1	0.12	0.12
		5		电厂办公室墙角基础	52.9	0.19	0.16
		6		高程124m廊道内（非灌浆廊道）	10.5	9.09	11.17
6	2005-11-24	1	40号坝段混凝土拆除三角体爆破层爆破	微波楼左侧基础	25.9	0.33	0.11
		2		微波楼三楼控制室	35.6	0.09	0.05
		3		电厂办公室基础	65.7	—	0.08
		4		电厂二楼中央控制室	70.5	0.06	0.04
		5		高程124m廊道内（非灌浆廊道）	8.6	4.43	6.86
7	2005-11-29	1	39号坝段混凝土三角体光爆层爆破	电厂办公楼基础	54.67	0.03	0.01
		2		泵房基础	52.33	0.2	0.17
		3		高程109.9m帷幕灌浆廊道	39.38	0.18	0.25
		4		高程109.9m帷幕灌浆廊道	37.62	0.2	0.3
		5		高程109.9m帷幕灌浆廊道	36.08	0.16	0.43
8	2005-12-01	1	38号坝段混凝土三角体光爆层爆破；41号坝段下游直墙外混凝土墙爆破	37号坝段帷幕灌浆廊道	54.67	0.01	0.19
		2		38号坝段帷幕灌浆廊道	52.33	—	0.03
		3		41号坝段帷幕灌浆廊道	39.38	0.05	0.07
		4		微波楼左侧基础	37.62	0.99	0.27
		5		电厂办公楼基础	36.08	0.05	0.06

续表

序号	日期	测点	爆破部位及爆破方式	测点部位	距离/m	振动速度/(cm/s)	
						垂直	水平
9	2005-12-02	1	37号坝段混凝土三角体爆破；44号坝段下游10.2m混凝土墩爆破	微波楼基础	26.22	0.46	0.16
		2		42号坝段帷幕灌浆廊道	29.8	0.14	0.09
		3		37号坝段帷幕灌浆廊道	44.2	0.17	0.24
		4		37号坝段帷幕灌浆廊道	44.2	0.11	0.33
		5		泵房基础	35.83	0.16	0.13
10	2005-12-04	1	41号坝段高程120m以下混凝土三角体光爆层爆破	微波楼正门基础	35	0.11	0.07
		2		微波楼左侧基础	36.28	0.22	0.05
		3		微波楼三楼控制室	38.22	0.08	0.11
		4		41号坝段帷幕灌浆廊道	34.2	0.16	0.16
		5		41号坝段帷幕灌浆廊道	34.5	0.13	0.2
11	2005-12-05	1	40号坝段高程120m以下混凝土直立墙光爆层爆破	微波楼正门基础	28.9	0.13	0.14
		2		微波楼左侧基础	25.22	1.51	0.25
		3		微波楼三楼控制室	34.67	0.19	0.33
		4		40号坝段帷幕灌浆廊道	34.72	0.18	0.42
		5		40号坝段帷幕灌浆廊道	34.8	—	0.37
12	2005-12-07	1	左联下游山体边坡混凝土挡墙爆破	电缆接线柜基础	44.19	0.08	0.08
		2		微波楼右侧墙角基础	51.8	1.25	0.82
		3		微波楼三楼控制室	62.23	0.06	0.07
		4		铁塔边左侧	29.72	未触发	
		5		铁塔边右侧	27.25	未触发	
13	2005-12-20	1	37～38号坝段高程120m以下直立墙光爆层爆破	电厂二楼中央控制室	65.1	0.04	0.03
		2		微波楼三楼控制室	37.05	0.19	—
		3		微波楼左侧基础	20.3	—	—
14	2005-12-24	1	36号坝段高程116m平台混凝土拆除爆破	爆区后侧116m平台	3	14	24
		2		爆区后侧116m平台	5	14	
		3		微波楼三楼控制室	50	0.12	0.07
		4		电厂二楼中央控制室	57	0.1	0.1
		5		泵房基础	24.8	—	—

序号	日期	测点	爆破部位及爆破方式	测点部位	距离/m	振动速度/(cm/s)	
						垂直	水平
15	2005-12-25	1	36号坝段高程116m平台第2次拆除爆破	后冲方向点1	3	—	12
		2		后冲方向点2	4.3	11	—
		3		泵房右侧基础	23.8	未触发	
		4		泵房上游侧基础	26.5	0.59	—
		5		微波楼三楼控制室	44.3	0.08	—
16	2005-12-31	1	34号坝段高程110m平台混凝土拆除爆破	泵房基础	11.6	1.91.	1.84
		2		泵房基础	8.8	1.47	—
		3		电厂办公室基础	31.2	0.67	0.51
		4		电厂二楼中央控制室	50.2	0.26	0.11
17	2006-01-02	1	35号坝段高程110m平台混凝土拆除爆破	泵房基础	17.4	1.53	1.31
		2		电厂办公楼基础	33.7	0.43	0.55
		3		电厂二楼中央控制室	47.3	0.17	0.11
		4		微波楼三楼控制室	57.6	0.11	—
18	2006-01-02	1	36号坝段下游混凝土拆除爆破	泵房基础	28.9	—	0.75
		2		电厂办公楼基础	43.1	0.29	0.28
		3		电厂二楼中央控制室	54.9	0.11	0.06
		4		微波楼三楼控制室	49	0.13	0.17
19	2006-01-03(Ⅰ)	1	35号坝段平台混凝土拆除爆破	泵房基础	27.14	1.47	1.3
		2		电厂办公楼基础	29.27	0.33	0.33
		3		微波楼三楼控制室	51.7	0.15	—
20	2006-01-03(Ⅱ)	1	34号坝段平台混凝土拆除爆破	泵房基础	14.05	1.00	1.16
		2		电厂办公楼基础	31.29	0.38	0.31
		3		微波楼三楼控制室	45.68	0.13	—
21	2006-01-07	1	34号坝段下游混凝土平台爆破	泵房基础	8.9	1.44	1.09
		2		帷幕灌浆廊道内	18.2	0.73	1.3
		3		帷幕灌浆廊道内	27.3	0.42	0.7
		4		电厂二楼中央控制室	43.3	0.11	—

序号	日期	测点	爆破部位及爆破方式	测点部位	距离/m	振动速度/(cm/s)	
						垂直	水平
22	2006-01-10	1	34 号坝段下游混凝土拆除爆破	泵房基础	9.3	—	1.43
		2		电厂办公室基础	26.8	0.17	0.07
		3		电厂二楼中央中控室	41.1	0.24	0.26
23	2006-02-09	1	34 号坝段下游混凝土拆除爆破	泵房基础	14.6	1.44	1.09
		2		帷幕灌浆廊道内	13.3	0.73	1.3
		3		帷幕灌浆廊道内	32.4	0.42	0.7
		4		电厂二楼中央控制室	28.3	0.11	—

2. 新增人工键槽

结合面新增人工键槽采用锯割静裂法施工成型。工程施工的各项检测结果如下：

（1）键槽轮廓尺寸均满足设计要求，锯割面施工部位表面平整光滑、整齐划一，轮廓清晰，表观质量优良。

（2）键槽表面无机械或爆破裂隙，无破碎及松动骨料及混凝土块。

（3）静裂面施工部位表面完整，半孔率 98% 以上。

（4）键槽静裂剥离面声波测试结果表明：坝体混凝土保留体完好，无损伤，满足新增人工键槽施工的各项技术要求和质量要求。

2005 年 11 月 22 日在 26 坝段进行了键槽静态爆破壁面声波测试，共进行了 3 孔测试，测试孔深 1.4m，孔距均为 1.15m，孔斜为垂直于静态爆破壁面。声波测试采用对测法进行，每 0.1m 测试一个点。从测试结果来看，静态爆破壁面从表面到深部波速基本稳定，未发生异常变化，测试结果说明静态爆破拆除施工工艺没有对坝体混凝土造成损害。拆除施工混凝土质量声波检测结果见表 7.37；波速—孔深曲线图如图 7.29 所示。

表 7.37　声波检测成果表

部位：26 坝段　静态爆破壁面
孔号：2～3 号　孔距：1.15m　孔口高程：约 106m

孔深/m	$t_1/\mu s$	$t_2/\mu s$	$t_3/\mu s$	$t_4/\mu s$	$t/\mu s$	波速/(m/s)	备注
1.6							
1.5							
1.4	255	250			252.5	4554	
1.3	301	272	284	276	274.0	4197	

孔深/m	$t_1/\mu s$	$t_2/\mu s$	$t_3/\mu s$	$t_4/\mu s$	$t/\mu s$	波速/(m/s)	备注
1.2	304	308			306.0	3758	
1.1	308	308			308.0	3734	
1.0	307	307			307.0	3746	
0.9	308	309			308.5	3728	
0.8	315	284	285		284.5	4042	
0.7	274	283	273		273.5	4205	
0.6	275	273			274.0	4197	
0.5	319	277	276		276.5	4159	
0.4	286	287			286.5	4014	
0.3	283	301	283		283.0	4064	
0.2	287	289			288.0	3993	
0.1	278	287	281		284.0	4049	
0							

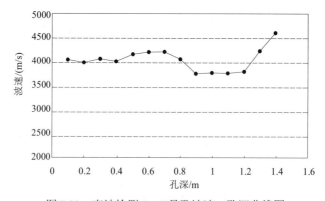

图 7.29　声波检测 2～3 号孔波速—孔深曲线图

3. 复合锚固系统

按照设计技术要求和施工规范的各类规定,对复合锚固系统所使用锚杆钢筋、植筋钢筋、水泥、外加剂、注浆材料等各类原材料,进场后进行性能检测,合格后投入使用。对中间产品如砂石骨料、锚杆砂浆、锚杆拉拔力等进行取样检测,合格后转入下道工序。

新老混凝土结合面复合锚固系统施工的现场检测结果如下:

(1)锚杆砂浆取样 21 组,强度检测平均值为 34.4 MPa,满足设计要求。

（2）锚杆拉拔为非破坏拉拔试验，共检测锚杆 53 组，检测结果为 120.5~125.0kN，均达到设计要求的拉拔力；锚筋施工部位，未发现安装好的锚杆有位移和破坏现象。

（3）植筋施工完成后，经过对植筋桩内灌注材料的密实性检查、闸墩植筋钢筋的拉拔试验结果分析，植筋施工质量全部符合设计要求。

4. 新浇混凝土工程

现场混凝土质量检验以出机口取样为主，抽样检测结果全部合格。25～33 号坝段检测结果统计见表 7.38～表 7.43。

表 7.38 混凝土含气量检测结果统计表

拌和系统	抽检地点	控制标准/%	检测次数	最大值/%	最小值/%	平均值/%	合格率/%
3×1.5	机口	4.5～5.5 ±0.5	3147	5.9	3.9	4.8	99.9

表 7.39 混凝土坍落度检测结果统计表

拌和系统	抽检地点	控制标准/cm	检测次数	最大值/cm	最小值/cm	平均值	合格率/%
小胡家岭 3×1.5	机口	5～7±1.0	6015	7.6	2.0	5.4	99.7
		7～9±1.0	71	11.5	7.5	8.5	98.6
		20.0±1.0	79	22.0	19.3	20.5	98.7
	自密实混凝土	65.0±5.0（扩展度）	8	69.0	61.0	65.4	100

表 7.40 混凝土出机口温度检测结果统计表

拌和系统	温控要求/℃	检测次数	最大值/℃	最小值/℃	平均值/℃	合格率/%
小胡家岭 3×1.5	≤7	1898	8.0	4.0	6.0	99.2
	≤10	1795	12.0	8.0	9.2	98.1
	≤12	671	13.5	8.0	11.5	98.8
	自然	3840	29.0	4.0	22.5	100

表 7.41 混凝土抗压强度抽检频率表

混凝土标号/级配	混凝土浇筑方量/m³	龄期/d	抽检组数	抽检频率/(m³/组) 实际	抽检频率/(m³/组) 规范要求	备注
C30/一	52	28	9	6	500	钢纤维混凝土
R_{28}150D50/二	1056	28	17	62	500	泵送混凝土
R_{28}150D50/三	39093	28	135	290	500	
R_{28}150D50/一	168	28	11	15	500	自密实混凝土

续表

混凝土标号/级配	混凝土浇筑方量/m³	龄期/d	抽检组数	抽检频率/(m³/组)		备注
				实际	规范要求	
R₂₈200D150S8/三	2892	28	66	44	500	
R₂₈250D100/二	383	28	26	15	500	
R₂₈250D100/三	2480	28	28	89	500	
R₂₈300D100S8/二	1131	28	62	18	500	
R₂₈300D100S8/三	130	28	6	22	500	
R₂₈300D100S8/一	58	28	13	4	500	
R₂₈300D50/二	346	28	37	9	500	泵送混凝土
R₂₈300D50/一	20	28	9	2	500	自密实混凝土
R₂₈350D100/二	350	28	30	12	500	
R₂₈400D100/二	6	28	3	2	100	
R₉₀150D50/二	40	90	4	10	1000	
		28	4	10	500	
R₉₀150D50/三	75	90	3	25	1000	
		28	3	25	500	
R₉₀150D50S6/四	60	90	2	30	1000	
		28	2	30	500	
R₉₀200D100/三	140	90	8	18	1000	
		28	5	28	500	
R₉₀200D100/二	280	90	31	9	1000	
		28	31	9	500	
R₉₀200D100S8/三	48006	90	252	191	1000	
		28	264	182	500	
R₉₀200D100S8/四	57040	90	159	359	1000	
		28	178	320	500	

表 7.42 混凝土抗压强度检测结果统计

混凝土标号/级配	水胶比	龄期/d	组数	最大值/MPa	最小值/MPa	平均值/MPa	σ/MPa	C_v	保证率/%
C30/一钢纤维	0.38	28	9	38.4	33.7	36.4	1.51	0.04	99.9
R₂₈150D50/二（泵送）	0.52	28	17	23.1	18.5	21.2	1.30	0.06	99.9

续表

混凝土标号/级配	水胶比	龄期/d	组数	最大值/MPa	最小值/MPa	平均值/MPa	σ/MPa	C_v	保证率/%
R₂₈150D50/三	0.50	28	135	24.9	16.5	19.5	1.58	0.08	99.9
R₂₈150D50/一（自密实）	0.38	28	11	23.8	17.3	20.6	2.20	0.11	99.9
R₂₈200D150S8/三	0.45	28	66	28.5	20.9	24.7	1.67	0.07	99.9
R₂₈200D150S8/一	0.40	28	3	27.1	22.4	24.2	2.56	0.11	—
R₂₈200D50/二	0.45	28	1	—	—	25.5	—	—	—
R₂₈250100/二	0.40	28	26	34.1	26.3	28.6	2.21	0.08	97.9
R₂₈250D100/三	0.40	28	28	34.2	26.4	29.2	1.96	0.07	99.1
R₂₈300D100S8/二	0.36	28	62	39.7	31.7	36.0	1.69	0.05	99.9
R₂₈300D100S8/三	0.36	28	6	36.2	31.6	33.4	1.94	0.06	97.7
R₂₈300D100S8/一	0.36	28	13	39.2	32.7	35.1	1.61	0.05	99.9
R₂₈300D50/二（泵送）	0.35	28	37	37.6	32.8	35.3	1.20	0.03	99.9
R₂₈300D50/一（自密实）	0.36	28	9	36.3	32.8	34.5	1.16	0.03	99.9
R₂₈350D100/二	0.31	28	30	45.5	37.7.	40.0	1.87	0.05	99.9
R₂₈400D100/二	0.29	28	3	44.9	43.9	44.5	0.55	0.01	—
R₉₀150D50/二	0.55	90	4	21.6	20.7	21.3	0.41	0.02	99.9
		28	4	18.6	15.1	17.6	—	—	—
R₉₀150D50/三	0.55	90	3	20.9	18.9	19.9	1.00	0.05	—
		28	3	15.6	15.4	15.5	—	—	—
R₉₀150D50S6/四	0.55	90	2	27.6	27.3	27.4	—	—	—
		28	2	21.5	19.2	20.4	—	—	—
R₉₀200D100/三	0.50	90	8	26.9	22.6	24.9	1.36	0.06	99.9
		28	8	22.5	16.4	20.0	—	—	—
R₉₀200D100/二	0.50	90	31	28.1	21.4	24.3	1.76	0.07	99.9
		28	31	21.4	16.2	18.6	—	—	—
R₉₀200D100S8/三	0.50	90	252	32.1	20.6	26.6	2.19	0.08	99.9
		28	261	29.3	15.7	19.8	—	—	—
R₉₀200D100S8/四	0.50	90	158	31.1	21.2	26.3	2.23	0.09	99.9
		28	178	23.9	15.7	18.9	—	—	—
R₉₀250D100S8/三	0.45	90	1	—	—	32.0	—	—	—
		28	1	—	—	25.6	—	—	—

表 7.43 混凝土抗冻、抗渗、极限拉伸检测结果表

混凝土标号/级配	粉煤灰掺量/%	抗冻等级		抗渗等级		极限位伸值/10^{-4}MPa	
		28 d	90d	28 d	90d	28 d	90 d
R$_{90}$200D100S8/三	20	—	$D \geqslant 100$	—	$S \geqslant 8$	0.76	0.88
R$_{28}$150D50/三	15		$D \geqslant 50$			0.74	—
R$_{28}$150D50/三	15		$D \geqslant 50$			0.80	—

34～44 号联接坝段检测结果统计见表 7.44～表 7.50。

表 7.44 混凝土含气量检测结果统计

拌和系统	抽检地点	控制标准/%	检测次数	最大值/%	最小值/%	平均值/%	合格率/%
3×1.5	机口	4.5～5.5 ±0.5	2429	5.8	3.8	5.1	99.8

表 7.45 混凝土坍落度检测结果统计

拌和系统	抽检地点	控制标准/cm	检测次数	最大值/cm	最小值/cm	平均值/cm	合格率/%
小胡家岭 3×1.5	机口	5～7±1.0	4635	7.3	3.2	5.4	98.2
		7～9±1.0	12	9.6	7.1	8.5	100

表 7.46 混凝土出机口温度检测结果统计

拌和系统	温控要求/℃	检测次数	最大值/℃	最小值/℃	平均值/℃	合格率/%
小胡家岭 3×1.5	≤10	3150	12.5	8.0	9.0	99.5
	≤12	354	14.5	9.0	11.0	97.2
	≤14	384	15.5	10.0	13.0	98.2
	自然	2671	32.5	6.0	18.5	100

表 7.47 混凝土浇筑温度检测结果统计

工程部位	浇筑温度/℃	检测次数	最大值/℃	最小值/℃	平均值/℃	超温率/%
34～44 号坝段（加高混凝土）	≤10	48	13.5	3.8	8.8	0.5
34～44 号坝段（加高混凝土）	≤14	216	16.4	5.2	13.6	1.0
34～44 号坝段（加高混凝土）	≤16	228	16.7	8	13.5	2.1
34～44 号坝段（加高混凝土）	≤18	227	18.2	8.3	15	1.2
34～44 号坝段（贴坡混凝土）	≤10	44	10.4	4.3	10	0.5
34～44 号坝段（贴坡混凝土）	≤14	340	16.5	2.5	13.7	0.5
34～44 号坝段（贴坡混凝土）	≤12～14	640	16.7	6	13.8	0.8
	合计	1743				

表 7.48　混凝土抗压强度抽检频率表

混凝土标号/级配	浇筑方量/m³	龄期/d	抽检组数	抽检频率(m³/组)		备注
				实际	规范要求	
C30/一	4.66	28	1	4.66	100	钢纤维混凝土
R₂₈150D50/二	12.80	28	2	6.4	500	
R₂₈150D50/三	23337	28	80	291.7	500	
R₂₈200D150S8/三	8581	28	78	110	500	
R₂₈250D100S8/三	38.65	28	1	38.6	500	
R₂₈250D50/D100/二	54.2	28	19	2.8	500	
R₂₈300D100S8/二	868	28	19	45.7	500	
R₂₈300D100S8/三	1791	28	16	111.9	500	
R₂₈300D100S8/一	159.2	28	11	14.5	500	
R₂₈350D100/二	10.5	28	1	10.5	500	
R₉₀150D50/二	31	28	1	31	500	
		90	1	31	1000	
R₉₀200D100/三	1930	28	11	175.4	500	
		90	11	175.4	1000	
R₉₀200D100S8/二	27	28	6	4.5	500	
		90	6	4.5	1000	
R₉₀200D100S8/三	141360	28	349	405.0	500	
		90	287	492.5	1000	
R₉₀200D100S8/四	8499	28	32	265.6	500	
		90	31	274.2	1000	
R₉₀250D100S8/三	6452	28	44	146.6	500	
		90	42	153.6	1000	
R₉₀250D100S8/四	2354	28	10	235.4	500	
		90	10	235.4	1000	

表 7.49　混凝土抗压强度检测结果统计

混凝土标号/级配	水胶比	龄期/d	组数	最大值/MPa	最小值/MPa	平均值/MPa	σ/MPa	C_v	保证率/%	相当设计强度的百分率/%
C30/一（钢纤维）	0.38	28	1	—	—	36.6	—	—	—	—
R₂₈150D50/二	0.50	28	2	20.8.	18.3	19.6	—	—	—	—

混凝土标号/级配	水胶比	龄期/d	组数	最大值/MPa	最小值/MPa	平均值/MPa	σ/MPa	C_v	保证率/%	相当设计强度的百分率/%
R_{28}150D50/三	0.50	28	80	24.0	17.0	19.8	1.53	0.08	99.9	132
R_{28}200D150S8/三	0.45	28	78	29.0	21.2	24.9	1.85	0.07	99.1	124
R_{28}250D100S8/三	0.40	28	1	—	—	29.3	—	—	—	—
R_{28}250D50/D100/二	0.40	28	19	31.6	26.1	28.3	—	—	98.5	113
R_{28}300D100S8/二	0.36	28	19	38.7	32.3	34.7	—	—	99.0	116
R_{28}300D100S8/三	0.36	28	16	38.2	32.0	33.6	—	—	98.0	112
R_{28}300D100S8/一	0.36	28	11	38.0	32.5	35.4	—	—	99.9	118
R_{28}350D100/二	0.31	28				42.3				
R_{90}150D50/二	0.55	28	1	—	—	16.6				
		90	1	—	—	23.7				
R_{90}200D100/三	0.50	28	11	23.4	17.1	20.1				
		90	11	29.4	23.4	25.5			99.4	128
R_{90}200D100S8/二	0.50	28	6	22.5	20.7	21.7		—	—	—
		90	6	29.6	23.9	25.7		—	—	—
R_{90}200D100S8/三	0.50	28	349	25.3	16.2	19.7	1.54	0.08		
		90	287	33.6	21.2	26.6	2.32	0.09	99.5	133
R_{90}200D100S8/四	0.52	28	32	21.2	17.0	18.5				
		90	31	30.3	21.0	24.5	2.11	0.09	98.0	122
R_{90}250D100S8/三	0.45	28	44	26.9	19.9	23.1	1.78	—	—	—
		90	42	33.3	26.3	30.1	2.17	0.07	98.5	120
R_{90}250D100S8/四	0.45	28	10	24.8	20.2	21.9	—	—	—	—
		90	10	29.1	25.6	27.3	—	—	97.7	109

表 7.50　混凝土抗冻、抗渗、极限拉伸检测结果表

混凝土标号/级配	粉煤灰掺量/%	抗冻等级		抗渗等级		极限位伸值/10^{-4}MPa	
		28 d	90d	28 d	90d	28 d	90 d
R_{90}200D100S8/三	20	—	$D \geqslant 100$	—	$S \geqslant 8$	0.76	0.88
R_{90}250D100S8/三	20	—	$D \geqslant 100$	—	$S \geqslant 8$	0.76	0.92
R_{28}200 D150S8/三	20	$D \geqslant 150$	—	$S \geqslant 8$	—	0.90	—

为了检测新浇混凝土的成品质量，对达到设计龄期的新浇混凝土进行了钻孔密实性检查，分别选取 28 号、30 号（2 孔）、32～34 号、37～38 号、40 号坝段进行了钻孔取芯、压水试验、芯样物理力学性能试验。检测结果表明新浇混凝土坝体密实，质量满足设计要求。混凝土芯样检查及强度试验成果见表 7.51。

表 7.51　混凝土芯样检查及强度试验成果表

序号	芯样编号	芯样直径/mm	工程部位	开孔高程/m	混凝土标号/级配	抗压强度/MPa	劈拉强度/MPa	芯样描述
1	厂30	90	30 号坝段	105.0	$R_{90}200D_{100}$/三	32.5	2.70	
2	厂28 顶	190	28 号坝段新坝顶	176.6	$R_{28}150D_{50}$/三	21.8	2.25	
3	厂28 顶	190	28 号坝段新坝顶	176.6	$R_{90}200D_{100}$/三	26.5		
4	厂30	140	30 号坝段新坝顶	176.6	$R_{28}150D_{50}$/三	23.7	2.36	
5	厂30	140	30 号坝段新坝顶	176.6	$R_{90}200D_{100}$/三	27.3	2.42	
6	厂32 顶	190	32 号坝段新坝顶	176.6	$R_{28}150D_{50}$/三	23.2	2.39	
7	厂32 顶	190	32 号坝段新坝顶	176.6	$R_{90}200D_{100}$/三	28.6		
8	厂33 顶	140	33 号坝段新坝顶	176.6	$R_{28}150D_{50}$/三	23.1	2.22	密实均匀
9	厂33 顶	140	33 号坝段新坝顶	176.6	$R_{90}200D_{100}$/三	27.9	3.14	
10	左 38	110	38 号坝段	119.0	$R_{90}250D100S8$	34.6		
11	左 40 顶-1	110	40 号坝段新坝顶	174.4	$R_{28}150D50$	25.6		
12	左 40 顶-2	110	40 号坝段新坝顶	175.9	$R_{90}200D100$	28.5		
13	左 37 顶-1	110	37 号坝段新坝顶	174.0	$R_{28}150D50$	26.2		
14	左 37 顶-2	110	37 号坝段新坝顶	176.1	$R_{28}150D50$	25.9		
15	左 34 顶-1	150	34 号坝段新坝顶	174.2	$R_{28}150D50$	23.0		
16	左 34 顶-2	150	34 号坝段新坝顶	175.7	$R_{90}200D100$	27.0		

7.6.2　成效综合评定

7.6.2.1　质量综合评定

根据水利行业标准 SL176《水利水电工程施工质量检验与评定规程》和南水北调工程建设专用技术标准 NSBD6《南水北调中线一期丹江口水利枢纽混凝土坝加高工程施工技术规程》的规定，进行了各施工部位和各施工项目的质量检查和评定，这里给出左岸工程各关键项目的质量评定成果。各坝段老坝体及原有构筑物拆除质量评定统计表见表 7.52；新老混凝土结合面处理质量评定统计见表 7.53；新浇混凝土质量评定统计表见表 7.54。

表 7.52　老坝体及原有构筑物拆除质量评定统计表

分部工程名称	完成单元工程个数	优良单元个数	优良率/%	合格率/%
14～24 号溢流坝段	70	68	97.1	100
25～33 号厂房坝段	79	79	100	100
34～44 号左联坝段	36	34	94.4	100

表 7.53　新老混凝土结合面处理质量评定统计表

分部工程名称	单元工程总数	优良单元个数	优良率/%	合格率/%
14～24 号溢流坝段	89	89	100	100
25～33 号厂房坝段	210	209	99.5	100
34～44 号左联坝段	139	139	100	100

表 7.54　新浇混凝土质量评定统计表

分部工程名称	单元工程总数	优良单元个数	优良率/%	合格率/%
14～24 号溢流坝段	893	841	94.2	100
25～33 号厂房坝段	430	397	92.3	100
34～44 号左联坝段	430	397	92.3	100

7.6.2.2　结合面黏结效果评定

1. 结合面监测仪器布置

在大坝加高新老混凝土结合部位跨缝布置界面测缝计、裂缝计和钢筋计，对界面的结合情况进行监测，共布置测缝计 10 支、裂缝计 18 支、钢筋计 20 支，分别测试新老混凝土结合界面开度和界面钢筋应力。仪器埋设位置与编号如表 7.55。

表 7.55　大坝加高新老混凝土结合监测仪器布置一览表

序号	设计编号	部位	规格型号	序号	设计编号	部位	规格型号
1	J01YL17	17 坝段	CF-12	13	J02CF28S	28 坝段	CF-12
2	J04YL17	17 坝段	CF-12	14	J04CF28S	28 坝段	CF-12
3	R01YL17	17 坝段	KL-25	15	J06CF28S	28 坝段	CF-12
4	R02YL17	17 坝段	KL-25	16	J01CF31	31 坝段	CF-12
5	R03YL17	17 坝段	KL-25	17	J02CF31	31 坝段	CF-12
6	J01YL21	21 坝段	CF-12	18	J03CF31	31 坝段	CF-12
7	J03YL21	21 坝段	CF-12	19	J04CF31	31 坝段	CF-12
8	R01YL21	21 坝段	KL-25	20	J06CF31	31 坝段	CF-12
9	R02YL21	21 坝段	KL-25	21	J07CF31	31 坝段	CF-12

续表

序号	设计编号	部位	规格型号	序号	设计编号	部位	规格型号
10	R04YL21	21 坝段	KL-25	22	J09CF31	31 坝段	CF-12
11	K01YL21	21 坝段	CF-12	23	J011CF31	31 坝段	CF-12
12	J01CF28S	28 坝段	CF-12	24	R01CF31	31 坝段	KL-25
25	R02CF31	31 坝段	KL-25	37	J05ZL34	34 坝段	CF-12
26	R03CF31	31 坝段	KL-25	38	J06ZL34	34 坝段	CF-12
27	R04CF31	31 坝段	KL-25	39	R01ZL34	34 坝段	KL-25
28	R05CF31	31 坝段	KL-25	40	R02ZL34	34 坝段	KL-25
29	R06CF31	31 坝段	KL-25	41	R03ZL34	34 坝段	KL-25
30	R07CF31	31 坝段	KL-25	42	R04ZL34	34 坝段	KL-25
31	R08CF31	31 坝段	KL-25	43	R05ZL34	34 坝段	KL-25
32	K01CF31	31 坝段	CF-12	44	R06ZL34	34 坝段	KL-25
33	J01ZL34	34 坝段	CF-12	45	K01ZL34	34 坝段	CF-12
34	J02ZL34	34 坝段	CF-12	46	K02ZL34	34 坝段	CF-12
35	J03ZL34	34 坝段	CF-12	47	J02ZL35	35 坝段	CF-12
36	J04ZL34	34 坝段	CF-12	48	J03ZL35	35 坝段	CF-12

2. 结合面监测成果

通过上述新老混凝土结合面监测仪器的监测数据采集，得到了大量的监测资料，这里选取并给出 31 号厂房坝段新老混凝土结合面几个典型仪器的监测成果如下：J04CF31 测缝计的监测过程线如图 7.30 所示；J07CF31 测缝计的监测过程线如图 7.31 所示；R04CF31 钢筋计的监测过程线如图 7.32 所示。

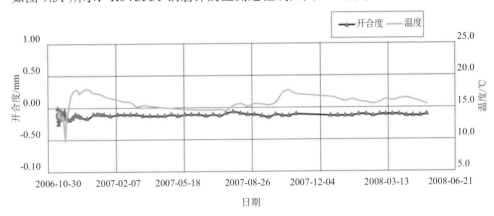

图 7.30　测缝计 J04CF31 过程线（厂房 31 号坝段高程 127m 新老混凝土结合面）

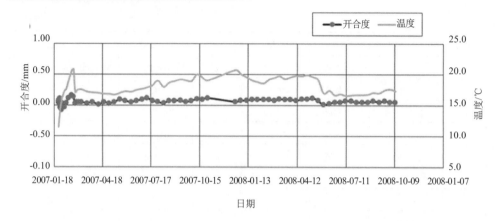

图 7.31　测缝计 J07CF31 过程线（厂房 31 号坝段高程 140m 新老混凝土结合面）

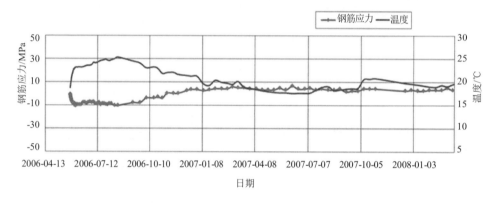

图 7.32　钢筋计 R04CF31 过程线（厂房 31 号坝段高程 120m 新老混凝土结合面）

3. 监测成果分析

从埋设在新老混凝土结合面的测缝计和裂缝计监测成果可知：

（1）接缝和裂缝开度变化基本在 0.3mm 以内，在监测仪器测试误差范围内，且开度基本不随温度变化，说明接缝结合良好。

（2）极少缝面开度在混凝土浇筑初期略有拉开，最大不超过 0.5mm，后期基本稳定不变，在监测仪器测试误差范围内变化，变化约在 0.2mm 以内，与温度变化无相关性变化。

（3）跨缝钢筋应力变化较小，最大拉应力基本在 20MPa 以下，最大不超过40MPa，后期应力变化很小，基本在 10MPa 以内。

综上，埋设在新老混凝土结合面的监测仪器观测结果表明，结合面缝面开度变化甚微，相应钢筋应力拉应力也很小，说明新老混凝土结合良好，结合面没有出现开裂。

7.6.2.3 创新成效评定

1. 老坝体无损伤高精度控制拆除

针对加高施工中老坝体拆除的各项特点，研发无损伤高精度控制拆除技术，即根据不同部位实施完全个性化的拆除方案，以最优的拆除程序与方法取得最佳的拆除效果。与传统的或单一的拆除技术相比，其成效表现在：

（1）高精度。拆除后的现场检测结果表明，混凝土保留体的外形轮廓得到了精确地控制，保障了保留体的设计坐标、结构尺寸、平整度的准确性。

（2）无损伤。拆除部位的声波检测结果表明，混凝土保留体受到了严格保护，保留体内无裂隙、保留的钢筋及其他设施均无损伤。

（3）高工效。实施无损伤高精度控制拆除施工后，多种有效的作业可以同步有效地实施，拆除工效比传统或单一方法提高 1.2～1.5 倍，进而加快了施工进度；与此同时施工人员的劳动强度也显著降低。

（4）保障安全。采用无损伤高精度控制拆除，实现了现场施工安全的全面保障，包括施工人员的安全、施工作业的安全以及周围建筑物和设施的安全等，有效控制了各类人身伤亡和财产重大损失的发生。

总之，丹江口大坝加高老坝体拆除的分部工程中，采用无损伤高精度控制拆除技术，使工程施工收到了快速、优质、低耗、安全的成效。

2. 新增人工键槽"锯割静裂法"施工

与传统工艺或单一的工艺相比，采用锯割静裂法成型新增人工键槽，显著提高施工工效。如 1 条 22m 长的键槽条带，传统方法施工需要 48～72h，而锯割静裂法将切割和钻孔静裂分成 2 道工序后，可以交替施工、流水作业，仅需 19h 即可完成，工效提高 2.5～3.8 倍。

与采用单纯的盘踞切割和静态破碎胀裂方法相比，采用锯割静裂法成型人工键槽大大地降低了施工成本，增加了施工作业的安全性。

（1）盘踞设备和大尺寸的金刚石锯片价格昂贵，键槽上部轮廓面改为钻孔膨胀静裂后，切割面积减少 40%以上，使设备使用和耗材的成本大幅度下降。

（2）由于切割设备固定在需要剥离的键槽部分混凝土上，上下均采用切割的方法易于导致盘锯设备随拆除的混凝土坠落等安全隐患；而键槽上部轮廓面采用静裂替代盘锯切割后，有效避免了这一安全风险。

（3）将键槽上下两面的分离分别采取两种施工手段后，施工中两道工序可以交替施工，形成流水作业，缩短了单条键槽施工所占用的时间，施工工效提高 50%以上。

总之，在丹江口大坝加高工程中，采用锯割静裂法进行新增人工键槽施工，高标准地满足了工程施工进度和质量的要求，取得了良好的综合经济效果。

3. 新型环保型界面密合剂

（1）组分为水泥基无机粉状材料，对人体和环境没有毒害。

（2）使用及施工方便，只需按规定加水拌和成均匀的浆体即可使用；不论老混凝土面为干燥或潮湿状态，都容易涂刷，具有很好的黏结效果。

（3）可操作时间长。拌制好的浆体放置较长的时间也不会降低施工性能和黏结效果，涂刷至老混凝土面的密合剂允许的开放时间长而不会降低其黏结性能。

（4）早期黏结强度高、后期黏结强度稳定发展，抗侵蚀性高、耐久性高、与国内外现有无机、有机的同类材料相比，界面黏结强度大幅提高：现有同类材料的界面黏结强度均只能达到老（或新）混凝土本体强度的 50%~75%，新型界面密合剂的界面黏结强度超过老（或新）混凝土的本体强度。

（5）结石体的弹性模量和线胀系数与老混凝土接近，进而协调性好。

（6）密合剂组分材料都是成熟的工业产品，容易获得且质量稳定可靠，材料本身及反应产物环保无毒害，组分中较多的利用了工业废渣，有利于减少工业废渣对环境的污染和危害，是真正意义的绿色建材。

总之，新型环保型界面密合剂在丹江口大坝加高工程中应用及现场检测的成果表明，新老混凝土结合面黏结良好，有效地保证了新老混凝土的联合受力和共同发挥作用，在新老混凝土结合重大难题的突破中显示了关键成效。

4. 施工管理与决策系统

大坝加高施工管理与决策系统是采用 Delphi 7 作为开发平台，具有简单、高效、功能强大等特点；仿真程序按照离散系统仿真原理，采用事件表法，以每浇筑一个仓位为一个事件进行编制，清晰简捷、步骤合理。系统用于丹江口大坝加高工程施工现场调度施工后，经过现场管理人员运行操作并提出许多建议，使其更加完善、方便、友好、实用。

（1）系统功能涵盖了丹江口大坝加高工程混凝土浇筑施工的工艺环节和管理流程，逼真地展现了加高工程施工的新特点。

（2）施工过程的 VR 为工程施工管理提供了一种全新的环境，突破了传统的管理手段和思想带来的局限性，实现了真正的实时交互，现场调度效率高、正确度高、灵敏度高。

（3）在实现整个工程区域虚拟场景中，通过对坝体填筑过程、施工设备布置与运行等的模拟，为工程施工方案提供一个论证、演示的平台，对于提高工程管理水平、促进施工技术发展起到了推动作用。

总之，丹江口大坝加高工程应用基于 VR 的施工管理与决策系统，实现了对具有独特施工条件和环境的大坝加高工程施工的精细管理、实时展现和快速反应，有效地推进了现场施工管理的现代化。

第8章 结语与展望

现代经济的迅猛发展和科技的飞速进步，给大坝加高建设带来了旺盛的需求和不竭的动力，大坝加高的坝型、加高的规模尤其是加高高度、加高方式、加高技术水平等都已取得了显著的成就。在大量的大坝加高工程成功实施并取得巨大综合经济效益的基础上，由于大坝加高工程的施工条件、技术要求、实施过程等与新建工程差别显著，一个与新建大坝工程相区别的大坝加高施工技术体系已经形成，成为坝工建设的一个重要分支和组成部分，得到了坝工界的广泛关注和高度重视。而这一技术体系的主要支撑正是基于一系列关键技术的创新突破。

1. 大坝加高关键技术的创新突破

在大坝加高工程建设的研究与实践中，国内外许多相关学者、工程设计人员和工程技术人员针对大坝加高工程施工中的各项技术问题，从理论角度和工程实践角度开展了大量的研究。尤其是我国南水北调丹江口大坝加高工程的科研、设计与施工实践，攻克和突破了大坝基础分析、老混凝土坝体无损伤高精度拆除、新老混凝土结合、新浇混凝土性能控制、加高施工管理与决策、生态与环境保护等一系列关键技术，在此基础上建立了大坝加高工程施工的理论体系和施工技术体系。主要有以下技术突破：

（1）老混凝土坝体拆除技术。在大坝加高工程施工过程中，由于老坝体混凝土的老化或者坝体结构改变的需要，需要拆除现有坝体上的一部分混凝土。该拆除作业在施工安全、混凝土保留体控制、拆除体块度控制等方面比常规的混凝土拆除施工要严格很多，是大坝加高工程施工中的重点技术问题之一。

在广泛借鉴相关领域工程经验的基础上，通过开展大量的拆除技术试验和研究，建立了老混凝土坝体拆除施工技术与方法体系。该体系主要包括控制爆破拆除方法、机械拆除方法、静裂拆除方法，以及多种拆除方法的组合等拆除方法。

在此基础上，研究提出了无损伤、高精度老混凝土控制拆除技术。研发钻孔导向器等保障精度的施工新机具，为控制拆除提供支撑；改进和优化盘锯、线锯切割技术、无声爆破技术等，实现了对混凝土保留体的零损伤拆除，具有工效高、成本低、成型质量好等优点。

（2）新老混凝土结合。新老混凝土结合是大坝加高混凝土施工的核心环节，是决定加高后大坝性能优劣的根基所在，也是大坝加高施工的重点与难点，国内外针对新老混凝土结合开展的研究最为广泛、最为众多。相关的研究工作主要从老混凝土面处理、新老混凝土结合面增强黏结等方面进行突破。

在老混凝土面的处理方面，采取对老混凝土面加糙处理等措施，改善混凝土结合面之间的受力状态，促进新老混凝土联合受力，以保证新老坝体协调运行。这些加糙措施主要有物理方法和化学方法两大类。物理方法又包括喷射处理和机械处理两种，化学方法主要为酸浸蚀法。通过比对筛选试验，研发出了针对老混凝土表面加糙成型的"静裂锯割法"施工技术，从结构外形和表面糙度两个层面有效增强了老混凝土表面的加糙效果。

在新老混凝土结合面黏结方面，基于系统研究新老混凝土结合机理，深化研究提高结合面效能的措施。在结构措施上，研发新增人工键槽和结合面复合锚固体系等，以促进新老混凝土加强结合，提升新老界面咬合力，实现新老混凝土联合受力；在材料措施上，研发新老混凝土结合界面密合剂等，解决了新老混凝土界面黏结难题，保障黏结牢固。

（3）新混凝土浇筑。与新建大坝不同，在大坝加高工程中，老混凝土已经达到一定龄期，其弹性模量等物理力学参数与新浇混凝土之间存在很大差别，为保证新老混凝土之间的有效结合，需要研究与老混凝土性能相适配的新混凝土。

研究工作主要从配合比参数优化、温控与防裂、施工时段选择等方面展开。通过优化新浇混凝土配合比，提出混凝土过渡区的设计理念并研制过渡区混凝土。并将界面范围新混凝土设计成超缓凝、后期强度增长迅速的界面混凝土，实现从老混凝土到新混凝土的性能平缓过渡，解决了由于新老混凝土性能差异导致变形不协调而开裂的问题。

新老混凝土结合受老混凝土约束较大，新浇混凝土产生的温度应力易在结合区产生突变和集中，因此对新浇混凝土采取合适的温控措施是必要的。通过研究，提出了拌和运输过程保温、仓面降温、个性化通水冷却、智能化控温等综合温控技术，实现了对新浇混凝土温度应力的有效控制。

新浇混凝土的施工时段选择，一方面需要考虑正在运行的库区水位对新浇混凝土的影响，另一方面还要考虑外界气温对新浇混凝土的影响，综合这两个方面的因素，优化选择新浇混凝土的浇筑施工时段。

（4）施工管理与决策。通常大坝加高施工期间，现有水电枢纽及其相关设施仍在运行，继续发挥其全部功能或主要功能；而加高施工质量、安全和进度等目标又必须确保，显然，加高施工与现有枢纽运行之间在空间、时间、资源等方面存在一定的冲突和矛盾，两者之间需要进行协调，以做到"两兼顾、两不误"。

根据加高施工的特点，对各项条件及工程目标进行了系统分析，建立了混凝土坝加高工程施工的模拟模型。与一般新建混凝土坝的模拟模型相比，考虑因素更加详细，约束限制条件更多，更加符合现场实际。

根据加高工程施工管理与决策可视化、虚拟化主系统建设的需要，研发了施工管理与决策的虚拟现实平台的实现技术。系统将坝体在不同时刻、不同施工方案或施工布置情况下的施工场景、施工过程以近乎真实的方式展现给用户，具有逼真性、沉浸性、交互性，为提高决策效率和决策科学化水平提供了载体。在此基础上，研发基于 VR 的混凝土大坝加高施工管理与决策主系统，实现对工程施工进度、施工资源配置、混凝土综合温度控制等全过程高效控制与决策。

上述创新技术体系经过在丹江口大坝加高等工程中实践与应用，表明了对加高工程的施工具有系统全面的规范作用，提高了施工质量、加快了施工进度、节约了施工成本、保障了工程安全运行，为建立和完善大坝加高工程施工技术标准化体系奠定了技术基础。本体系可用于任何复杂条件、任何特殊难度的混凝土加高工程。

2. 大坝加高更多作用将充分展现

大坝是国民经济发展、工农业生产和人民生活的重要基础设施，据统计，我国约有各类水利水电大坝 8.7 万余座，数量居世界首位。在国际大坝委员会登记的大坝（坝高大于 15m）多达 3 万多座。随着水利水电事业的飞速发展，坝址资源被快速地占用，最终导致可选用的坝址越来越少，坝址质量也越来越差，这将直接影响到水利水电开发利用的可持续发展。因此，必须加速寻找和开辟可持续发展的新路径。

（1）大坝加高为水利水电发展开创了新路。为了解决在不久将来的坝址资源短缺乃至枯竭问题，可以从以下多个方面开辟新路。一方面是进一步寻找新坝址利用的可能，展开大量的勘探、研究和论证工作；另一方面是重新复核或论证目前正在使用坝址的运行状况，实施对既有坝址的深化研究，以期最大限度发挥既有坝址自身的效能；第三方面是挖掘或扩大既有坝址的潜能，在既有大坝的基础上实施大坝加高建设，使加高大坝发挥出新的更大的综合效益。

（2）大坝加高为水利水电发展发挥了潜能。一是更好地满足国民经济和社会发展的各项功能需求，如加高工程建成后，库容和发电出力将得到增加，甚至大幅增加，可有效缓解日趋紧张的供水和供电压力，提供更多的水源和电力供应。

二是最大限度地利用既有坝址的潜在的效用，从而减少新建大坝重新选址、重新勘探、重新论证的工作量，同时归避新坝选址的风险。

三是通过已建大坝效用的提高，实现建坝数量一定程度的降低，减少因重建新坝需要重新征地、移民等所带来的生态环境影响，对生态环境保护起到促进作用。

（3）大坝加高为水利水电建设延续了薪火。随着时代的发展和科学技术水平的迅速提高，大坝加高建设将呈现周期性或持续性推进，它将有力地促进坝工建设的可持续发展，从而更进一步地推动筑坝技术和管理水平的不断提高，实现坝工建设绿色低碳循环向前推进。

总而言之，随着大坝建成后运行时间的推移，一方面由于库区严重淤积、坝体材料经年老化、自然灾害发生、电站扩机增容以及新增其他功能等各项被动或主动的因素，需要进行大量的混凝土坝维修、加固和改建工作；另一方面可供选择的坝址日益减少，对于之前由于技术限制或资金不足等原因引起的水资源未完全开发的枢纽，通过分期建设、加高坝体可实现增加库容、抬高水位、提高防洪标准，进而实现兴利除害、充分开发利用水资源的目的。本技术体系和方法正是为这些工程焕发"二次青春"、继续和更好发挥工程效益提供了可能，将大大减少重新选址、重新建造所带来的浪费和环境破坏影响。"绿色环保型界面密合材料的研发及应用"消除了对供水工程水质的影响，极大地减小了加高施工对周围环境和人员的损害，以"无损伤高精度混凝土拆除技术"、"新老混凝土结合多维度增强技术"、"狭窄空间内无盲区混凝土输送方法及装备"、"新浇混凝土智能通水冷却技术"、"基于 VR 的大坝加高施工管理与决策技术"等构建的加高工程施工技术体系有力地推动了我国绿色施工技术的发展。

在当前优质坝址资源日益枯竭的情况下，大坝加高为水利水电发展开创了新路、发挥了潜能、延续了薪火，必将成为充分利用既有坝址资源、实现水利水电可持续发展和水资源安全高效利用的重要途径。

参 考 文 献

[1] 王超俊.混凝土大坝分期加高的方法及其技术措施[J].人民长江，1965，(1):46-53.
[2] 季健康，邓仕涛.浅谈国内外大坝加高工程现状[J].中国水运（学术版），2008，08(1):40-42.
[3] 周厚贵.水电站扩建工程的施工问题与对策[J].湖北水力发电，2005，(2):1-3.
[4] 朱诗鳌.漫谈大坝加高（四）[EB/OL].[2011.11.01].http://blog.sciencenet.cn/home.php?COLLCC
     =4219987295&mod=space&uid=264137&do=blog&id=503273.
[5] 朱诗鳌.漫谈预应力坝（六）[EB/OL].[2012.12.18].http://blog.sciencenet.cn/blog-264137-643866.html.
[6] 弗罗洛夫 A B.古里水电站的扩建工程[J].人民长江，1987，(5):49-50.
[7] T E 赫普勒，斯科特 G A.罗斯福大坝的增容[J].国际水力发电，1992，(5):1-7.
[8] 周锦宏，Rogers M F，Dunstan M R H，等.圣文森特大坝加高规划与设计[J].中国水利，2007，
     (11):58-60.
[9] 帕克 D.阿斯旺大坝的功过评述[J].水利水电快报，2002，21(4):33.
[10] 吴敏.译自《第十六届国际大坝会议论文集》.瑞士莫瓦桑混凝土拱坝成功加高（至250m）
     的条件[J].人民长江，1989，(1):51-55.
[11] 湖北水力发电杂志编辑部.选自《世界江河与大坝》，莫瓦桑坝[J].湖北水力发电，2009，
     81(9):76-78.
[12] 王丕国，门远，徐新华，等.英那河水库扩建工程建设综述[J].水利水电技术，2004，35(3):
     1-4.
[13] 陆克发.英那河水库扩建工程新老坝面结合处理施工[J].人民珠江，2005，(2):39-43.
[14] 许敏.木浪河水库大坝扩建加高设计方案分析[J].黑龙江水利科技，2013，41(1):167-169.
[15] 陈万敏.木浪河水库大坝加高施工方案设计[J].湖南水利水电，2013，(3):22-25.
[16] 张振宇，孙昌忠.三峡三期RCC围堰施工工艺参数研究[J].中国三峡建设，2003，10(5):29-30.
[17] 陈宝心，邓敉.建（构）筑物机械拆除方法综述[J].施工技术，2004，33(6):50-51.
[18] 钱国忠，罗铭.拆除机器人在国外的研发现状及发展趋势[J].建筑机械，2007，(8):20-22.
[19] 司癸卯，刘军伟，罗铭，杨俊杰.智能拆除机器人的研究现状及发展趋势[J].筑路机械与施
     工机械化，2012，(12):83-85，88.
[20] 陈雷，陈洪生.静态破碎剂的性能优化与工程应用[J].安徽科技，2008，(5):48-49.
[21] 张正宇，等.现代水利水电工程爆破[M]. 北京：中国水利水电出版社，2003.
[22] 冯叔瑜，吕毅，杨杰昌，等.城市控制爆破[M].第 2 版.北京:中国铁道出版社，1996.
[23] 马江权. 丹江口大坝加高工程左岸坝段开挖控制爆破施工技术[J]. 南水北调与水利科技，
     2008，04.
[24] 吴新霞，赵根，王文辉，周桂松，刘小均. 数码雷管起爆系统及雷管性能测试[J]. 爆破，2006，
     (4):93-96.
[25] 赵志方.新老混凝土黏结机理和测试方法[D].大连：大连理工大学博士学位论文，1998.
[26] 赵国藩，赵志方，袁群.新老混凝土的黏结机理和测试方法研究总结报告（课题编号：
     5.2）[R].国家基础性研究重大项目（攀登计划 B），1999.
[27] Kim J k, Lee C S. Prediction of differential drying shrinkage in Concrete[J]. Cement and
     Concrete Research, 1998，28(7):985-994.
[28] John A W, Robert D S, Dimos Polyzois. Getting Better bond in Concrete Overlays[J].
     Concrete International, 1999, (3): 49-52.
[29] David G. Geissert, et al. Splitting Prism Test Method to Evaluate Concrete-to-Concrete
     Bond Strength[J]. ACI Materials Journal, 1999, (3): 359-366.

[30] 田稳苓，赵志方，赵国藩，黄承逵. 新老混凝土的黏结机理和测试方法研究综述[J]. 河北理工学院学报，1998，(01).

[31] 赵志方，赵国藩. 采用高压水射法处理新老混凝土黏结面的试验研究[J]. 大连理工大学学报，1999，(04).

[32] 赵志方，赵国藩，黄承逵. 新老混凝土黏结的拉剪性能研究[J]. 建筑结构学报，1999，(06).

[33] 赵志方，赵国藩，黄承逵. 新老混凝土黏结的劈拉性能研究[J]. 工业建筑，1999，29(11): 56-59.

[34] 赵志方，于跃海，赵国藩. 测量新老混凝土黏结面粗糙度的方法[J]. 建筑结构，2000，(01).

[35] 赵志方，赵国藩，刘健，于跃海. 新老混凝土黏结抗拉性能的试验研究[J]. 建筑结构学报，2001，22(2):51-56.

[36] 赵志方，赵国藩，黄承逵. 新老混凝土黏结抗折性能研究[J]. 土木工程学报，2000，33(2):67-72.

[37] 袁群，赵国藩，赵志方. 新老混凝土黏结强度的影响因素分析[J]. 人民黄河，2000，22(4):31-33.

[38] Júlio, Eduardo. Assessing Concrete-to-Concrete Bond Strength by Measuring the Roughness of the Substrate Surface. IABSE Symposium Report, IABSE Symposium, Budapest，2006：17-24(8).

[39] 谭恺炎，张科，赵守阳. 混凝土断裂试验起裂荷载测试方法[P]. 中国葛洲坝集团股份有限公司:ZL200610019119.9，2009-06-10.

[40] 赵志方，周厚贵，刘健，等. 新老混凝土黏结复合受力的强度特性[J]. 工业建筑，2002，32(10):37-39，62.

[41] 赵志方，周厚贵，袁群，等. 新老混凝土黏结机理研究与工程应用[M].北京：中国水利水电出版社，2003.

[42] 赵志方，周厚贵，高延民，等. 新老混凝土黏结的劈拉受力数值模拟及分析[J]. 烟台大学学报（自然科学与工程版），2003，16(4):273-278.

[43] 赵志方，张小刚，周厚贵，等. 长江三峡大坝混凝土双 K 断裂参数试验研究[J]. 深圳大学学报（理工版），2007，24(4)：363-367.

[44] 程雪军，周厚贵，谭恺炎. 新老混凝土结合面人工键槽施工方法[P]. 中国葛洲坝集团股份有限公司:ZL200510019868.7，2008-08-13.

[45] 程雪军.钻孔导向器[P]. 中国葛洲坝集团股份有限公司:ZL200820066809.4，2009-01-28.

[46] 马江权，丁新忠，朱明星，等.钢制锚杆外对中支架[P]. 中国专利:ZL200820068043.3，2009-07-08.

[47] 周厚贵.丹江口大坝加高新老混凝土结合面人工键槽施工技术研究[J]. 南水北调与水利科技，2006，4(4):8-10.

[48] 陈良奎，范景伦，韩军，等.岩土锚固[M].北京:中国建筑工业出版社，2003.

[49] 潘立.混凝土结构后锚固连接技术若干问题的研究[J].建筑结构.2006，(9).

[50] 王有志，薛云冱，张启海，等.预应力混凝土结构[M].北京：中国水利水电出版社，1999.

[51] 程润喜，周厚贵.新老混凝土结合面新型界面剂的研制[J].南水北调与水利科技，2007，5(6):94-96，101.

[52] 周厚贵，程润喜，陈志远.新老混凝土结合界面密合剂[P]. 中国专利:ZL200710051814.8，2010-11-10.

[53] 周厚贵，郭光文，石义刚，等.一种狭窄空间内的混凝土输送方法及其设备[P]. 中国专利：ZL200910272439.9.

[54] 周厚贵，石义刚，关贤武，等.液力驱动连接盘自动水平调节装置的驱动方法[P]. ZL201010136531.5.

[55] 洪炳镕，蔡则苏，唐好选.虚拟现实及其应用[M].北京：国防工业出版社，2005.

[56] 孟永东，田斌.基于 Java 和 MySQL 的虚拟现实动态场景构建方法[J].系统仿真学报，

2005，17(9):2287-2290，2300.

[57] 尹习双，周宜红，胡志根，等.基于虚拟现实的水电工程施工动态可视化仿真研究[J].系统仿真学报，2005，17(7):1690-1693.

[58] 申明亮，陈立华，陈伟，等.向家坝工程大坝混凝土施工过程动态仿真研究[J].中国工程科学，2004，6(6):68-73.

[59] 李景茹，钟登华.基于 GIS 的混凝土坝施工可视化仿真技术及其应用[J].中国工程科学，2005，7(8):70-74.

[60] 邱世明，王仁超，顾培亮.混凝土坝施工管理决策支持系统[J].天津大学学报，2002，35(3):392-396.

[61] 吕国良，陈志康，郑光俊.南水北调中线丹江口大坝加高工程设计[J].人民长江，2009，40（23）：81-84.

[62] 周厚贵，曹生荣，王泉德.虚拟现实环境下的混凝土坝施工管理与决策[J].中国工程科学，2010，12(9):63-68.

[63] 李志强，王立.对丹江口大坝加高工程施工与枢纽运行管理关系的探讨[J].南水北调与水利科技，2002，(2):52-54.

[64] 周厚贵.混凝土控制拆除施工技术及其在丹江口大坝加高工程中的综合应用[J].中国工程科学，2009，11(02):17-21.

[65] 马江权，程雪军，马金刚.丹江口大坝加高工程贴坡新老混凝土结合施工技术[J].南水北调与水利科技，2007，5(6):97-101.

[66] 丁新中，马江权.丹江口大坝加高工程左联坝段贴坡混凝土施工[J].水利水电技术，2008，39（11）：34-37.

[67] 熊刘斌.丹江口大坝左岸加高工程混凝土施工技术综述[J].水力发电，2010，36(2):13-16.

[68] 马金刚，周厚贵，李庆斌，等.丹江口大坝加高工程混凝土浇筑施工模拟与管理系统[J].水电能源科学，2008，26(1):111-114.